행복한
엄마와 아빠

행복한 엄마와 아빠

—

2022년 10월 5일 초판 1쇄 발행
2022년 10월 24일 초판 2쇄 발행

—

지은이 KJ 델안토니아
옮긴이 김정은
펴낸이 김정수, 강준규
책임편집 유형일
마케팅 추영대
마케팅지원 배진경, 임혜솔, 송지유

—

펴낸곳 (주)로크미디어
출판등록 2003년 3월 24일
주소 서울시 마포구 성암로 330 DMC첨단산업센터 318호
전화 02-3273-5135
팩스 02-3273-5134
편집 070-7863-0333
홈페이지 https://blog.naver.com/rokmediabooks
이메일 rokmedia@empas.com

—

ISBN 979-11-408-0163-3 (03590)
책값은 표지 뒷면에 적혀 있습니다.

—

호모루덴스는 로크미디어의 교육, 가정 도서 브랜드입니다.
잘못 만들어진 책은 구입하신 서점에서 교환해 드립니다.

HOW TO BE A HAPPIER PARENT

행복한 엄마와 아빠

행복한 부모가 되기 위한 10가지 원칙

KJ 델안토니아 지음 김정은 옮김

HOMO LUDENS

내게 행복한 첫 번째 가정을 선물해주신 부모님

존 델안토니아와 조 델안토니아,

나의 두 번째 가정을 행복으로 채워준 아이들

샘, 릴리, 로리, 와이엇에게 이 책을 바칩니다.

그리고 누구보다 소중한 나의 남편 롭,

당신과 함께라면 나는 아무것도 두렵지 않습니다.

당신은 나의 행복입니다.

저자·역자 소개

저자 ········ **KJ 델안토니아**KJ Dell'Antonia

KJ 델안토니아는 4명의 자녀를 키우는 작가이자 저널리스트이다. 뉴욕타임스에 정기적으로 육아 관련 글을 기고해왔으며 2011년부터 2016년까지 〈뉴욕타임스〉의 마더로드Motherlode 블로그에 글을 쓰고 편집했다. 마더로드가 〈뉴욕타임스〉 웰 패밀리Well Family에 통합된 2016부터 2017년까지는 웰 패밀리 페이지에서 글을 쓰고 편집했다. 〈슬레이트Slate〉의 XX 팩터The XX Factor 기고 블로거로 활동했으며, 육아에서 법률문제, 대중문화에 이르기까지 광범위한 주제의 글을 〈슬레이트〉에 기고했다. 친구이자 육아 동료인 제시카 레이히와 함께 팟캐스트 '제스, KJ와 글쓰기AmWriting with Jess and KJ'를 함께 진행하고 있다. 《행복한 엄마와 아빠》 외에 두 종의 육아 관련 책을 공저자로 출간했으며, 가족과 농장에서 보내는 행복한 일상에서 모티브를 얻고 쓴 《치킨 시스터스The Chicken Sisters》, 《그녀의 부츠에서In Her Boots》라는 두 권의 소설을 출간하기도 했다.

역자 ······························ **김정은**

서울대학교에서 외교학을 전공했다. 졸업 후 한국무역보험공사에서 근무하다 번역 작업에 매력을 느껴 번역가의 길에 들어섰다. 현재 펍헙번역그룹에서 전문번역가로 활동하고 있다. 옮긴 책으로 《비밀의 화원》, 《숫자 갖고 놀고 있네》, 《자이언트》, 《아이들을 놀게 하라》등이 있다.

차례

서문

육아는 즐거울 수 있다 10

간주

행복한 부모가 되기 위한 열 가지 원칙 25

1장 아침은 최악이다 33

2장 **집안일:** 나말고아이들이하면더즐겁다 67

3장 **형제:** 함께하면 재미있을 수도, 끔찍할 수도 있는 존재 107

4장 **특별활동:** 왜 이렇게 재미없을까 153

5장 **숙제:** 내 것이 아니어야 더 재미있다 195

6장 **미디어:** 너무 재미있어서 문제 237

7장 **훈육:** 아빠, 엄마가 너보다 더 속상해 285

8장 **식사:** 가족과 함께하는 즐거운 시간 323

9장 **자유시간, 방학, 명절, 생일:** 재미있어야만 하는 시간 363

이 책의 끝, 그리고 새로운 여정의 시작 399

감사의 말 411

각주 414

참고문헌 424

서문

육아는 즐거울 수 있다

열두 해 가까이 부모 노릇을 하다 보니 문득 이런 생각이 들었다.

'왜 이렇게 매일매일이 엉망진창이어야 하는 거지?'

나는 네 아이를 키우고 있다. 너무나 예쁘고, 사랑스럽고, 소중하지만 고집이 세고, 무지무지 다루기 힘들고, 한집에 사는 다른 사람들과 끊임없이 싸워대는 녀석들이다. 그리고 내 곁에는 아이들만큼이나 사랑스러운 남편도 있다. 앞으로 나는 20년 이상의 세월을 이들과 함께 부대끼며 살아가게 될 것이다. 그리고 그 시간을 운전하기, 안아주기, 협상하기, 요리하기, 함께 놀기, 청소하기, 책 읽기 등 수많은 일로 채울 것이다. 그 시간은 내 삶의 아주 큰 일부이며, 내가 오래전부터 고대하고 꿈꿔온 시간이기도 하다. 나와 남편은 이 모든 것을 계획했고, 자발적으로 선택했다. 이것이 바로 우리가 바라던 삶이다.

나는 그렇게나 소중한 시간을 매일 기진맥진한 상태로, 체념한 듯 무의미하게, 지금 이곳이 아닌 다른 곳에서 다른 일을 하며 살고 싶다고 간절히 바라며 흘려보내고 싶지 않다. 나는 아이들을 키우면서도 내 삶의 의미를 찾고 싶고, 삶의 모든 순간을 사랑하고 싶다. 나는 많은 것을 가진 운이 좋은 사람이다. 집과 SUV 자동차가 있고, 건조 기능이 있는 세탁기도 있고, 건강하고 사랑스러운 아이들까지 있다. 나는 그것들을 진심으로 좋아하고 싶다.

하지만 아주 최근까지도 내 삶은 그렇게 흘러가지 않았다. 빨래, 설거지, 요리를 비롯해 해야 할 일이 늘 정신을 차릴 수 없을 정도로 많았다. 아이들은 귀여웠지만 열 받게 할 때가 더 많았다. 틈만 나면 서로 싸워댔고, 나에게도 대들었으며, 아주 쉬운 집안일조차 하지 않으려 했다. 모든 것이 마지노선에서 시작해 점점 더 땅을 파고들어 가는 것만 같았다. 너무 많은 날이 서두르기만 하는 시간으로 채워졌다.

나와 남편은 이른 아침부터 아이들을 차에 태워 교육이나 스포츠라는 명목 아래 만들어진 온갖 시설을 순회했고, 출근해서 하루 종일 일과 씨름한 뒤 또 다른 아이들을 차에 태워 또 다른 장소에 데려다주고, 밥을 먹이고, 이런저런 뒤치다꺼리를 하고, 어질러진 집안을 정리했다. 그리고 다음 날에도 얼마나 정신없는 시간이 이어질지 잠시 그려본 다음, 누구의 하루가 더 토 나오게 힘들었는지 남편과 논쟁을 벌이다 쓰러지듯 침대에 눕곤 했다. 우리는 늘 뛰어다녔고, 자주 지각했으며, '전이(transition)'를 싫어하는 아이들 때문에 고통받지 않는 날이 드물었다.

그렇다고 해서 심각한 문제가 있던 건 아니었다. 오히려 문제와는 거리가 멀었다. 겉에서 보기에 우리는 평생 바라던 모든 것을 갖추고 있었고, 속을 들여다보면 심지어 더 많은 것을 갖고 있었다. 건강한 몸, 사랑스러운 아이들, 무엇이든 원하는 것을 할 수 있는 경제력을 비롯해 우리가 바라던 수많은 것이 주어져 있었다. 사산이라는 큰 비극을 겪기도 했지만 벌써 몇 년이 지났고, 이미 극복했다. 불평할 만한 것이 아무것도 없는데도 우리는 계속 불평만 하고 있었다. 삶이 내가 기대했던 것만큼 그렇게 좋지 않았다.

물론 좋은 부모가 되는 것 말고도 기대에 미치지 못한 일은 수없이 많았다. 집라인을 탔을 때도, 통근용 제트기의 부조종사석에 앉았을 때도 생각만큼 즐겁지 않았다. 후룸라이드는 재미있어 보였는데 막상 타보니 그저 그랬다. 하지만 아이를 키운다는 건 후룸라이드를 타는 것과는 차원이 다른 이야기다. 평생 매여 있어야 하는 책임이기 때문이다. 따라서 바라던 것과 영 다르다고 느껴지면 어떻게든 개선할 방법을 찾아야만 했다.

내가 '부모로서의 삶에 왜 만족하지 못하는가'를 고민하기 시작했을 때 분명히 알고 있던 단 한 가지는 나만 그런 게 아니라는 사실이었다. 당시 나는 가족에 대한 글을 쓰고 있었다. 처음에는 다양한 잡지에 기고하다가 〈슬레이트Slate〉에 정기 기고를 시작했고, 〈뉴욕타임스The New York Times〉에서 '마더로드Motherlode'라는 블로그를 운영하게 됐다. '마더로드'는 후에 '웰 패밀리Well Family' 페이지로 통합되었다. 나는 10년이 넘도록 글을 쓰면서 수백 명의 부모를 인터뷰했다. 그들 대부분이 꿈꿔온 행복을 손에 잡지 못해 힘들어하고 있었다.

여러 연구에서도 부모들이 느끼는 스트레스와 불만감은 경악스러운 수준인 것으로 드러났다. 기본적인 조건(건강, 식생활, 주거 환경)이 갖추어져 있고, 당장 해결해야 할 심각한 문제가 전혀 없는 가정에서도 결과는 마찬가지였다. 많은 부모가 아이들과 시간을 보내느니 차라리 집안일을 하는 게 낫다고 말했다. 그러면서도 아이들을 위해 스스로의 취미생활이나 좋아하는 것들을 쉽게 포기했다.[1] 부모들을 대상으로 삶이나 가족에 관한 설문조사가 이루어지면 다음날 신문에는 '부모가 되면 왜 행복을 빼앗기는가'와 같은 헤드라인이 뜨고,[2] 《부모로 산다는 것》과 같은 책이 나오곤 했다. 그러면 우리는 그런 결과들에 열심히 귀 기울이며, 결코 이길 수 없는 게임에 휘말리고 말았다는 기분에 사로잡혀 불행을 당연하게 받아들였다. 주디스 워너Judith Warner가 자신의 저서 《엄마는 미친 짓이다》에 썼듯, 오늘날 부모로서의 삶은 '죄책감과 불안과 분노와 후회로 오염되어 버렸다.'[3]

어쩌다 이렇게 되어버린 걸까? 이 상황을 멈출 수는 없을까? 물론 정말로 끔찍한 일이 닥칠 수도 있다. 죽음, 질병, 실직, 사고 등이 꽤 오랫동안 우리를 완전히 잠식하기도 한다. 하지만 실제로 우리가 마주하는 대부분의 하루는 정신없는 아침, 밀린 숙제, 설거지거리, 서류 뭉치 따위로 가득할 뿐이다. 부모들은 이런 것들이 스스로 선택한 숙명임을 알면서도 왜 하나같이 괴로워하고 있는 걸까? 다른 문제가 없다면 우리는 편리함과 풍요로움, 가능성으로 가득한 현대인의 멋들어진 생활에 당연히 만족감을 느껴야 할 것만 같다. 최악의 상황이 벌어지더라도 그동안 쌓아온 가족들과의 일상적인 순간들이 또 다른 걱정거리가 아니라 마음의 안식처나 위안이 되어줄 것만 같다. 하지만 내 삶은 전혀 그렇게 느껴지지 않았고 내 주위의 부모들 역시 비슷하게 괴로워하고 있었다.

그래서 나는 우리 부모들이 어떻게 하면 저마다의 행복을 찾을 수 있을지를 연구하기 시작했다. 삶의 많은 부분을 차지하는 평범한 날들을 어떻게 하면 더 기쁘고 즐겁고 재미있게 만들 수 있을까? 개인적이면서도 집단적인 이 불행의 원인은 도대체 무엇이며, 이를 바꾸기 위해 우리는 무엇을 할 수 있을까?

우선 나는 지난 몇 년 동안 인연을 맺어온 부모들과 교육자들에게 이렇게 물었다.

"당신은 왜 불행한가요? 자신이 있어야 할 자리는 여기가 아니라고 느끼거나, 원하는 일을 하고 있지 않다고 느끼는 때는 언제인가요?"

그리고 행복에 관한 책들을 찾아 읽었다. 한동안 내 침대 맡에는 《행복 뇌 접속》, 《행복에 걸려 비틀거리다》, 《왜 똑똑한 사람들은 행복하지 않을까》, 그레첸 루빈Gretchen Rubin의 행복 3부작 《무조건 행복할 것》, 《집에서도 행복할 것》, 《나는 오늘부터 달라지기로 결심했다》 등의 책이 수북이 쌓여 있었다. 부모와 가정의 행복에 관한 책과 보고서들은 특히 더 열심히 읽었다. 《부모로 산다는 것》과 《엄마는 미친 짓이다》는 당연히 읽었고, 그밖에도 《타임 푸어》, 《한도 초과: 위기의 미국 엄마들Maxed Out: American Moms on the Brink》, 《슈퍼 우먼은 없다》, 《가본 적 없는 길: 미국 가정과 향수의 덫The Way WeNever Were: American Families and the Nostalgia Trap》 등을 읽었다.

각종 논문도 빼놓지 않았다. 삶의 만족과 행복에 관한 논문, 시간

활용과 여가생활에 관한 논문, 공동체와 저녁 식사, 경제력, 봉사활동, 잠에 관한 논문을 읽었고, 그 밖의 논문도 더 읽었다(행복과 나체주의의 연관성을 다룬 논문을 발견했을 때, 이제는 그만할 때가 되었음을 깨달았다).[4]

하지만 의문점이 여전히 남아 있어 포덤 대학의 매슈 와인셴커 Matthew Weinshenker 교수와의 합동 연구를 통해 일반적 양육 활동(숙제 도와주기, 학교 데려다주기 등)과 관련된 다양한 선택이 부모들의 전반적인 삶의 만족도에 어떤 영향을 미치는지 직접 확인해보기로 했다. 우리는 미국 전역에 사는 1천여 명의 부모를 대상으로 설문조사를 실시했다. 부모가 된 후 휴가, 식사 등에 대한 생각이 어떻게 바뀌었는지를 물었고, 무엇 때문에 행복하고 무엇 때문에 불행한지 구체적으로 답변해달라고 요청했다.

나는 설문조사 결과를 확인한 뒤 우리가 더 행복해질 수 있다고 확신하게 됐다. 그렇게 어려운 일도 아니었다. 먼저 한 인간으로서, 그리고 부모로서 우리 자신에 대한 생각을 바꾸는 것부터 시작할 수 있다. 내가 아이를 잘 키우고 있는지 점수를 매기려 하지 말고 육아라는 모험이 주는 즐거움과 보람에 집중해야 한다. 행복해지기를 바라는 것은 그 자체만으로도 행복을 키우는 효과가 있다. 삶과 경험은 어떻게 받아들이고 어떻게 해석하느냐에 따라 완전히 다르게 인식된다. 비록 불완전한 삶이지만 만족하기로 결심할 수 있고, 육아에 대해서도 편안하고 자신감 있는 태도를 유지하기로 마음먹을 수 있다. 그렇게 마음을 바꾸면, 아니 바꾸려고 노력하기만 해도 우리의 사고방식은 알게 모르게 변하며, 그 결과 주어진 것들을 더 잘 이해하고 감사할 수 있게 된다.

육아에 관한 사고방식을 바꾸는 과정에서 내가 끊임없이 되뇌었던 열 가지 원칙이 있다. 그 원칙들 덕분에 나는 모든 일을 새로운 시각으로, 자신감 있게 대처할 수 있었다. 간주에 그 열 가지 원칙을 적어두었다. 하지만 그것만으로는 부족하다. 가정생활에 대한 생각을 바꾸는 것은 유용한 방법이기는 하지만 그것만으로는 안 된다. 아무리 긍정적인 생각에 강력한 힘이 있다 해도 단지 바라기만 해서는 아침 시간을 기분 좋게 만들 수도, 저녁 식사 시간의 스트레스를 없앨 수도 없다(안타깝게도 이건 간절히 바라면 저절로 이루어지는 '시크릿'이 아니다).

생각을 바꾸었듯이 행동도 바꿔야 한다. 우리는 평범한 일상에서도 애정[5]과 우정[6]을 쌓아나갈 수 있다. 가족과 취미를 공유하거나[7] 모두가 좋아하는 일을 하며 시간을 보낼 수 있다.[8] '양육 효능감(스스로가 꽤 괜찮은 부모라는 느낌. 부모로서의 만족감을 측정하기 위해 널리 쓰이는 척도)'을 높이고,[9] 행복을 가져오는 일들로 삶을 채울 수도 있다.

일반적으로 행복한 부모들은 다음 네 가지를 잘한다. 첫째, 아이들이 스스로 할 수 있는 일이 많아지면 개입을 줄이고 독립심을 키워주려고 노력한다. 둘째, 아이들의 일상적인 요구를 자신의 욕구보다 중요시하지 않는다. 셋째, 평범한 경험에서도 긍정적인 면을 잘 찾는다. 넷째, 정말 중요한 것과 요란하기만 한 것을 잘 구분한다.

하지만 이것을 목표로 삼기에는 너무 크고 애매하다. 행복을 연구하다 보면 깨닫게 되는데, 대부분의 사람은 너무 거대하고 애매한 목표보다는 작고 분명한 변화를 만드는 데 훨씬 뛰어나다. 그렇다면 이 큰 목표들을 한 번에 하나씩 해결할 수 있는 작은 목표들로 어떻게 나눌 수 있을까?

처음에는 시기에 따라 나누면 어떨까 생각했다. 자녀가 아기일 때, 유아일 때, 10대 초반일 때, 청소년일 때 각각 행복한 부모가 되는 법을 찾으려 했다. 하지만 이 시기의 아이들을 모두 키우는 부모들은 어떡하지? 결국 이 아이디어는 폐기하기로 했다. 그렇다면 자신의 삶에 만족하는 부모들이 흔히 하는 행동을 몇 가지로 분류해 그것을 목표로 삼으면 어떨까? 종교 공동체나 주거 공동체에 속해 살아가는 부모들, 창의적인 방법으로 커리어를 쌓아나가는 부모들, 좋아하는 일을 하며 삶을 꾸려가는 부모들에 대해 조사하고, 그로부터 우리 자신에게 적용할 수 있는 교훈들을 찾아보면 좋지 않을까? 나는 페이스북을 통해 알게 된 몇몇 친구에게 그런 책을 준비하고 있다고 넌지시 말해보았다. 그러자 한 친구가 이렇게 대답했다.

"나랑은 완전히 다른 사람들이네. 네 말을 들으니 내가 완전 쓰레기처럼 느껴져."

그래서 이 아이디어도 폐기했다. 결국 남은 건 가장 뻔해 보이는 방법, 즉 문제가 되는 것들을 하나하나 해결하는 것뿐이었다.

사실 육아에 관한 큰 물음들(예컨대, 어떻게 하면 아이에게 독립심을 키워줄까? 부모는 자기 정체성을 유지하기 위해 어떻게 해야 할까? 행복할 여유는 어떻게 만들까? 나무가 아니라 숲을 볼 수 있을까?)이 독립적으로 떠오르는 경우는 거의 없다. 중대한 질문들은 사소해 보이는 다양한 문제 안에서 매일, 하루 종일, 끊임없이 등장한다. 아이들을 어떻게 재울까? 어떻게 하면 아이들끼리 싸우지 않게 할까? 겨우 열한 살짜리 아이에게 인스타그램 사용을 허락해줘도 될까? 저녁 식사로는 무엇을 먹을까?

그래서 나는 이 책의 각 장마다 부모들이 직면하는 하나의 과제에 집중하기로 했다. 내가 가장 먼저 한 일은 어떤 과제들이 있는지 찾기 위해 나와 내 가정을 들여다보는 것이었다.

'내가 아이들을 키우면서 가장 힘들었던 일이 뭐였지?'

그리고 지난 설문조사 결과를 확인해보았다. 부모들은 놀라울 정도로 비슷한 의견을 내놓았다. 자녀 양육 과정에서 가장 싫었던 일이 무엇인지 답해달라는 물음에 응답자의 3분의 1이 '훈육'을 꼽았다. 구체적인 답변으로는 '규칙 강제하기', '좋아하는 것 빼앗기', '벌 세우기' 등이 있었다. 아이들에게 가족과 사회의 기대에 맞게 바르게 행동하는 법을 가르쳐야 한다는 건 알지만, 많은 부모에게 훈육은 도저히 즐겁지가 않은 듯했다.

그래, 훈육에 대한 이야기로 시작하면 되겠다. 그런데 그 다음에는 어떤 이야기를 해야 할까? 《가족을 고쳐드립니다》의 저자 브루스 파일러Bruce Feiler는 내게 이렇게 말해주었다.

"스마트폰과 텔레비전이 빠져서는 안 되죠. 다들 그것 때문에 골머리를 앓고 있으니까요."

〈타임스The Times〉의 담당 편집자 중 한 명은 이렇게 말했다.

"집안일은 어때요? 작가님 댁 아이들은 매일 등교하기 전에 집안일을 돕는다면서요? 정말 놀랐어요. 저희 아이들은 문 앞에 나가는 것도 힘들거든요."

그녀는 매일 아침마다 내 아이들이 백설 공주의 일곱 난쟁이처럼 즐겁게 휘파람을 불며 깡충깡충 뛰어 헛간으로 일하러 간다고 생각하는 듯했다. 나는 그 상상이 얼마나 잘못되었는지 지적한 후 집안일에 대해서도 꼭 다루겠다고 약속했다.

지인들의 아이디어와 정식 설문조사 결과에 덧붙여 내가 개인적 으로 진행한 약식 설문조사 결과도 참고했다. 나는 그동안 만난 1천 명의 부모에게 양육 과정에서 가장 힘든 일 세 가지를 꼽아달라는 질문을 던져왔다. 많은 부모가 (나처럼) 숙제와 형제간 다툼이 가장 힘들다고 답했고, 미디어 기기 사용, 밥 먹이기, 운전기사 노릇, 지긋지긋한 협상, 아침 시간, 재우기, 돌쟁이 옷 입히기, 예의범절 가르치기, 집안일, 부모를 무시하는 것, 수면 시간 부족 등이 뒤를 이었다. 나는 이것들을 각 장의 주제로 정하고 글을 쓰기 시작했다.

훈육, 아침 시간, 형제 관계, 숙제 등 모든 주제가 시작될 때마다 우리 부모들이 흔히 어떤 잘못들을 저지르는지 자세히 서술했다. 매일 아침 아이들을 깨우고 밥을 먹이고 옷을 입히고 집을 나서는, 언뜻 간단해 보이는 일들의 이면에 어떤 어려움이 숨어 있는지 생각해보기 위해서였다.

물론 가장 중요한 것은 '상황을 개선하기 위해 우리가 어떤 일을 할 수 있는가'다. 그에 대한 답을 찾으려면 주위를 둘러보고 무엇이 우리를 방해하는지부터 확인해야 했다. 우리 사회에서 직장에 다니면서 아이들을 돌보기란 쉬운 일이 아니다. 아이들의 학교생활과 특별활동, 방학은 물론이고, 괜찮은 어린이집을 찾는 일까지 어느 것 하나 쉽지 않다.

부모가 함께 모든 일에 적극적으로 참여하는 집이든, 부모가 역할 분담을 철저히 하는 집이든, 부모 중 한 사람이 모든 일을 해결하는 집이든 힘들긴 마찬가지다. 우리가 원하는 대로 시간을 사용하기 어렵고 매일 같이 경주를 벌여야만 하는 삶에서 행복을 찾기란 대단히 어렵다. 하지만 어떤 문제가 있는지 정확히 파악하는 것만으로도 바꿀 수 있는 것은 바꾸고, 바꿀 수 없는 것은 인정하고 받아들이는 데 도움이 된다. 이 책을 통해 나는 주어진 상황 속에서 가능한 한 최선의 가정을 만들어내는 데 초점을 맞추려고 한다.

이제 다음으로는 당연히 이런 물음이 이어진다. 위의 문제 상황을 어떻게 해결할 수 있을까? 나는 동료 부모 및 전문가들과 함께 각각의 문제 상황에 대한 효과적인 해결책에 대해 논의했다. 마트에서 떼쓰기, 숙제를 안하는 것 등의 문제를 어떻게 개선할 수 있을까? 나는 훈육부터 방학까지 온갖 주제에 대해 수없이 고민을 거듭했고, 모든 문제가 똑같은 패턴을 따른다는 사실을 알게 됐다. 우선, 문제에 대한 우리의 시각을 바꿔야 한다. 그리고 문제에 대응하는 방법을 바꿔야 한다. 따라서 각 장의 상당 부분이 두 번째 단계에 관한 핵심적인 내용들로 채워졌다. 아침 시간(또는 형제간 싸움이나 스마트폰 중독, 식사 시간 등)은 끔찍하다. 그렇다면 그 일을 더 행복하게 해내기 위해 어떻게 해야 할까?

이 책은 교과서가 아니다. 오히려 거리가 멀다. 나 역시 당신과 같은 자리에서 매일 배우고 있기 때문이다. 하지만 이 정도는 말할 수 있다. 이 책은 '자습서'다. 내가 '행복한 가정은 어떻게 이루어지는가?'에 대한 조사를 시작한 것은 그 연구 결과가 나 자신을 포함해 많은 부모에게 실제로 도움이 되기를 바랐기 때문이다.

나는 이 책을 통해 부모들이 꾸준히 만족스러운 삶, 즐거움과 기쁨으로 충만한 삶을 찾기를 바란다. 주변을 둘러보며 깊은 숨을 한 번 내쉰 뒤 어깨에 진 무거운 부담감을 잠시나마 내려놓고 "그래. 이게 바로 내가 바라던 거야"라고 말할 수 있게 되기를 바란다. 물론 매 순간이 그렇지는 않을 것이다. 하루에도 몇 번씩 치워야 하는 강아지 응가, 방학 때 누가 어떤 침대에서 잘 것인가를 두고 치고 박고 싸우는 아이들, 싱크대에 잔뜩 쌓여 있는 설거지거리에서 만족감을 느끼기는 힘들 것이다. 하지만 강아지, 아이들, 방학, 맛있는 식사는 어떤가? 그래, 이건 내가 가고 싶었던 길이 맞다.

그러므로 이 책은 기쁘고 충만한 삶을 만들고자 노력해온 나와 내 가족의 기록이다. 하지만 '나의 삶은 완벽하니까 그대로 따라 해야 해'라는 식의 이야기는 결코 아니다. 그보다는 당신이 스스로 행복한 삶을 찾도록 도와주는 안내서에 가깝다. 물론 이 책에는 내가 나름대로 찾은 해결책들도 소개했다. 하지만 그보다는 다른 부모들과 가족들이 제시한 여러 조언과 아이디어를 함께 살펴보고자 했다. 그런 과정이 적어도 나에게는 대단히 효과적이었기 때문이다. 수학 문제 때문에 짜증이 나 죽겠다며 주방 바닥에 누워 온몸을 뒤틀어대는 아이를 눈앞에 두고도 삶을 기쁘고 만족스럽게 받아들일 수 있는 지금의 내가 바로 산증인이다.

삶이 풀기 어려운 과제들로 채워진 순간에도 우리는 행복할 수 있다. 최소한 지금보다는 더 행복할 수 있다. 나는 이 책을 쓰면서 신체 장애가 있는 부모, 약물 남용이나 중독을 겪은 적이 있는 부모, 배우자나 자녀를 잃은 부모들과도 인터뷰를 했다. 자녀에게 정신질환이나 학습 장애가 있는 부모, 직장을 잃었거나 경제적으로 어려움을 겪고 있는 부모도 만나보았다. 그들 역시 더 행복해질 수 있는 방법을 찾기 위해 애쓰고 있었고, 실제로 방법을 찾은 이들도 많았다.

가끔은 모든 것이 힘에 부칠 때도 있다. 무거운 돌덩이 사이에 꼼짝없이 갇혀 있는데 비는 내리고 날씨는 춥고, 심지어 일기예보에서 곧 눈이 내릴 거라고 말하는 것처럼 느껴질 때도 있다. 누구도 당신에게 그런 것들을 기쁘게 받아들이라고 말하지 않는다. 하지만 그럼에도 당신은 여전히 아침 일찍 일어나야 하고, 아이들의 점심 도시락을 싸야 한다. 또한 아이들은 뜬금없이 당신을 꼭 안아줄 것이고, 뭔가 새로운 것을 배워 기쁨을 줄 것이며, 가장 필요로 할 때 당신에게 손을 내밀어 눈물이 핑 돌 정도로 감동을 줄 것이다.

상황이 좋지 않아도 우리는 행복을 찾을 수 있다. 세상에서, 그리고 당신의 삶에서 어떤 일이 벌어지고 있는지와 상관없이 당신은 더 행복해지기를 기대해도 된다. 혹시라도 핑계가 필요하다면 기억하라. 행복한 사람이 직장에서도 더 유능하다. 행복한 사람이 봉사활동도 더 많이 한다. 행복할수록 더 창의적이고, 더 건강하고, 더 생산적이다. 행복한 사람은 주위에 행복을 퍼뜨리며, 주변 사람들과 더 깊은 유대 관계를 맺는다. 그리고 부모와 깊은 유대를 맺을수록 아이도 더 행복하다.[10]

이 지점에서 또 한 가지 중요한 사실이 떠오른다. 행복은 목표가 아니라는 점이다. 행복한 부모가 되고 나면 모든 일에 마침표를 찍고 "이제 다 끝났구나"라고 말할 수 있는 게 아니다. 내가 세운 목표, 그리고 변화를 만들어가는 과정에서 당신이 세우게 될 목표는 성취를 위한 목표가 아니라 행동을 위한 목표다. 만약 어느 날 모든 것이 평소보다 좋게 느껴지고 수월하게 흘러가 내일은 더 좋은 일이 일어날 것만 같은 기대감을 안고 베개에 얼굴을 묻을 수만 있다면, '오늘 하루도 잘 해냈구나'라고 생각하고 다시 갈 길을 가면 된다. 물론 양육에는 궁극적인 목표(아이를 정상적인 성인으로 길러내는 것)가 있지만 이 책은 그것을 어떻게 달성할 것인가에 관한 책이 아니다. 오히려 그 반대다. 이 책은 목표를 향한 돌진을 멈추게 하기 위한 책이다. 왜냐하면 당신은 지금 당신이 사랑하는 그 모든 것의 한가운데에 있기 때문이다.

부모로서 가장 힘든 점이 무엇이냐는 설문조사를 진행했을 때 많은 사람이 끔찍한 아침 시간과 집안일 시키기라고 답했지만, 그중에는 다음과 같은 답변들도 있었다.

- 아이들이 자라는 것
- 장거리 전화(그나마도 자주 하지 않음)
- 아이들과 멀리 떨어져 지내기

그렇다. 이 시간은 결국 끝난다. 집이 아이들로 북적이고, 아이들과 삶을 온전히 공유하는 이 시간은 영원하지 않다. 우리는 그 사실을 잘 알고 있다. 여섯 살이 채 안 된 세 아이를 데리고 마트에서 힘겹게 발걸음을 옮기고 있는데, 갑자기 누군가가 나를 불러 세우더니 이런 말을 한 적이 있다.

"지금이 좋을 때랍니다. 아이들은 정말 금방 커요."

당신도 비슷한 경험이 있을 것이다. 우리는 루빈의 "하루는 길다. 하지만 세월은 짧다"라는 말이 진실임을 이미 알고 있다. 이 글을 쓰고 있는 지금, 내 첫째 아이는 열여섯 살이다. 그러나 당신이 이

책을 읽을 때쯤이면 그 아이는 대학생이 되어 집을 떠나 있을지도 모른다.

우리 가족의 삶은 변할 것이다. 그렇기 때문에 우리는 더더욱 최선을 다해 아이들과의 시간을 행복으로 채워야 한다. '지나고 보니 좋은 기억'이 아니라 지금 이 순간 행복해야 한다. 만족스러운 가정생활은 가능하며, 그것은 아이를 훌륭하게 키우는 일이나 성공을 향해 아이를 몰아붙이는 것과는 관련이 없다. 만족스러운 가정생활은 행복감으로부터 온다. 그 길을 걷는 내내 당신이 곱씹어보고, 기대하고, 삶의 목적으로 삼을 수 있는 진짜 행복 말이다.

간주

행복한 부모가 되기 위한 열 가지 원칙

더 나아가기에 앞서 이 이야기의 결말, 아니 내 이야기의 결말을 공개할까 한다. 나는 지금 행복하다. 내가 배운 것들을 육아에 적용하기 시작하자 많은 것이 변했다. 아이들은 사이가 더 좋아졌고, 종종 싸우더라도 나는 그 상황에 더욱 잘 적응하게 되었다. 아침 시간에 엄청난 스트레스를 받으며 전력 질주하는 일은 더 이상 없고, 숙제는 여전히 우리 가족 누구에게도 행복을 주지 못하지만 최소한 긴 하루 끝에 그나마 남아 있는 힘을 쥐어짜야만 간신히 할 수 있는 존재는 아니게 되었다. 그러자 내게는 아이들을 재울 때 쓸 수 있는 에너지가 더 많아졌고, 심지어 하루를 마무리하기 전에 나를 위한 일도 조금은 할 수 있게 되었다.

어떤 문제들은 내가 행동을 바꾸자 조금씩 해결되었다. 그에 대한 자세한 내용(다양한 아이디어, 기법, 조언들)은 뒤에서 주제별로 다룰 것이다. 하지만 내게 일어난 변화 중 상당 부분은 행동이 아니라 생각이 변하면서 일어났다. 마치 내가 반짝이는 빨간 구두를 가진 《오즈의 마법사》의 도로시가 된 것 같았다. 원하는 곳으로 나를 데려다줄 구두를 이미 갖고 있는데도 그동안 나만의 여행을 해야 했던 것이다. 나만의 길을 걷는 동안 내 마음속에 몇 가지 중요한 원칙이 끊임없이 떠올랐다. 그것은 어떤 상황에서든 끊임없이 적용되는 기본적인 원칙들이었고, 내가 더 행복한 부모가 되도록 나를 이끌어주는 삶의 원칙이 되었다. 나는 어떻게 행동해야 할지 확신이 서지 않을 때마다, 중요한 결정을 앞두고 도무지 정신을 차리지 못할 때마다 이 원칙들을 계속해서 되뇐다. 나에게 그랬듯, 당신에게도 효과가 있기를 바란다.

당장 편한 길을 택하면 나중에 후회하게 된다. 어떻게든 상황을 피하기 위해 쉬운 길을 택하고 싶을 때가 많다. 아이가 음식을 먹고 난 식탁을 대신 치워주고 싶고, 아이가 수학 문제 때문에 끙끙거릴 때는 그냥 답을 가르쳐주고 싶다. 아이가 학교에서 어려움을 겪고 있으면 선생님께 도와달라고 직접 부탁하고도 싶다. 하지만 그렇게 해버리면 단기적으로는 아이의 일을 대신 하느라 내가 많은 시간을 써야 하고, 장기적으로는 아이들이 필요한 능력을 제때 기르지 못하게 된다. 따라서 육아에 있어서는 언제나 먼 길을 돌아가야 한다.

아무것도 잘못되지 않았다. 몇 년 전에 사라 수산카Sarah

Susanka의 대단히 불교적인 저서《마음이 사는 집》에서 찾은 문장이다. 그녀에 따르면, 그 어떤 것도 결코 잘못되지 않았고, 잘못될 수도 없으며, 이미 벌어진 일은 돌이킬 수 없고, 따라서 그 모습 그대로 존재할 뿐 아무것도 잘못되지 않았다.

솔직히 그렇게까지 생각할 수는 없지만(내가 불교도가 될 수 없는 이유) 상황이 잘못되었다고 느껴질 때 그녀의 말을 떠올리면 마음이 편해진다. 아이들이 떼쓸 때, 사춘기 아이가 반항할 때, 아이가 병에 걸렸거나 다쳤을 때, 직장에서 문제가 생겼을 때에도 본질적으로는 거의 항상 모든 것이 여전히 괜찮았다. 철학자 미셸 드 몽테뉴Michel De Montaigne도 "나의 삶은 불행으로 가득했으나 그 대부분은 실제로 일어나지 않았다"라고 말하지 않았던가. 가끔은 이 문장을 '실은 아무것도 잘못된 게 없는 거 같다'라고 쓸 때도 있다. 하지만 알다시피 편집자들은 조금이라도 애매모호한 것을 싫어한다. 그래서 나는 과감하게 말해버린다. "아무것도 잘못되지 않았다"라고. 그리고 대부분의 경우, 그 말이 맞았다.

사람은 누구나 변한다. 아이들은 더 그렇다. 나는 최악의 상황을 상상하는 데 일가견이 있다. 뭐든 문제가 있다 싶으면 겁부터 난다. '앞으로도 계속 이러면 어쩌지?', '아이가 계속 학교를 좋아하지 않으면 어쩌지?', '아이들이 계속 편식을 하면 어쩌지?', '아이들이 계속 사이가 나쁘면 어쩌지?' 등. 하지만 내 생각이 거의 틀렸다. 편식은 크면서 점점 나아진다. 공부하는 것을 싫어하는 아이들은 어느 순간 동기를 찾는다. 아이들은 배운다. 그게 바로 아이다. 그러니 아이들이 지금 모습 그대로 머물 거라고 섣불리 판단하고 간섭하기보다는 아이들에게 배울 기회를 주어야 한다.

내가 그 안에 들어갈 필요는 없다. 나는 가족들의 기분, 그러니까 딸아이의 극단적인 감정 변화나 종종 찾아오는 남편의 저기압에 흔들리고 싶지 않을 때마다 이 구절을 떠올린다. 내 딸은 화가 나면 옷장으로 들어가 문을 쾅 닫아버리곤 한다. 가끔은 나도 옷장으로 들어가 아이와 함께 있어 줘야 할 때도 있지만 그 감정을 고스란히 느낄 필요는 없다. 그건 우리 두 사람 모두에게 도움이 되지 않는다.

눈에 거슬린다고 해서 매번 말할 필요는 없다. 아이들이 다툴 때마다, 사소한 잘못을 할 때마다 지적할 필요는 없다. 아이가 그날따라 힘든 하루를 보내고 있다면 더더욱 그렇다. 부모가 간섭하지 않아야 오히려 잘 해결되는 일도 많다. 어떠한 교훈은 수많은 시행착오를 통해서만 얻을 수 있다.

자기만의 길을 가라. 가족이 다 함께 여러 가지 대단한 일들을 해내는 지인 부부가 있다. 아이들과 함께 160킬로미터 크로스컨트리 스키캠프에 참가하기도 했고, 스페인 마드리드에서 1년 살기를 하기도 했다. 그밖에도 무료 급식소 봉사활동, 기타 즉흥 합주, 돌담 쌓기, 멸종 위기 거북이 구하기, 보드게임 토너먼트 등 정말 다양한 일을 했다. 우리 가족은 그중 아무것도 하지 않았다. 중요한 건,

나는 그중 아무것도 하고 싶지가 않다는 것이다. 우리는 우리가 하고 싶은 일을 한다. 어떤 일은 지인 부부가 하는 일만큼이나 멋지고, 어떤 일은 그렇지 않다. 그래도 괜찮다. 나는 유랑 서커스단의 곡예사가 아니기 때문에 내 아이들을 유랑 서커스단의 곡예사로 키울 수 없다. 아무리 그것이 대학 입학 자기소개서에 쓸 훌륭한 이야깃거리가 된다 해도 말이다. 남들이 하는 모든 것을 다할 수는 없다. 불가능할 뿐만 아니라, 그럴 필요도 없다.

아이들이 행복하지 않을 때도 당신은 행복할 수 있다. 토머스 기차를 잃어버린 건 당신이 아니다. 숙제를 하지 못한 것도 당신이 아니다. 대학 입학에 실패한 건 당신이 아니다. 경기에서 진 건 당신의 팀이 아니다. 우리 아이들은 살아가면서 실망스러운 일들을 수없이 겪을 것이다. 어리석은 결정도 여러 번 내릴 것이다. 누군가에게 골탕 먹는 일도 생길 것이다. 늘 운이 따르지만은 않을 것이다. 때때로 우리는 아이들과 함께 아파할 것이다. 그리고 때로는 "내가 그럴 줄 알았어"라고 말하고 싶은 걸 꾹 참을 것이다.

그러나 우리는 어떤 경우든 내면의 평정을 유지할 수 있다. 아이를 지지한다는 것이 아이와 똑같이 세상이 무너지는 감정에 사로잡혀야 한다는 뜻은 아니다. 보통 어른들은 아이들과 달리 멀리 내다 보는 능력을 가지고 있다. 우리는 잃어버린 토머스 기차가 곧 어딘가에서 나타나거나 금세 잊힐 거라는 사실을 알고 있다. 결국은 숙제를 해내리라는 것도, 갈 수 있는 대학이 무수히 많다는 것도 알고 있다. 우리는 무엇이 중요하고 중요하지 않은지를 알고 있다. 브

레네 브라운Brene Brown은 자신의 저서 《라이징 스트롱》에서 '어떤 감정을 느끼기 전에 그것이 정당한지를 스스로 생각해봐야 한다'라고 이야기했다. 먼저 우리 마음의 안정을 찾은 후에 아이의 감정을 이해해야 한다. 아이가 당신의 감정에 책임감을 느끼지 않고 자신의 감정을 마음껏 경험할 수 있도록 충분한 심리적 거리를 유지해야 한다.

어떻게 할지 정하고 그대로 하라. 아이를 키우다 보면 결정을 내리지 못하고 갈팡질팡하는 경우가 많다. 텔레비전을 보여줄까 말까? 사탕을 줄까 말까? 과자는? 토끼는? 친구 집에서 자고 오는 것은? 무서운 영화는? 콘서트는? 우리는 여러 대안을 놓고 끊임없이 저울질한다. 이미 내린 결정에 대해서도 또다시 고민한다. 우리는 생각이 너무 많다. 나는 '어떻게 할지 정하고 그대로 하라'는 원칙을 통해 이런 선택들이 삶을 뒤바꿀 정도로 중대한 결정이 아님을 깨달았다. 또한 무조건 안 된다고 하다가 아이들이 졸라대면 마지못해 허락해주는 것이 아니라, 능동적으로 결정을 내리고 그 결정을 고수할 수 있게 되었다.

뭐든지 항상 잘할 필요는 없다. 항상 잘하기만 할 수는 없다. 사실 꼭 그래야만 하는 것도 아니다. 누구나 그렇다. 가끔은 아이들에게 소리를 질러놓곤 차분하게 말할 걸 그랬다고 후회할 것이다. 잘못이 없는 아이를 혼내고, 정작 잘못한 아이는 봐주는 일도 생길 것이다. 아이에게 너무 많은 도움을 줄 수도 있고, 충분한 도움을 주지 못할 수도 있다. 멀쩡한 아이를 병원에 데려갈 수도 있고, 배달 음식을 먹일 수도 있다. 그러면서 당신은 '늘 옳은 결정'이란 존재하지 않음을 깨달을 것이다. 그리고 내일이면 주어지는 또 한 번의 기회에 감사하게 될 것이다.

좋은 것을 흡수하라. 앞서 소개한 원칙들과 달리 '좋은 것을 흡수하라'는 싫은 것을 피하기보다 원하는 일에 집중하라는 메시지를 준다. 《행복 뇌 접속》의 저자이자 신경심리학자인 릭 핸슨Rick Hanson에 따르면 인간은 긍정적 경험보다는 부정적 경험에 더 가중치를 부여하도록 설계되어 있다. 어떤 나무에 열린 열매가 더 달콤한가보다는 호랑이를 피하는 법을 더욱 잘 기억해야 하기 때문이다. 하지만 핸슨은 우리가 긍정적인 것에 열중할 수 있도록 뇌를 훈련시킴으로써 더 행복해질 수 있다고 말한다. 좋은 것을 인식하고 거기에 몰두하려고 노력하면 우리 뇌의 편도체에 도파민(긍정감과 행복감을 주는 신경전달물질)이 공급되고, 그 결과 뇌는 더 많은 도파민을 원하고 구하게 된다. 결국 좋은 것을 흡수할수록 우리는 흡수할 수 있는 좋은 것을 더 많이 찾게 되므로, 우리 뇌가 계속해서 긍정적이고 행복한 상태로 머물 수 있다는 것이다.

나는 핸슨의 책을 읽은 뒤로 아주 사소하게 좋은 순간이라도 모두 흡수하기 위해 잠시 멈추는 연습을 해왔다. 가족들이 다 같이 차를 타고 가는데 누구 하나 다투지 않을 때, 화창한 어느 날 옹기종기 모인 아이들이 오후에 무엇을 할지 신나게 고민하고 있을 때, 심지어는 상황이 그렇게 좋지 않을 때조차도 이 방법은 꽤 유용하다.

아이가 뭔가에 실망하거나 어떤 문제가 있어서 나를 찾아왔을 때, 시무룩한 아이를 붙잡고 대화를 나누면서도 나의 일부는 그 자리에 있는 것 자체에 기쁨을 느낀다. '좋은 것을 흡수하라'는 모든 것이 나쁘게만 느껴질 때를 대비하기 위한 일종의 저장고와 같다. 행복의 저장고를 가득 채워라. 그러면 당신에게는 언제든 꺼내 쓸 수 있는 행복이 가득할 것이다.

1장

아침은 최악이다

⁂

우리 집에는 가정을 이끄는 올빼미 두 마리와 컨디션이 가장 좋을 때조차도 움직임이 굼뜬 아이들이 살고 있다. 아이들은 옷장 한 구석에서 찾아낸 '요요' 하나만으로도 20분 정도는 우습게 흘려보낸다. 그런 우리 집에서 아침은 그야말로 최악의 시간이다. 아침은 너무 일찍 시작되고, 너무 빨리 가버린다. 아침은 해도 해도 끝이 없는 할 일들과 "그거 어디에 있어?"라는 외침, 지각을 알리는 종소리로 늘 정신이 없다.

조금 긍정적인 표현을 찾아봐야겠다. '아침은 도전정신을 자극한다' 정도면 될까? 내게는 아침에 스스로 일어나 집을 나서는 것 자체가 많은 노력을 필요로 하는 도전이다. 다른 누군가를 깨워 집 밖으로 내보내는 일은 더 말할 것도 없다. 잠자리에서 일어나 나갈 준비를 하면서 주변 모든 사람에게 고통과 우울을 퍼뜨리지 않는 것은 내게 거의 불가능한 일처럼 느껴지곤 한다. 도전정신이라! 이 얼마나 아름다운 말인가. 열정적인 태도, 오늘 하루를 기꺼이 받아들이고자 하는 긍정적인 태도가 떠오르지 않는가. 우리 가정에 행복을 되찾아오겠다는 강인한 의지와는 더더욱 잘 맞아떨어진다. 하지만 인정할 건 인정하자. 아침은 최악이다.

모든 것은 아침과 함께 시작된다. 많은 사람이 아침이 그날 하루의 분위기를 결정한다고 말하는데, 그건 나쁜 아침도 마찬가지다. 아침을 망치고 나면 하루 종일 기분이 좋지 않거나 하루의 시작부터 극복해야 할 과제를 떠안게 된다. 부모가 되면 삶의 대부분이 바뀌지만 그중에서도 단연 많이 바뀌는 건 아침 풍경일 것이다. 새벽 2시까지 깨어 있다가 오전 10시까지 늦잠을 잔다거나, 마지막 순간까지 뭉그적거리다가 출근 시간이나 수업 시간이 임박해 달려나가는 날들은 끝나버렸다.

이제는 그냥 일찍 일어나는 것만으로는 부족하다. 다른 누군가를 깨워 그들이 혼자 해낼 수 없는 일들을 도와주고, 그들에게 스스로 일어나 집에서 나서는 법을 가르쳐줄 수 있을 정도로 일찍 일어나야 한다. 심지어 그 모든 일을 기쁘게 해내야 한다. 그래야만 모두가 하루를 기쁘게 시작할 수 있고, 좋은 본보기가 될 수 있다. 아이들은 부모를 보며 '뭔가 할 일이 있을 때 소리를 질러대고 씩씩거리는 건 상황을 악화시킬 뿐이다'라는 교훈을 얻는다.

무엇이 문제인가

아침에 자기 자신과 가족 모두를 움직이게 만드는 건 쉬운 일이 아니다. 거의 모든 사람에게 그렇다. 아침 식사로 퀴노아 크레페를 만들어주는 몇몇 부모(또는 '성공한 사람들의 아침 일과'라는 제목의 기사 인터뷰에서 거리낌 없이 거짓말하는 사람들)를 제외하면 누구에게나 아침은 고통스럽다. 스케줄이 너무 빡빡하기 때문만은 아니다. 당신이 현재에 충실하지 못해서도, 아이들이 텔레비전을 너무 오래 보거나 끊임없이 간섭당해서도 아니다. 부모들에게 죄책감을 유발하는 현대 사회의 그 어떤 문제들 때문도 아니다. 답은 간단하다. 아침이 힘겨운 이유는 대부분의 가족이 집을 나서고 싶어 하는 시간보다 훨씬 이른 시간에 어딘가를 가야만 하기 때문이다. 이런 상황에서는 당연히 행복감을 느끼기가 힘들다. 게다가 가족 중 몇 명이 너무 어려서 스스로 아침을 준비할 수 없는 상황이라면? 더 이상 말할 필요도 없다.

부모들은 아침이면 온갖 어려움에 직면한다. 도대체 무엇이 잘못된 걸까? 사람들은 "아침이 너무 일찍 시작돼요", "요즘 아침은 너무 춥고 어두워요", "등교 시간이 너무 빨라요", "아이들이 너무 뭉그적거려서 재촉해야 해요"라고 대답한다. 날씨부터 아이들까지 모든 것이 우리를 괴롭히려고 작당모의라도 한 것만 같다. 게다가 끔찍한 아침을 대변하는 마음속의 묵직한 돌덩이들은 이미 전날 밤 잠자리에 들기 전부터 쌓이기 시작한다. 너무 늦게 잠자리에 드는 우리는 충분히 자지 못한 채 또 다른 새벽을 맞이해야 할 것을 알기 때문이다.

수면 부족은 중대한 문제이지만 문제는 그뿐만이 아니다. 아침은 그밖에도 수많은 도전 과제로 가득하다. 전이, 멀티태스킹, 기억할 것들, 각종 마감 기한, 시간제한, 타인이 정한 한계들, 우리의 통제 밖에 있는 장소들까지… 아침은 그야말로 무자비하다. 내일 아침이면 우리는 또다시 주방 벽에서, 자동차 계기판에서 째깍째깍 흘러가는 성과 평가 기계를 마주할 것이다. 지금 상황이 어떤지 알고 싶은가? 바로 저기, 고개를 들어 시계를 보라.

그리고 여기, 아이들이 있다. 어린아이들은 시간을 지켜야 한다는 당신의 멍청한 요구에 코웃음을 친다. 카시트에 앉는 순간 기저귀를 빵빵하게 부풀리는 게 일상인 어린아이에게 시간은 무의미하다. 분리불안을 겪고 있는 어린아이는 제시간에 출근 도장을 찍어야만 하는 당신의 의무 따위에는 아무 관심이 없다. 그보다 조금 나이가 많은 아이는 지각을 하면 유치원 선생님에게 혼나는 것을 잘 알고, 종이 울린 후 허둥지둥 교실로 달려 들어가 수업에 참여하는 일을 싫어하는 것처럼 보인다. 하지만 손에 잡힐 듯한 꿈같은 미래는 아이가 주방 바닥에서 아주 매혹적인 양 인형을 발견하는 순간 물거품이 되어 사라지고 만다. 아이는 그 양 인형을 친구 양들에게 데려다주어야 하는데, 친구 양들이 분명 침대 어딘가에 있을 거라고 주장한다. 어라, 세탁실이었나?

초등학생이나 청소년들은 아침마다 부모가 겪는 시간 관리 문제를 똑같이 겪는다. 그런데 정해진 시간 안에 주어진 일을 어떻게든 해내는 어른들의 능력이 아이들에게는 없다. 어떤 녀석은 숙제를 해놓고도 깜빡 잊어 출력해놓지 않았고, 어떤 녀석은 숙제가 있다는 사실 자체를 완전히 잊어버렸다. 딸아이는 아직도 하키 가방을 싸놓지 않았고, 아들 녀석은 스쿨버스를 놓치지 않으려면 당장 집을 나서야 하는데도 점심시간에 먹을 3단 샌드위치를 30초 안에 만들 수 있다며 뭉그적거리고 있다. 지금껏 수십 번 가르쳐준 일들이지만 아이들이 순조로운 아침을 보낼 수 있는 능력을 제대로 갖추기까지는 수십 번의 가르침이 더 필요할 것이다. 하지만 그러는 동안에도 출근 시간을 향해 달리는 시계는 당신의 사정을 봐주지 않는다.

그럼에도 불구하고 아침은 더 나아질 수 있다. 태어날 때부터 아침형 인간이었던 것도 아니고 특별한 능력이 있는 것도 아니지만, 아침의 광란 속에서도 모든 일을 더 순조롭게, 더 행복하게 해내는 법을 찾은 부모들이 분명 존재한다. 많은 연구가와 전문가가 축적한 데이터를 살펴보면 당신도 자신과 아이들에게 건강과 행복을 가져다줄 변화의 필요성을 수긍하게 될 것이다. 여기서 중요한 힌트 하나! 모든 것은 전날 밤에 시작된다.

아침을 바꾸기 위한 단 한 가지 변화

이른 아침이면 침대는 초등학교 고학년 이상의 아이들과 어른들에게 세상에서 가장 매혹적인 장소가 된다. 반대로 밤이면 세상에서 가장 들어가기 싫은 곳으로 변한다. 그 와중에 초등학교 저학년 이하의 어린아이들은 새벽 5시만 되면 벌떡 일어나 부부 침실로 달려와서는 더없이 밝은 얼굴로 우리 볼을 꼬집으며 소리친다.

"아빠, 엄마! 일어나! 해님이 반짝 떴어!"

하지만 이런 아이들도 밤에 침대에 들어가는 것을 싫어하긴 마찬가지다. 스스로 잠자리에 들고, 누군가를 잠자리에 들게 하는 것은 쉬운 일이 아니다. 하지만 그 시간이 늦어질수록 다가오는 아침은 더 괴로워지게 마련이다.

우리의 수면 시간을 잡아먹는 괴물은 도처에 깔려 있다. 그중에서도 잠의 가장 큰 적은 마지막 순간까지 미뤄놓은 일들, 그리고 해야 하는 일이 아니라 하고 싶은 일을 드디어 할 수 있게 되었을 때 그 시간을 조금이라도 연장하고 싶은 욕망이다. 아이들이 어릴 때는 아이를 재우고 난 다음에야 어른들만의 시간이 찾아온다. 배우자가 있다면 배우자와 함께 보낼 수 있는 유일한 시간이기도 하다. 그 시간에 자신만을 위해 미뤄둔 일을 하거나 아무 방해 없이 책을 읽을 수도 있다. 하지만 침대에 누워 눈을 감으면 그 순간 이미 내일이 온 것이나 다름없다. 그 내일이 월요일이라면 더 끔찍하다.

아이들이 어느 정도 자라면 아이들 역시 똑같은 불만을 느끼기 시작한다. 숙제가 많을 때, 심지어 방과 후에 자신이 좋아하는 일들을 하느라 바쁠 때에도 아이들은 어른들과 비슷한 감정을 느낀다. 드디어 나만의 시간을 보낼 수 있게 되었는데 잘 시간이 되어버렸고, 지금 자지 않으면 충분히 수면을 취하지 못해 아침에 피곤할 게 뻔한데, 도대체 이를 어쩐단 말인가!

그렇다면 어느 정도 자야 충분히 잤다고 말할 수 있을까? 필요한 수면 시간은 사람에 따라 다르지만 아마 당신이 생각했던 것과는 거리가 멀 것이다. 대여섯 시간만 자도 충분하다고 말하는 사람이 많은데, 대부분은 스스로를 속이고 있다고 보면 된다. 보통 성인은 일곱 시간 정도는 자야 한다. 그래야만 최상의 컨디션으로 주어진 역할을 해낼 수 있다. 거기에는 가족 구성원으로서의 역할도 포함된다. 나의 경우, 최소 여덟 시간은 자야 한다. 장담하는데, 당신도 아주 가끔이 아니라 매일 꾸준히 여덟 시간씩 자는 나를 더 좋아할 것이다. 어린이와 청소년은 성인보다 훨씬 더 많이 자야 한다. 유아와 미취학 아동은 열한 시간에서 열세 시간 정도를 자야 하고, 초등학교 저학년 아이는 열 시간, 청소년은 아홉 시간에서 열 시간 정도를 자야 한다. 얼마나 자느냐에 따라 아이들의 성적과 건강, 행동, 그리고 삶의 질 자체가 달라진다. 부모, 어린이, 청소년 모두 많이 잘수록 더 행복해지고, 행복한 사람일수록 가족들과 힘을 모아 더 행복하고 수월한 아침을 만드는 일을 잘한다.

우리는 알람시계에 맞춰놓은 기상 시간으로부터 필요한 수면 시간을 빼서 몇 시에 자야 하는지를 결정하고, 그 시간이 되면 바로 불을 끄고 잠자리에 들어야 한다. 모든 연구 결과가 그렇게 말하고 있다. 하지만 제대로 해내고 있는 사람은 많지 않다. 비교적 소수의 성인과 청소년, 어린이만이 수면 시간을 제대로 지킨다. 과연 어떻게 해야 변할 수 있을까?

잠의 필요성을 납득시켜라

아이들의 수면 시간이 줄었다고 생각되면 우선 아이들이 몇 시간을 자고 있는지 정확히 따져보라. 그 시간을 늘리려면 아마 몇 주는 힘든 시간을 보내게 될 것이다. 규칙적인 일과를 세우거나 기존의 일과를 앞당기는 건 어려운 일이기 때문이다. 저녁 식사를 더 일찍 시작하고, 목욕을 더 빨리 끝내고, 가족끼리 보내는 저녁 시간을 줄이는 것은 (특히 당신이나 배우자의 퇴근이 아주 늦을 때는 더욱) 정말 쉽지 않다. 하지만 늘어난 수면 시간이 가져다주는 아침의 변화를 경험해보면 왜 일찍 자야 하는지 금세 깨닫게 될 것이다. 장기적으로 얻는 이익은 심지어 더 크다.

먼저, 아이들에게 잠에 대해 말하는 방식부터 바꾸도록 하라. 미취학 아동과 중학교 1학년 학생들을 대상으로 진행한 연구 결과에 따르면, 잠의 중요성에 대해 배운 뒤 두 집단의 아이들 모두 더 많이 자게 되었다고 한다.[1] 아이들은 각각의 나이에 맞는 방식으로 잠의 중요성에 관한 긍정 교육을 받았다. 보통 부모들은 자기도 모르게 잠자기를 '해야 할 일'로 규정하고, "얼른 자야지!"라는 식으로 말한다. 하지만 어린아이들에게 잠은 재미로 가득한 밝은 세상을 포기한 채 홀로 어둡고 외로운 방으로 들어가는 것에 불과하다. 많은 아이가 실제로 그렇게 생각한다. 반면 조금 큰 아이들은 성인들과 똑같은 생각을 한다. 밤이 되어서야 비로소 자기만의 시간을 갖게 되었는데, 잠자리에 든다는 건 곧 아침이 온다는 뜻이고, 학교에 갈 시간이 더욱 빨리 온다는 뜻일 뿐이다.

연구자들이 미취학 아동을 위해 개발한 수면 프로그램은 다음과 같았다. 아이들에게 규칙적인 일과 시간에 맞게 곰 인형 재우는 법을 가르쳐주고, 사람에게도 규칙적인 일과와 잠이 중요하다는 사실을 간단히 가르쳤다. 많이 잘수록 기분이 좋아지고, 다른 사람과도 더욱 잘 어울릴 수 있다고 말해주었다. 또한 시간표와 스티커를 이용해 규칙적인 일과를 지키도록 도왔다. 저소득 가정의 경우에는 부모와 교사를 위한 수면 교육도 병행했다. 한 달간의 수면 교육 후 부모들은 거의 아무런 변화가 없었다. 반면 아이들은 하루 평균 30분씩을 더 자게 되었다.

중학교 1학년 학생들에게는 잠이 성적, 기분, 건강, 교우 관계에 어떤 영향을 미치는지를 가르쳤다. 수면 의식, 수면 시간 및 기상 시간 일괄적으로 지키기, 불 완전히 끄기, 늦은 시간에 카페인 섭취하지 않기 등 기본적인 수면 위생 교육도 진행했다. 그 결과, 연구에 참여한 학생들은 거의 1년 동안 개선된 수면 시간과 수면의 질을 유지했다.

부모가 잠에 대해 어떻게 표현하는지와 아이들이 잠의 필요성을 얼마나 잘 이해하는지는 대단히 중요하다. 먼저 우리 자신부터 수면 일과를 세워서 지켜보자. 그리고 아이들에게 우리가 포기한 저녁 일상이 더 좋은 아침을 가져다줄 것이라는 사실을 가르쳐주자. 수면이 부족할 때 우리 자신이나 아이들이 어떤 영향을 받는지 기록하고, 개선하기 위한 계획을 세워보는 것도 좋다. 그런 과정을 통해 아이들은 충분히 잠을 잤을 때 기분이 어떻게 달라지는지 스스로 느껴볼 수 있을 것이다. 물론 그것만으로 아이들이 조금도 뭉그적거리지 않고 기분 좋게 침대로 폴짝 뛰어드는 일은 없겠지만, 분명 변화는 나타날 것이다.

청소년 자녀를 둔 부모들은 잠은 방해하지만 다른 목표에 도움이 되는 활동(예컨대 공부, 운동 연습 등)을 허락해주는 경우가 많다. 하지만 이는 근시안적인 태도다. 벼락치기 시험공부를 하거나 연극 연습을 하느라 밤늦도록 자지 않는 아이를 그냥 모른 척해서는 안 된다. 학업 성과를 올리려면 충분한 잠이 꼭 필요하다는 사실을 알려주고, 평소에 공부를 꾸준히 할 수 있도록 도와야 한다. 보통은 사사건건 간섭하는 것이 별로 좋지 않지만 잠에 대해서만큼은 다르다. 아이 가 잠 잘 시간을 넘겨서까지 다른 일을 한다면 상응하는 조치를 취 해야 한다.

아이가 아직 어리다면 너무 늦게까지 하는 활동에는 보내지 말아야 한다. 또한 코치나 교사에게 아홉 시간 이상 자고 아침 7시에 스쿨버스를 타려면 늦어도 밤 9시에는 잠자리에 들어야 한다고 꼭 말해두어라. 물론 가끔은 타협해야 하는 경우도 있겠지만, 당신이 수면 시간을 대단히 중요하게 여긴다는 사실만큼은 꼭 가르쳐라. 그러면 아이들 스스로도 수면 시간을 더욱 잘 지킬 것이다.

당신도 더 많이 자라

아침에 정말로 행복해지고 싶다면 부모들도 더 많이 자야 한다. 우리는 많이 잘수록 뭐든지 더 잘한다. 충분히 자야만 아이들의 등교나 등원 준비도 인내심을 갖고 제대로 도울 수 있다. 잠이 부족하면 우리는 앞을 내다보지 못하고 안절부절못한다. 별로 중요한 문제가 아닌데도 우리 뇌는 스트레스 반응을 일으켜 아드레날린을 과다하게 분비하기 쉽고, 그러면 토스터기에 와플을 끼운 아이를 보며 자신도 모르게 분통을 터뜨리게 된다(이 문제에 대해서는 7장에서 더 자세히 다루겠다). 하지만 우리는 부모이고, 부모는 자고 싶을 때마다 늘 충분히 잘 수 없다. 아무리 그게 모두를 위해 더 좋다고 해도 말이다.

젖먹이 아기가 있을 때는 충분히 잔다는 것이 애초에 불가능하다. 그건 부인할 수 없는 사실이다. 거의 불가능하다거나 사실상 불가능한 정도가 아니라 절대로 불가능하다. 영국의 한 침대 제조사에서 어린아이를 키우는 1천 쌍의 부모를 대상으로 진행한 설문조사 결과에 따르면, 만 2세 미만 아기를 키우는 부모의 3분의 2가 매일 밤 연속해서 자는 시간은 네 시간이 채 못 되었다.[2] 매일 밤 다섯 시간씩 잔다면(이것도 전혀 충분하지 않지만) 아이가 두 돌이 될 때까지 부모는 총 3,650시간을 자게 된다. 반면 네 시간씩 잘 경우에는 총 수면 시간이 2,920시간이다. 결국 잠이 730시간이나 부족하다는 의미이며, 다시 말해 약 5개월 동안 매일 밤 다섯 시간씩을 더 자야만 그 간극이 채워진다는 뜻이다. 만약 건강하게 일곱 시간씩 자기를 바란다면? 다섯 시간씩 1년 이상을 더 자야 한다.

이 기간 동안 당신이 할 수 있는 일은 세 가지다. 첫째, 아기만 중간에 깨지 않으면 충분히 오래 잘 수 있을 만큼 일찍 잠자리에 들어야 한다. 정말로 충분히 잘 수 있는 날은 많지 않겠지만 많은 부모가 그런 기회조차 만들지 않아 고통을 자초한다. 배우자가 있다면 번갈아가면서라도 자야 한다. 둘 중 한 사람만 직장에 다니고 있다 하더라도 자는 시간만큼은 똑같이 필요하다.

둘째, 아기가 허락할 때만큼은 최대한 잘 잘 수 있도록 환경을 조성해야 한다. 《스마트 슬리핑》의 저자 숀 스티븐슨Shawn Stevenson은 충분히 잘 수 없다면 최대한 질 좋은 수면을 취해야 한다고 말한다. 그러기 위해서는 정해진 시간 이후에는 카페인 섭취를 제한하고, 운동은 아침 시간에 하고, 잠자리에 든 후에는 잠이 깨지 않도록 조심해야 한다. 꼭 필요할 때 잘 잘 수 있도록 미리 준비하라. 마지막으로,

아이 때문에 잠을 못 자든, 불면증에 걸렸든 도저히 필요한 만큼 잘 수가 없다면 당신 자신과 배우자에게 너무 엄격해 지지 않도록 노력하라. 기분이 오락가락해도, 집 안 꼴이 엉망이어도, 자신에게 실망감이 들더라도 어떤 것들은 그냥 흘러가도록 내버려 두어야 한다. 당신은 지금 오르막길을 달리고 있고, 시간이 지 나면 모든 것이 달라지게 마련이다.

힘든 시기가 조금 지나면 아이에게 모범을 보이기 위해서라도 잠을 가장 우선순위에 두어라. 잠자리에 들 시간을 정해 그대로 지키고, 아이와 잠에 대해 대화를 나누어라. 정해진 시간 이후에는 야간 모드로라도 디지털 기기의 사용을 금지하라. 디지털 기기는 불빛만 자극적인 것이 아니다. 텔레비전을 비롯한 여러 장치에서 지속적으로 흘러나오는 정보는 눈을 감은 이후에도 오랫동안 우리 뇌를 흥분시킨다. 만약 일을 하거나 스마트폰을 보느라 늦게까지 자지 않는 게 습관이 되어버렸다면 갑자기 일찍 잠자리에 드는 게 어렵게 느껴질 것이다. 그러나 당장 편한 길을 택하면 나중에 후회하게 된다. 내일의 당신은 더 많은 잠을 선물해준 오늘의 당신에게 감사할 것이다.

나의 아침 이야기 바꾸기

더 잘 자기 위해 노력하는 것 말고도 더 좋은 아침을 만들기 위해 개선할 점이 많다. 우리 가족이 행복한 아침 만들기 프로젝트를 시작했을 때는 모든 것이 벅차고 실수투성이였다. 한동안은 '아침마다 노래로 잠 깨우기'를 시도했다. 그레첸 루빈의 《무조건 행복할 것》에서 얻은 아이디어였다. 루빈의 딸 엘리자는 어느 날 학교에서 부모님이 아침에 어떻게 잠을 깨워주느냐는 질문을 받고 이렇게 대답했다고 한다.

"엄마가 굿모닝 노래를 불러줘요."

그건 사실이 아니었다. 루빈은 아이가 태어난 후 겨우 몇 차례 노래를 불러줬을 뿐이었다. 하지만 그 말을 듣자 번뜩 이런 생각이 들었다고 한다.

'아침에 노래를 불러서 깨워준 일이 아이에게는 인상 깊었나 보구나.'

그래서 루빈은 그것을 습관으로 만들기로 결심했고, 결국 성공했다. 루빈은 '아침에 부르는 노래에는 활기를 주는 힘이 있다'라고 썼다.

하지만 우리 집에서는 전혀 아니었다. 나는 아무래도 노래를 부르는 것까지는 너무 과한 것 같아 아침마다 신나는 음악을 틀기로 했다. 그래서 행복한 아침을 맞이하기 위한 나만의 플레이 리스트를 만들고, 신나는 음악이 우리 집의 아침 분위기를 끌어올려주기를 기대하며 몇 주 동안 주방에서 음악을 틀었다. 그런데 나는 그게 정말 싫었다. 아바ABBA의 손에 이끌려 아침의 안개로부터 억지로 끌려나오고 싶지는 않았다. 아무래도 나는 아침의 '댄싱 퀸'은 되지 못할 듯했다. 물론 이 방법이 선곡 때문에 실패한 건 아니었다. 나는 아침을 본질적으로 오해하고 있었다. 나는 아침을 끔찍이도 싫어한다고 생각했고, 정말 그랬다. 하지만 어떤 면에서는 아침이 좋기도 했다. 나는 더 큰 실패를 경험한 뒤에야 그 사실을 깨달았다. 많은 사람이 중요한 일에 집중하기 위해 하기 싫은 일을 다른 사람에게 맡기고 돈을 지불하는 전략을 취한다. 사회적으로 어느 정도 성공했고, 한 번 시작한 일은 제대로 해내야만 직성이 풀리는 사람들이 특히 애용하는 방법이다. '아침마다 노래로 잠 깨우기'를 시도하던 기간에 집 근처에 있던 청소 업체가 이사를 가버렸고, 우리는 상실감에 빠졌다. 나는 오랫동안 존경해오던 부부에게 고민을 털어놓으며 어떻게 그 많은 일을 다 해내느냐고 물었다. 부부는 둘 다 의사였고, 두 살부터 열두 살까지 다양한 나이대의 아이를 다섯이나 키우고 있었다. 알고 보니 부부는 앨리스라는 여성을 가정부로 고용했고, 그녀가 그들의 아침을 완성시켜주고 있었다.

그래서 나는 다른 청소 업체를 알아보는 대신 같은 비용으로 베티라는 여성을 가정부로 고용했다. 체질적으로 아침형 인간인 베티는 일주일에 세 차례 새벽 6시에 우리 집에 도착해 우리 가족이 하루를 시작하는 일을 돕고, 몇 시간 정도 집 안 청소를 해준 뒤 자신의 집으로 돌아가 남편을 챙기고 다양한 취미생활을 했다. 베티는 그 모든 일을 진심으로 좋아하는 것 같았다. 그러니 이보다 더 좋은 전략이 있을까? 아침형 인간이 아니라면 아침형 인간을 고용하라! 나는 베티 덕에 꿀 같은 단잠을 매일 한 시간이나 더 잘 수 있었다.

하지만 얼마 지나지 않아 그것이 생각처럼 좋지만은 않다는 걸 깨달았다. 적어도 내게는 그랬다. 간절히 원한다고 생각했지만 실은 그렇지 않았음을 깨닫는 순간이 있다. 나는 내가 '나 자신에게' 수월한 아침을 원한다고 생각했다. 하지만 내가 정말로 원했던 건 '우리

가족 모두에게' 더 행복한, 그리고 더 수월한 아침이었다.

아침에는 수많은 일이 일어난다. 점심 도시락을 싸고, 그날의 계획을 가족들과 공유하고, 아이들의 숙제를 챙기고, 쪽지 시험에 나올 내용을 재빨리 한 번 훑어본다. 그 와중에 아이가 입은 옷이 너무 작거나 여기저기 해져 있으면 다른 옷으로 갈아입힌다. 베티가 우리 집에 오기 전에는 남편과 내가 그 모든 것을 일일이 챙겼다. 하지만 베티로 인해 우리는 그런 일들을 할 필요가 없어졌고, 그 대가로 아이들의 하루와 연결고리를 잃어버렸다. 그때까지는 그 연결고리가 내게 얼마나 중요한지 미처 알지 못했다. 결국 나는 중요한 일에 집중하기 위해 잡다한 일을 아웃소싱한 게 아니라 중요한 일 그 자체를 아웃소싱해버린 것이었다. 얼마 지나지 않아 우리는 다시 제자리로 돌아오기 시작했고, 아침 주방에는 사공이 너무 많아졌다. 몇 개월 후 베티는 우리 집을 떠나야 했다.

아침뿐 아니라 우리가 가정을 꾸려가기 위해 하는 다른 일상적인 일들도 모두 마찬가지였다. 나는 그런 일들을 하기 싫었던 게 아니라 그저 더 재미있게, 최소한 덜 끔찍하게 하고 싶었던 것이다. 우리는 베티가 떠난 뒤 다시 전열을 가다듬었다. 나는 아침에 내가 무엇을 하고 싶지 않은지 잘 알고 있었다. 나는 지각하고 싶지 않았다. 고래고래 소리 지르고 싶지 않았다. 서두르고 싶지 않았다. 하지만 하기 싫은 일들에 집중했을 때는 상황이 별로 나아지지 않았다. 아무리 다짐을 해도 나도 모르게 "거 봐, 내가 너 늦을 거라고 했지!"와 같은 말이 튀어나왔고, 아이들은 늘 '쾅' 하고 차문 닫히는 소리, 잔뜩 화가 난 듯 '끼익' 하며 달리는 타이어 소리와 함께 등교 해야 했다.

어느 날 화가 부글부글 끓어올라 씩씩거리다가 문득 이런 생각이 들었다.

'아, 하루를 또 이렇게 엉망으로 시작하다니!'

바로 그때, 내가 정말로 바라는 게 무엇인지 마침내 알게 되었다. 나는 아이들에게, 물론 나 자신에게도 '하루의 좋은 시작'을 주고 싶었다. 나는 아이들의 아침에 내가 있기를 원했다. 그러기 위해서는 아침이 지금과는 완전히 달라져야만 했다. 다행히 내가 생각하는 하루의 좋은 시작에는 퀴노아 크레페도, 가족 모두가 둘러앉아서 하는 식사도 필요하지 않다. 만약 당신이 그런 아침을 보내고 있다면 바로 다음 장으로 넘어가도 좋다. 당신의 아침은 이미 더할 나위가 없을 테니 말이다.

내게 하루의 좋은 시작이란 아주 단순했다. 아이들이 각자 해야 할 일을 알고 있고, 그 일을 해낼 만큼 충분한 시간이 있으며, 혹시 작은 문제가 생기거나 학교와 유치원에 조금 늦게 가더라도 내가 사사건건 소리치는 일이 없는 아침이라면 괜찮을 것 같았다. 가족 모두가 공동의 목표를 향해 협력할 수 있는 아침이라면 충분할 것 같았다. 물론 그 공동의 목표란, 수업 시작을 알리는 종소리를 들으며 헐레벌떡 뛰어가지 않고 새로운 하루에 잘 적응할 수 있을 정도로 충분히 일찍 집을 나서는 것이었다. 일단 내가 무엇을 원하는지 알게 되자 비로소 나아갈 길이 보이는 것 같았다. 이제부터는 내가 아침을 개선하기 위해 구체적으로 어떤 일들을 했는지 살펴보도록 하겠다. 다른 가족들이 제안한 방법들도 있다. 자, 당신의 아침을 바꿀 준비가 되었는가?

좋은 아침 만드는 법

더 일찍 일어나라

아침을 개선하려면 우선 일찍 일어나야 한다. 로라 밴더캠Laura Vanderkam은 자신의 저서 《성공하는 여자는 시계를 보지 않는다》에서 10만 달러 이상의 연봉을 받는 워킹맘들의 1,001일을 분석했다. 많은 워킹맘이 자녀들과 함께하기 위해 아침 시간을 충분히 활용하고 있었다. 어린아이들은 알아서 일찍 일어나기 때문에 아침 시간을 활용하는 것이 저녁 8시가 되도록 돌아오지 않는 부모를 기다리게 하는 것보다 훨씬 효율적이었다. 어떤 부모는 다른 가족들이 일어나기 전에 차 한잔할 수 있을 정도의 여유를 두고 일어나는 것이 도움이 된다고 말했다. 그 시간에 밀린 일을 처리하거나 책을 읽거나 운동을 했고, 부부 관계를 갖거나 가계부를 쓰기도 했다. 루이스 캐롤Lewis Carroll의 《거울 나라의 앨리스》에 나오는 하얀 여왕처럼 그들은 아침 식사를 하기 전에 다양한 일을 할 수 있다고 믿었던 것이다.

나는 최근에야 간신히 아침 시간을 활용할 수 있게 되었다. 일주일에 5일, 30분씩 일찍 일어나 러닝머신으로 운동을 하고 있다. 하지만 이 어려운 일을 쉽게 해내는 사람들을 보면 지금도 짜증이 난다. 만약 당신이 그런 사람이라면, 아이들이 일찍 일어나 여유롭게 아침을 준비할 수 있도록 도울 수 있는 사람이라면, 아침 분위기를 바꾸기가 훨씬 쉬울 것이다. 매일 아침 잠에서 깰 때마다 짜증이 나고, 전날 밤에 일찍 잠자리에 들었는데도 침대 밖으로 나오는 것이 죽기보다 싫은 나 같은 사람들에 비한다면 말이다. 아마 당신의 아침은 많은 다른 집들보다 기분 좋게 흘러갈 것이다. 하지만 아무리 아침형 인간들만 모여 있는 집이라 해도 문밖으로 나오기까지의 과정은 마찬가지로 힘들다.

다르게 일어나라

나는 아주 최근까지도 꼭 일어나야만 하는 시간보다 단 1분이라도 더 빨리 일어날 수 있다는 생각을 해본 적이 없다. 대신 내가 집중했던 것은 다르게 일어나기, 다르게 깨우기였다. 몇 년 동안 우리 집에서 아침을 깨우는 건 남편의 몫이었다. 남편은 아이들을 흔들어 깨우는 시간을 가장 싫어했다. 우리 집에서 제일 늦잠 자기를 좋아하는 두 녀석이 이층 침대의 위층에서 잠을 잤으므로 남편은 침대 사다리를 기어 올라가야만 했다. 남편은 그것 때문에 스트레스를 많이 받았고, 아이들도 짜증이 나긴 마찬가지였다. 둘은 일종의 연쇄 반응을 일으켜 아침부터 울고불고 짜증내는 소리가 끊이지 않았다.

그건 당연히 하루의 좋은 시작이라 할 수 없었다. 우리는 해결을 위해 알람시계를 활용하기로 했다. 딸아이가 실수로 알람을 꼭두새벽에 맞춰놓는 등 몇 번의 시행착오가 있긴 했지만 결국 알람시계는 큰 도움이 됐다. 아이들의 분노가 자연스럽게 아빠가 아닌 알람시계로 향했기 때문이다. 지금도 아이들이 일어났는지 확인하는 일은 상당히 번거롭지만 어쨌든 책임은 우리가 아닌 아이들에게로 넘어갔다.

또 한 가지 방법은 아이들을 서로 다른 시간에 깨우는 것이다. 버지니아 주에 사는 세 아이의 엄마이자 국제소셜네트워크의 창립자 나오미 해터웨이Naomi Hattaway는 아이들이 한꺼번에 일어나면 서로 방해가 되고 걸려 넘어지기만 할 뿐이라는 사실을 깨달았다. 그래서 그녀는 늘 막내부터 깨웠다.

"막내는 언니와 오빠보다 먼저 일어나 여유롭게 하루를 시작합니다. 아빠, 엄마와 오붓한 시간을 보내죠."

이렇게 하면 아이들이 어느 정도 컸을 때 서로 화장실을 쓰겠다고 옥신각신하는 일도 없어진다.

아이들에게 도움을 구하라

아침에는 수많은 일의 사활이 달려 있기 때문에(하지만 넓은 시각에서 보면 정말로 중대한 일은 거의 없다) 아이들이 스스로 책임지는 법을 배우기에 가장 좋은 시간이다. 나이에 따라 다르겠지만 아이들은 자기 모자를, 벙어리장갑을, 운동화를, 가방을 스스로 챙길 수 있고, 또 그래야 한다. 스스로 아침 식사를 챙겨 먹고, 알람시계를 맞추고, 동생들을 도울 수도 있다.

그런데 만약 아이들이 실패하면 어떻게 할까? 알람시계를 꺼버리고 다시 곯아떨어지거나, 춥디추운 겨울에 코트도 입지 않고 학교에 가거나, 열심히 해놓은 숙제를 깜빡하고 식탁에 두고 갔다면? 집집마다 조금씩 다르겠지만 아이가 그런 실패의 책임이 부모의 것이 아닌, 자신의 것임을 이해하게 된다면 장기적으로 당신의 아침은 훨씬 행복해질 것이다. 아침에도 행복하다고 말하는 부모들은 보통 아이가 스스로 할 수 있는 일은 아이에게 맡기고, 아이가 자랄 수록 책임도 함께 키운다.

뉴저지 주에 사는 세 아이의 엄마 안젤라 크로퍼드Angela Crawford의 이야기를 들어보자.

"언젠가 초등학교 1학년인 막내가 아침마다 아빠, 엄마가 형에게 윽박지르는 소리를 듣고 잠에서 깬다고 말하더군요. 순간 머리가 띵했어요. 이건 아니다 싶었죠. 우리는 아이에게 숙제 챙기기, 가방 챙기기 같은 것을 억지로 시키느라 매일 아침마다 싸우고 있었거든요."

그래서 안젤라와 남편은 누가, 언제, 무엇을 할 것인지 규칙을 만들었다고 한다.

"가방 챙기기는 아이들 스스로 하고, 혹시 숙제를 깜빡하고 두고 가더라도 가져다주지 않기로 했어요. 초등학교에 다니는 동안은 제가 도시락을 싸주지만 중학교에 들어가면 도시락을 스스로 싸기로 했고요. 한번은 학교 선생님이 문자 메시지를 보내셨어요. 아이가 숙제를 집에 두고 왔는데 가져다줄 수 있냐는 내용이었죠. 전 그럴 수 없다고 답장 보냈어요. 다만, 동생들과는 달리 첫째 아이는 학교에서 빵점을 받든 말든 전혀 신경 쓰지 않았기 때문에 실수로 숙제를 두고 가면 그날 방과 후에 친구들과 놀지 못하는 벌을 받기로 했어요. 아빠, 엄마의 일정도 중요하니 뭐든 미리 계획을 세워야 한다는 규칙도 만들었죠. 어떠한 허락을 받아야 하거나 운동 연습이 끝난 뒤 데리러 와달라는 부탁을 하려면 아침에 문을 나서기 전에 미리 말을 하라고 했어요. 우리가 매번 물어보지도 않았어요. 아이들 스스로 기억해서 미리 물어보지 않으면 들어주지 않았죠."

출발 시간을 정해놓고 철저히 지키는 부모들도 있다. 리안 스콧 백스터Leon Scott Baxter는 두 아이의 아빠이자 《안전망 양육의 비밀Secrets of Safety-net Parenting》의 저자다. 그는 느릿느릿 꾸물거리며 시간을 지체하는 두 딸 때문에 아침마다 "가자! 빨리 신발 신어! 그러다 아빠 늦어!"라고 소리치는 게 일이었다. 결국 그는 딸들에게 "너희가 준비가 다 되든, 안 되든 아빠는 무조건 7시 25분에 출발할 거야"라고 선언했다.

"그때 첫째 아이가 초등학교 4학년이었어요. 엄포를 놓았는데도 아이는 계속 꾸물거리더군요. 7시 25분이 되어 저는 집을 나섰어요. 그리고 차에 올라탔죠. 아이가 창밖으로 내다보더군요. 제가 차에 시동을 걸고 출발하려 하자 아이는 가방을 들고 허둥지둥 달려나와 차에 올라탔어요. 그리고 1분 정도 지난 후에야 자신이 침실용 슬리퍼를 신고 있다는 사실을 깨달았죠. 아이는 제발 집으로 돌아가달라고 사정했지만 저는 들어주지 않았어요. 아이는 결국 하루 종일 슬리퍼를 신고 수업을 들어야 했답니다."

백스터의 딸은 올해 대학에 진학했고, 놀라울 정도로 책임감이 강하다고 한다. 물론 아이가 책임감 있는 성인으로 성장한 것이 슬리퍼 사건 하나 때문만은 아니었다. 백스터 부부는 수년 동안 아이들 스스로가 책임지는 연습을 시켰다. 비록 당장의 결과가 좋지 않아도 개의치 않았다.

"아이들은 어려서부터 자신의 선택이나 실수에 따르는 불편을 직접 느껴봐야 합니다. 우리 아이도 바로 그런 경험 덕분에 어려움에 대처할 수 있는 성인으로 자랐어요."

여기서 성공을 위한 가장 중요한 열쇠는 아이들이 실수를 했을 때 당신이 어떻게 대처할지를 결정하는 것이다. 심지어 어떤 부모는 아이가 깜빡하고 두고 간 점심 도시락을 현관에서 밟아 뭉개버렸다고 한다. 도시락은 스스로 챙겨야 하고, 필요할 때마다 부모가 도와줄 수 없다는 것을 확실히 알려주기 위해서였다고 한다. 나라면 그렇게까지는 하지 않을 것이다. 물론 '너의 일을 부모가 대신 해줄 거라고 생각했다면 그건 크나큰 오산'이라는 메시지를 줄 필요는 있지만, 나 역시도 실수를 한다. 나도 아이의 하키 가방에 실수로 다른 스케이트를 넣을 수도 있고, 아이만큼이나 자주, 아니 어쩌면 더 자주 점심 도시락을 깜빡할 수도 있다. 그러니 만약 아이가 두고 간 도시락을 우연히 보게 된다면 나는 가져다줄 것이다.

내 친구인 캐서린 뉴먼Catherine Newman이 저서《황새를 기다리며 Waiting for Birdy》에서 말했듯 독립심을 키우는 것은 언제나 지상 최대의 목표는 아니며, 유일한 목표는 더더욱 아니다. 생각해보라. 깜빡하고 두고 간 여든 살 어머니의 도시락을 당신의 열세 살짜리 자녀가 아무 말도 없이 밟아 뭉개버린다면 뭐라고 말하겠는가. 아이들에게 아침에 할 일 가운데 몇 가지를 스스로 책임지게 하면 아침은 보다 순조롭게 흘러간다. 실패의 결과를 스스로 느끼게 하면 아이들은 스스로 해내는 법을 배우게 되므로 장기적으로는 모두가 더 행복해진다. 하지만 그 결과를 강제하는 주체가 꼭 당신이어야만 하는 것은 아니다. 그런 일은 당신의 '도움' 없이도 충분히 자주 일어나기 때문이다. 가족 모두가 행복한 아침을 만들기 위해서는 가족 간의 협력도 중요하다.

밤에 더 많은 것을 하라

나는 아침을 잘 보내려면 미리 준비를 해야 하는 사람이다. 우리 집 아이들은 나보다는 아빠가 아침 식사를 차려주는 것을 선호한다. (남편이 말하길, 아이들이 "아빠도 짜증을 내긴 하지만 최소한 괴롭히지는 않으니까"라고 말했다고 한다.) 그래서 나는 남편이 출장이라도 가게 되면 온갖 일을 미리 준비해 둔다. 아침 식사에 필요한 것들을 식탁에 진열해놓고, 내가 끝까지 뭉그적거리다 일어날 경우를 대비해 할 말이 있으면 미리 메모를 남겨놓고, 아침에는 아무 결정도 내릴 필요가 없게끔 모든 것을 체계적으로 정리해둔다. 왜냐하면 내가 아침에 컨디션이 별로 좋지 않고, 나도 그 사실을 잘 알고 있기 때문이다.

나는 이 아이디어를 나처럼 네 아이를 키우고 있는 한 친구로부터 얻었다. 그 친구는 아침 식사를 전날 밤에 미리 준비하는데, 시리얼을 그릇에 담아 랩으로 덮어두기까지 한다. 심지어 아이들이 아주 어렸을 때는 학교 갈 때 입을 옷을 미리 입혀서 재웠다고 한다. 아이들이 잠옷에 애착을 갖기 전에 그 방법을 알았더라면 나도 분명 따라 했을 것이다.

비슷한 방법을 쓴 친구는 또 있었다. 그 친구는 아이들이 유치원에 다닐 때 양말을 하나도 사지 않았다. 대신 운동화나 슬리퍼를 살 때 플리스(fleece, 부드러운 재질의 천)를 안감으로 덧댄 것만 샀다. 친구는 내게 이렇게 말했다.

"난 양말이 정말 싫어. 챙기기가 너무 귀찮아."

도시락은 전날 밤에 미리 싸두어라. 가방은 전날 싸야 한다고 자주 말해주고, 가방 챙기는 것을 도와주어라. 내일 입을 옷을 미리 골라두어라. 무슨 옷을 입을지 쉽게 결정하지 못하는 아이라면 더 더욱 그래야 한다. 아이들이 어렸을 때 우리 집에는 다섯 칸짜리 벽걸이 선반 네 개가 나란히 세워져 있었다. 한 아이당 선반 하나씩 배정해주고, 건조기에서 빨래를 꺼내면 곧바로 개어 하루에 한 칸씩, 학교 갈 때 입을 옷부터 속옷, 양말까지 전부 정리해두었다. 그렇게 하니 아침에 무슨 옷을 입을지 고민할 필요가 전혀 없었다.

커피메이커를 미리 채워두어라. 당신이 입을 옷도 미리 골라두어라. 열쇠는 제자리에 걸어두어라. 아침의 당신을 위해 할 수 있는 일은 전부 해두어라. 그 모든 일은 잠자리에 들기 직전이 아니라 저녁 식사를 마치자마자 곧바로 해야 한다.

미디어 기기를 꺼라

아이가 있는 가정의 아침에는 전형적으로 두 단계가 있다. 첫 단계는 대부분의 사람이 제대로 기능할 수 없는 이른 시간에 아이가 저절로 깨버리는 단계다. 두 번째 단계는 아이를 도저히 깨울 수 없다고 느껴지는 단계다. 아직 첫 단계에 속해 있다면 텔레비전을 비롯한 미디어 기기는 은인이 될 수도 있다. 그 덕분에 당신은 샤워를 하고 아침 식사를 준비하고 조금이라도 더 잘 수 있다. 이에 대해서는 6장에서 더욱 자세히 다룰 것이다.

하지만 텔레비전이 '베이비시터' 역할을 하는 단계가 지나면 텔레비전이 '방해꾼'이 되는 단계로 진입한다. 다른 기기들 역시 마찬가지다. 아이들이 어느 정도 자란 가정에서 이른 아침에 미디어 기기를 쓰게 하는 것은 지각으로 가는 지름길이다. 미주리 주 캔자스시

티에 사는 두 아이의 엄마 젠 만Jen Mann은 이렇게 말했다.

"아침에는 텔레비전 시청을 금지했어요. 그러면 많은 게 달라져요. 우리 모두가 전처럼 산만해지지 않고 할 일에만 집중할 수 있거든요. 부끄럽지만 저는 그게 우리 가족의 문제라는 사실을 깨닫기까지 아주 오랜 시간이 걸렸답니다."

만약 당신의 자녀들이 일어나자마자 텔레비전이나 스마트폰으로 직행한다면 점심 도시락, 숙제 등을 제대로 챙기지 못할 가능성이 크다. 어쩌면 코앞에 놓인 아침밥도 제대로 먹지 못할 수도 있다.

'아침 미디어 기기 사용 금지' 규칙은 아이들을 더욱 빨리 움직이게 해준다. 당신도 마찬가지다. 만약 아침에 습관적으로 이메일을 확인하거나 페이스북을 훑어보고 있다면 완전히 집중할 수 있는 시간이 생길 때까지 잠시 미뤄두도록 하라. 당신도 더욱 빨리 움직이게 될 것이다.

최고의 타이밍을 찾아라

언젠가 차를 타고 가다가 아이들에게 물었다.

"우리가 아침밥을 먹은 후부터 양치하고, 옷 갈아입고, 학교 갈 준비를 마칠 때까지 몇 분이나 걸릴까?"

아이들은 제각각 "몰라요", "9분이요", "15분이요", "5분이면 끝나요"라고 대답했다. 그런데 내가 타이머를 이용해 확인한 시간은 20분이었다. 학교에서 모두가 고대하던 특별한 행사가 있는 날을 제외하고는 거의 어김없이 20분이 소요되었다. 물론 내가 시간을 재고 있다는 것을 알았더라면 아이들은 더 빨리 준비를 마쳤을 수도 있다. 하지만 시간을 잰 건 속도를 올리기 위해서가 아니라 좀 더 실용적인 목적을 위해서였다. 아이들을 제시간에 데려다주려면, 도착해야 하는 시간으로부터 필요한 시간을 빼 언제 준비를 시작해야 할지 알아야 했고, 그러려면 준비 시간이 얼마나 걸리는지 재봐야 했다.

20분이 걸리든 10분이 걸리든 괜찮다. 그 시간을 미리 할당해놓기만 한다면 말이다. 하지만 인간은 시간에 대한 판단력이 형편없고, 그것은 나이가 어릴수록 더 심각하다. 어떤 때는 왠지 모든 일이 빨리 진행되는 것 같고, 또 어떤 때는 그저 더 빨리할 수 있기만을 간절히 바란다.

하지만 다른 모든 일이 그렇듯 바라기만 해서는 아무것도 바뀌지 않는다. 그러니 직접 시간을 재보도록 하자. "보통은 아침에 이렇게 오래 걸리지 않는데…"라는 핑계는 사양이다. '보통의 아침' 같은 건 존재하지 않는다. 누군가는 늘 신발 한 짝을 찾지 못해 헤매고, 누군가는 늘 바닥에 파일을 와르르 쏟는다. 그런 일들까지 모두 감안했을 때 온 가족이 모든 준비를 마치고 문밖으로 완전히 나오기까지 총 몇 분이 걸리는가? 출발 시간으로부터 그 시간을 뺄 때 나오는 그 시간에 시작을 알리는 호루라기가 울리는 셈이다. 그보다 조금이라도 늦게 시작하는 건 스스로를 속이는 일이다. 가끔은 운이 좋아서 더 일찍 준비를 마칠 수도 있다. 하지만 그건 '운 좋은 아침'이지 '보통의 아침'은 아니다.

시간을 재보는 건 그 자체로 재미있기도 하다. 과거의 기록을 깨려고 노력해볼 수도 있고, 그저 모든 상황을 경이로운 눈으로 지켜볼 수도 있다. 큰아이부터 막내까지 한 명도 빼놓지 않고 커피를, 운동화를, 리코더를, 숙제를, 웃옷을 깜빡했다며 차에서 뛰쳐나가 집으로 헐레벌떡 뛰어들어가는 놀라운 모습을! 차에 처음 누군가가 탄 이후 차고를 나서기까지 이미 11분이 걸렸는데, 바로 그 순간 또 누군가가 실내화를 두고 온 게 생각나 다시 3분이 더 걸리게 되는 기막힌 상황을 말이다.

음악에 맞게 움직여라

로스앤젤레스에 사는 두 아이의 아빠 위트 호니Whit Honea는 이렇게 말했다.

"우리 집에는 아침용 사운드 트랙이 따로 있어요. 잠에서 깨는 순간부터 문을 나설 때까지 계속 음악이 재생되는데, 음악별로 각각 할 일이 정해져 있죠."

만약 아침 내내 시간대별로 음악을 트는 것이 과하다고 생각된다면 '이제 문을 나설 준비를 하라'라는 의미로 딱 한 곡만 틀어보는 건 어떨까? 정해진 시간에 자동으로 음악을 틀어주는 기기가 있다면 자동으로 재생되도록 설정해놓아도 좋고, 아니면 매일 아침 같은 시간에 직접 음악을 틀어도 좋다. 자기만의 길을 가라. 어떤 가족에게는 음악이 아침을 훨씬 수월하게 만들어줄 수도 있지만, 앞서 말했듯 내게는 이 방법이 맞지 않았다. 하지만 조만간 다시 한 번 시도해 볼 생각이다.

큰 변화를 만들어라

만약 당신의 아침이 외부적인 문제(등교 시간, 장거리 통학, 아침 회의) 때문에 더 고통스럽다면 뭔가 큰 변화를 줘야 하는 건 아닌지 고민해볼 필요가 있다. 지인 중에 엄청난 올빼미족이면서 직장에서 늦게 귀가했음에도 되도록 가족과 많은 시간을 보내는 사람이 있었다. 그는 딸들을 등교 시간이 비교적 늦은 초등학교에 보내기로 했다. 내가 살고 있는 지역에는 그런 선택을 할 수 있는 학교가 없지만, 만약 당신이 사는 지역에 교육비가 과도하게 비싸지 않으면서도 가족의 생활 패턴에 맞는 학교가 있다면 옮겨보는 건 어떨까?

코네티컷 주에 사는 세 아이의 엄마 폰 사브라Ponn Sabra는 수월한 아침을 얻기 위해 놀라운 결정을 내렸다. 그녀는 그 생각만 하면 절로 웃음이 난다고 했다. 그녀가 내린 놀라운 결정은 바로 아이들이 학교를 아예 그만두게 한 것이다. 이 나라 저 나라를 몇 번이나 옮겨 다니며 오랫동안 정신없이 바쁜 아침에 시달린 사브라는 아이들을 홈스쿨링하기로 했다. 그리고 이제 사브라의 가족에게 아침은 '모두가 함께할 수 있는 즐겁고 재미있고 활기찬 시간'이 되었다. 물론 아주 극단적인 방법이다. 나를 포함해 많은 사람이 그녀와 같은 결정을 내리지 못할 것이다. 하지만 극단적인 상상을 하다 보면 조금 엉뚱할지 몰라도 불가능하지는 않은 아이디어가 떠오르기도 한다. 학교에 수업 시작 시간을 조금 늦춰달라고 요구한다거나, 학교까지 걸어갈 수 있는 가까운 곳으로 이사를 하는 것처럼 말이다.

만약 아침이 괴로운 이유가 직장 때문이라면, 예를 들어 직장까지의 거리가 너무 멀어서 그것만으로도 힘든데 아이들이 깨기도 전에 지하철을 타야만 참석할 수 있는 회의가 하루가 멀다 하고 소집된다면 단 한 가지라도 바꿔보라. 회의 시간 변경을 요청하거나, 일부 시간만이라도 재택근무가 가능한지 알아보라. 또한 앞을 내다보고 미리 변화를 도모하는 것도 좋다. 혹시 아는가. 생각지도 못하게 당장 상황이 더 좋아질지. 행복해지기 위해 직장에 변화를 준다는 건 이 책의 범위를 벗어나는 내용이다. 하지만 아침은, 특히 평일 아침은 중요하다. 직장 때문에 아침이 너무나도 괴롭다면 당신 삶의 상당 부분이 괴롭다는 뜻이다. 그러므로 작은 변화만으로는 충분하지 않다면 크게 생각하라. 큰 변화를 상상하는 것만으로도 아침은 조금 더 즐거워진다. 우리 집 2층에서 학교까지 이어지는 곤돌라가 설치될 리는 없지만 최소한 상상해볼 수는 있지 않은가.

당신을 일으키는 무언가를 찾아라

지금의 아침을 만들어내기까지 10년이 넘는 시간 동안 다양한 노력이 있었지만 우리 집에서 아침을 개선하기 위해 했던 가장 특별한 일은 따로 있었다. 아이들을 거의 매일 학교 갈 시간에 맞춰 준비하게 해주는 유일한 일, 아침에 그 어떤 바보짓이 예정되어 있어도 모두가 크게 심호흡한 뒤 그 모든 일을 극복해내고, 내내 맑은 정신으로 하루를 향해 첫발을 내딛게 만들어준 단 한 가지 일이 있었다. 처음에 나는 그 일 때문에 우리 가족이 모든 일에서 영원히, 아주 영영 뒤처지게 될지도 모른다고 생각했다.

우리는 큰 헛간이 딸려 있는 집을 샀다. 그리고 몇 마리 말을 키우기 시작했다. 얼마 후에는 헛간 위에 있는 작은 공간을 아름다운 젊은 연인, 크리스틴Christine과 그레그Greege에게 세를 주었다. 그들은 헛간에 말을 몇 마리 더 데려다놓았다. 그리고 우리는 창고를 하나 더 지었다. 크리스틴과 내가 기존의 헛간에는 도저히 들어갈 수 없을 정도로 몸집이 큰 말 몇 마리를 구조했기 때문이다. 얼마 지나지 않아 닭도 몇 마리 들였다. 크리스틴과 그레이는 아기를 낳은 후에 병아리를 데려다 키우기 시작했다. 그 모든 것이 매일 아침 우리의 손길을 필요로 했으므로 우리는 자연스럽게 더욱 일찍 일어나게 되었다.

나는 아직도 아침에 일어나는 것을 좋아하지 않는다. 얼마나 많이 잤든, 어떤 알람시계를 쓰든 마찬가지다. 애초에 나는 가벼운 발걸음으로 침대에서 폴짝 뛰어나오는 종류의 사람이 아니고, 앞으로도 절대 그럴 일은 없을 것 같다. 하지만 내가 너무나도 사랑하는 일, 바로 헛간의 동물들을 돌보는 일에 뛰어들었을 때 나는 아침에 더 일찍 일어날 수밖에 없는 상황으로 나 자신을 밀어 넣은 셈이었다.

우리는 아침 7시 무렵, 헛간에 가기 위해 집을 나선다. 할 일을 전부 마친 뒤 헛간을 떠나는 시간은 정확히 7시 40분이다. 어떤 날은 정말 바쁘다. 말먹이를 주고, 말들에게 덮개를 덮어주고, 모두 헛간 밖으로 내보낸 후 배설물을 치우고, 건초를 깔고, 물통을 채우고, 닭 모이를 주고, 복도를 청소한다.

헛간에 가는 일이 늘 재미있기만 한 것은 아니다. 얼음과 눈으로 뒤덮인 호스를 끌어다가 뒤뜰에 있는 통에 물을 채우는 일을 하기 싫다며 징징거리는 아이가 꼭 하나씩은 있고, 자기가 다른 아이들보다 항상 더 많은 일을 한다며 억울하다고 말하는 아이도 있다. 하지만 그렇더라도 일단 일을 마치고 나면 모두가 흐뭇해한다. 스스로를 돌볼 수 없는 다른 생명체에게 도움이 되었다는 만족감은 아이들을 학교에 데려다주는 차량 행렬에서 가장 앞에 서 있을 때 느껴지는 만족감 못지않다.

아침을 행복하게 만들기 위해 당신도 당장 달려가 농장을 사라는 말이 아니다. 당신의 아침을 더욱 재미있게 만드는 일이 어쩌면 지금까지는 전혀 예상하지 못한, 오히려 시간이 더 걸리는 일일지도 모른다는 뜻이다.

그냥 '일찍 일어나는 것'이 아니라 뭔가를 위해 일찍 일어나라. 일주일에 한 번씩 나가서 맛있는 아침 식사 사먹기, 온 가족이 함께 조깅하기, 이웃 할아버지 댁에 들러 혹시 필요한 건 없으신지 살펴 보기, 다 함께 모여 20분 동안 저녁 식사 미리 준비하기, 한 아이와 함께 시간을 들여 다른 가족들이 먹을 제대로 된 아침 식사 차리기 등. 다른 사람들은 어떨지 모르겠지만, 나는 아침에 일어나는 것을 끔찍하게 싫어하는데도 동물들을 돌보기 위해 더 일찍 일어나게 되었고, 그래서 지금 더 행복하다.

평범한 행복을 잊지 마라

아무것도 잘못되지 않았다. 내가 아침의 광란을 아웃소싱으로 잠재우려고 노력하다가 깨달은 교훈처럼, 엄청난 혼돈으로부터 빠져나오기 위해 애를 쓰고 있는 바로 지금도, 당신은 있고자 하는 바로 그 자리에서 하고자 하는 바로 그 일을 하고 있는 중인지도 모른다. 상황 자체는 너무 힘들겠지만 말이다.

아침이면 우리는 저녁 시간 못지않게 오랫동안 같은 공간에서 가족들과 함께 시간을 보내게 된다. 온 가족이 바로 거기에 있다. 지금 당신의 주방에서는 가족들 모두가 마치 춤이라도 추듯 서로에게 관심을 기울이고 상호작용하며 이리저리 움직이고 있다. 그러므로 이 시간은 온 가족이 함께 보내는 시간이어야 한다. 그건 잊어버린 수학 숙제보다도 훨씬 중요하다. 그렇다고 주어진 일을 하지 않아도 된다거나 아이에게 먹고 난 그릇을 정리하는 일을 시키지 않아도 된다는 뜻은 아니다. 비록 나는 조금이라도 더 자기 위해 온갖 방법을 동원한 끝에야 이 사실을 깨달았지만, 당신의 아침에는 정말로 즐거운 측면이 존재한다는 것을 잊지 말길 바란다.

뭔가 정말로 큰일이 벌어지면 우리는 모든 것이 변해버리기 전의 평범한 삶을 그리워한다. 불운이 닥쳐올 때는 물론이고, 예상치 못한 소식이 들려와도 그렇다. 바로 그거다. 우리가 태도를 조금만 바꾼다면 모든 것이 충분한 이 순간에 감사할 수 있다. 모두 지나가버린 후가 아닌, 바로 지금 감사함을 느낄 수 있다. 적당한 곳(거울, 컴퓨터 모니터, 스마트폰 뒷면 등)에 짧은 글귀를 붙여놓는 것도 좋다. 나는 '평범한 하루'라는 문구가 새겨진 팔찌를 하고 다닌다. 그 팔찌가 눈에 들어올 때마다 긴장을 풀고 좋은 것을 흡수한다. 심지어 그렇게 기분 좋은 날이 아닐지라도 말이다.

아침은 여전히 최악이다. 하지만 가장 좋은 것의 일부이기도 하다. 우리는 매일 하루를 선물 받는다. 그리고 그 하루는 결코 영원하지 않다.

2장

집안일: 나 말고 아이들이 하면 더 즐겁다

아이들도 집안일을 해야 한다. 정말 그럴까? 당연하다고 생각하는 사람도 있겠지만 이 전제에는 논란의 여지가 많다. 어떤 부모들은 "집안일을 하기에는 아이들이 너무 바쁘다", "아이들이 할 일은 공부다"라고 딱 잘라 말한다. 하지만 훨씬 더 많은 부모가 아이들에게 실제로 집안일을 시키거나, 그래야 한다고 생각한다. 다만 아이들이 하지 않을 뿐.

당신의 자녀도 집안일을 돕지 않는가? 만약 그렇다면 당신은 부모로서 누릴 수 있는 즐거움을 다 누리지 못하고 있다. 다른 문제들에 대해서는 육아 전문가라는 타이틀을 내세우지 않지만 집안일에 대해서만큼은 나도 전문가로서 확고한 신념이 있다. 만약 열두 살 된 자녀의 밥그릇을 매번 대신 치워주고 있다면, 아이가 신체적으로나 정신적으로 특별히 문제가 있지 않는 한, 당신은 잘못 대처하고 있는 것이다. 대부분의 다른 부모들과 마찬가지로 말이다. 미국에서 1,001명의 성인을 대상으로 설문조사를 한 결과, 어렸을 때 정기적으로 집안일을 했다고 답한 사람은 82퍼센트에 달했으나, 자녀들에게 집안일을 시킨다고 답한 사람은 28퍼센트에 불과했다.[1]

우리 아이들은 집안일을 도울 능력을 가지고 있다. 쾌적한 집과 원활한 일상생활을 유지하기 위해 필요한 일들을 할 수 있으며, 실제로 그렇게 하는 아이도 많다. 소아과 의사인 데보라 길보아Debo- rah Gilboa는 자녀들에게 매년 나이에 맞는 책임을 하나씩 맡긴다고 한다. 동생이 물려받을 준비가 될 때까지는 계속 그 일을 책임져야 한다. 일곱 살이 된 아이는 온 가족의 세탁을 책임진다. 아홉 살이 되면 온 가족의 점심 도시락을 싼다. 열한 살이 되면 식기세척기에서 그릇을 꺼내 정리한다. 열세 살이 되면 일주일에 한 번씩 저녁 식사를 준비한다. 덕분에 길보아 부부는 '아이들이 하지 못하는 일'을 여유롭게 해낸다.

"아이들은 공과금 납부 같은 일을 하지 못하잖아요. 자기들끼리 다퉜을 때 중재하는 것도 그렇고요. 우리 부부가 그런 일을 할 시간과 에너지를 얻으려면 아이들에게도 일을 맡겨야 해요."

서른 살 첫째부터 여덟 살 막내까지 열두 명의 자녀를 둔 제니퍼 플랜더스Jennifer Flanders도 비슷한 말을 했다.

"제가 치우는 속도보다 아이들이 어지르는 속도가 훨씬 빨라요. 혼자서는 도저히 감당할 수 없죠."

플랜더스의 자녀들에게 집안일을 한다는 건 기정사실이다. 그래서 대학에 입학할 때쯤이면 아이들은 청소, 요리, 잔디 깎기 등 집을 굴러가게 하는 데 필요한 전반적인 요령을 모두 익히게 된다. 도대체 그게 어떻게 가능할까?

무엇이 문제인가

집안일은 보통 재미가 없다(가끔은 재밌을 수도 있지만). 아이들이 돕기 싫어하는 것도 당연하다. 하지만 아이들이 돕지 않으면 혼자서 모든 것을 해야 한다는 억울함 때문에 가족과 함께하는 시간을 즐기기 힘들다. 아이들 스스로도 가족에 대한 소속감을 덜 느끼게 된다.[2] 또한 집안일을 하지 않는 아이들은 집안일 특유의 즐거움과 할 일을 끝까지 해냈을 때의 달콤한 만족감을 누릴 수 없다. 아이에게 나이에 걸맞은 책임을 부여하지 않는다면, 잘 해내리라고 기대하지 않는다면 우리는 지금 아이가 갖고 있는 능력은 물론이고, 나중에 성인으로서 갖추게 될 능력까지도 존중하지 않는 셈이다. 아이는 자신이 세상에 필요하지 않은 존재라고 느끼게 될 수도 있다.[3]

우리 문화에도 일부 책임은 있다. 아이가 매일 다섯 시간씩 숙제를 해야 하는 데다 운동이라도 하나 배운다면 사실 다른 일을 할 시간이 거의 없다. 아이의 친구들이 수학 학원, 미술 학원은 기본이고 몇 가지 종목의 운동을 배우는 동네에 살고 있다면 어느 순간 당신도 집안일 같은 건 도저히 할 수 없는 스케줄 속으로 아이를 밀어 넣게 될 것이다. "설거지는 아빠, 엄마만 하는 거잖아!"라는 아이의 말을 들어줄 필요는 없지만 무조건 무시할 수만은 없다. 동네 아이들이 하나같이 집안일을 돕지 않는다면 그런 문화는 당연히 우리 집에도 영향을 미칠 것이기 때문이다.

물론 정반대의 경우도 가능하다. 만약 당신이 이웃집 부모에게 전화를 걸어 그 집 아이를 초대했는데 "하던 집안일을 다 마치면 보내도록 할게요"라는 답이 돌아온다면, 그리고 주변 이웃들이 전부 비슷하다면 어떨까? 이웃집에 놀러간 아이가 스스로 방을 정리하고 저녁 식사 준비를 돕는 친구의 모습을 본다면? 아마 당신도 집안일을 시키기가 조금은 수월해질 것이다. 만약 당신이 자녀에게 각자의 몫을 해야 한다고 가르치고 있다면 그런 문화를 퍼뜨리는 데 일조하고 있는 것이다.

자녀에게 집안일을 시키기 위해서는 엄청난 노력이 필요하다. 바로 그 점 때문에도 아이들은 더욱 집안일을 하지 않게 된다. 한 연구 결과에 따르면 평균 5년 동안 매일같이 잔소리를 하고 나서야 아이들 스스로가 식사를 하고 난 뒤 비로소 그릇을 치우게 됐다고 한다. 그 연구가 우리 집 주방에서 단 네 명의 아이를 대상으로 이루어진, 전혀 과학적이지 않은 것이기는 하지만 그 이유만으로 연구 결과를 조금이라도 의심해서는 안 된다. 그 고통스러운 투쟁만큼은 정말이기 때문이다. 그럴 때는 당신 혼자서 다 해버리는 편이 훨씬 쉽겠다는 생각도 들 것이다. 그러나 문득, 모든 일이 버겁게 느껴지는 순간은 반드시 찾아온다. 그제야 아이들에게 잔소리를 하기 시작한다면 당신 앞에는 그 힘겨운 5년이 떡하니 버티고 서 있을 것이다.

만약 타인에게 돈을 지불하고 집안일을 부탁할 수 있는 상황이라면 잔소리를 하느니 그런 도움을 받는 것이 훨씬 매력적으로 느껴질 수 있다. 많은 부모가 그런 선택을 한다. 그런데 앞서 언급한 설문조사 결과에 따르면, 자신은 어려서부터 집안일을 도왔지만 아이들에게는 시키지 않는다는 부모의 약 75퍼센트가 "정기적인 집안일이 아이들을 더욱 책임감 있게 만들어주고, 삶에 대한 중요한 교훈을 가르쳐준다"라고 답했다. 우리는 집안일의 가치를 믿으면서도 전혀 실천하지 못하고 있다. 우리의 주방에서, 세탁실에서, 욕실에서 누가 무엇을 하고 있는지를 정직하게 들여다보면 나를 포함해 많은 부모가 아이들로부터 제대로 된 도움을 받지 못하고 있다.

또 다른 연구 결과(우리 집 주방에서 이루어진 연구가 아니다) 역시도 부모들이 자녀에게 집안일을 제대로 시키지 못할 것이라는 우리의 직감을 뒷받침한다. UCLA 대학의 가정생활연구소Center on the Everyday Lives of Families 소속 연구팀은 2001년부터 2005년까지 로스앤젤레스에 사는 중산층 맞벌이 가정 가운데 자녀가 최소 둘 이상인 32가구의 생활을 1,540시간 동안 촬영했다. 일상생활을 하며 바쁜 시간을 보내는 와중에도 부모들은 아이들의 숙제를 대신 해주었으며, 아이가 어떤 일을 제대로 해내지 못할 때 재빨리 개입하곤 했다. 22가구의 아이들은 집안일을 도와달라는 부모의 요구를 상습적으로 무시하거나 거부했다. 8가구에서는 애초에 부모가 아이들에게 그러한 요구를 하지 않았다. 한 젊은 사회과학자는 이 연구를 '최고의 산아제한법'이라고 평가했다.

만약 정말로 아이에게 집안일을 시키고 싶다면 아이가 집안일을 하지 않는 책임은 모두 부모에게 있다는 가혹한 진실부터 깨달아야 한다. 아이들도 도울 거라는 기대가 가정 내에서 확고히 자리 잡아야만 아이들이 집안일을 한다. 아마존에 사는 여섯 살 아이가 나무에 올라 파파야 열매를 따고 자기 허벅지보다 굵은 통나무를 끌어다 불을 지피는 것도,[4] 일곱 살 아이가 주말마다 온 가족의 빨래를 책임지고 해내는 것도 모두 그런 기대가 있기 때문이다. 그런 아이들도 아마 콧노래를 부르며 일하지는 않을 것이다. 매번 잔소리를 해야 할 수도 있다. 또한 오랫동안 연습하지 않는 한, 대부분의 아이는 기대만큼 잘 해내지 못할 것이다. 하지만 제대로 요구한다면 결국 아이들은 집안일을 할 수 있고, 하게 될 것이다.

아이들이 집안일을 하게 만드는 두 가지 방법이 있다. 첫 번째 방법은 우선순위를 집안일에 두는 것이다. 즉, 집안일에 관한 한 빈말을 하지 말고, 일단 한 말은 지켜야 한다. 일을 하지 않으면 결과가 뒤따른다는 것을 분명히 알려줘야 한다. 잔소리를 하고, 나가 놀지 못하게 하고, 요구하고 또 요구하며 절대로 느슨해지지 않아야 한다. 그게 싫다면 지저분한 침대와 쌓여 있는 빨랫감을 감수하고 살거나, 그냥 혼자서 다 해버리는 수밖에.

여기에는 엄청난 노력이 필요하다. 당신은 조류를 거슬러 헤엄치고 있으며 앞서 말했듯 대부분의 부모가 끝까지 완주하지 못한다. 나 역시 계속해서 노력 중이다. 하지만 나는 충분히 그럴 만한 가치가 있다고 생각한다. 자녀가 수년간의 연습 끝에 자진해서까지 하진 않더라도 어느 정도 효율적으로 집안일을 해내고 있는 가정의 부모들과 대화를 나눈 뒤 더욱 확신하게 되었다.

두 번째 방법은 정말로 도움을 필요로 하는 것이다. 이는 부모가 모두 건강한 중산층, 또는 상류층 가정에서 아이에게 집안일을 시키기 어려운 이유이기도 하다. 부모 중 한 사람이 만성질환을 앓고 있는 경우, 편부모 가정인 경우, '투잡'을 뛰어야만 기본적인 생계가 이어지는 경우라면 아이들도 나서서 집안일을 도울 것이다. 스스로 식사 준비를 하고, 빨래를 하고, 어린 동생을 돌볼 가능성이 크다. 그 결과는 저넷 월스Jeannette Walls의 자전적 소설《더글라스캐슬》에서 어린 저넷이 혼자 핫도그를 데워 먹으려다 집에 불을 낸 것처럼 나쁠 수도 있지만,《초원의 집》의 메리Mary와 로라Laura 자매가 가난하지만 서로 도와가며 밝게 자랐듯 좋을 수도 있다. 또는 전화위복의 계기가 될 수도 있다. 물론 우리는 어린아이가 핫도그를 해먹기 위해 혼자 물을 끓여야만 하는 상황을 일부러 만들 수도 없고, 그러기를 바라지도 않을 것이다.

하지만 방심해서는 안 된다. 가족이나 반려동물이 갑자기 다칠 수도 있고, 차를 타고 가다가 미끄러져 눈 더미에 처박힐 수도 있으며, 혼자서 아이 넷을 데리고 어딘가를 가는 중에 둘째가 갑자기 토를 했는데 막내는 울어대고 그 와중에 첫째는 응가가 마렵다며 징징거리는 상황이 닥칠 수도 있다. 그런 순간이 오면 당신은 필요한 일을 얼추 비슷하게라도 해낼 수 있는 아이를 간절한 눈으로 바라보며 "네가 엄마를 도와줘야 해"라고 말할 것이다. 그러면 그 아이는 기적을 행할 것이다.

물론 그런 끔찍한 상황이 그리 자주 찾아오지는 않는다는 사실에 그저 감사해할 수도 있다. 하지만 우리는 위기 상황에서만 등장하는 그 유능한 아이가 요리하느라 지칠 대로 지친 당신이 설거지거리를 닦고 정리하는 동안 식탁에 앉아 만화책만 보는 이 녀석과 같은 아이라는 사실을 깨달아야 한다. 이 아이는, 가난한 집에서 태어나 더 많은 일을 해내는 다른 아이나 대가족에서 태어나 우리집에 놀러올 때마다 늘 예의 바르게 식탁 차리는 일을 돕는 옆집 아이와 신체적으로 조금도 다르지 않다.

그러니 아이에게 잔소리하는 것이 아무리 싫어도 아이 옆구리를 쿡쿡 찔러가며 식기세척기에 그릇 넣는 법을 제대로 가르쳐야 한다. 다시 말해 잔소리하기를 싫어하는 마음부터 극복해야 한다. 나는 다음과 같은 주관식 질문을 1,050명의 부모에게 던진 적이 있다.

'당신이 양육 과정에서 가장 싫어하는 것은 무엇입니까?'

독보적으로 가장 많았던 답은 표현은 다양했지만 결국 '훈육'이었고, 거기에는 집안일을 비롯해 다양한 의무를 강제하는 것이 포함되어 있었다. 구체적으로는 '규칙을 강제하는 것', 특히 '집안일 시키기', '심부름 시키기', '별것도 아닌 집안일을 시키느라 잔소리를 해야 하는 것' 등이 있었다. 우리는 아이들이 집안일을 해야 한다고 생각하면서도 시키는 과정을 너무나도 싫어한다. 하지만 뭐 하나 시키려면 그야말로 전쟁을 벌여야 하는 아이를 보며 좀 더 어릴 때 규칙적으로 집안일을 시키고 규칙을 강제하지 않았던 것을 후회한다. 그러니 기억하라. 우리는 모든 집안일을 혼자서 해야 하는 상황 역시 바라지 않는다.

부모가 집안일을 강제하는 악역을 기꺼이 맡을 때 부모뿐 아니라 자녀들까지도 더 행복해질 것이다. 플랜더스는 "엄마는 집안일을 하느라 바쁜데 자기들끼리만 나가 노는 건 교육적으로 좋지 않아요. 곁에서 부모를 돕고 집안일을 하면 아이들에게도 도움이 됩니다. 놀러 나가는 거야 집안일을 끝낸 뒤에 다 같이 하면 되니까요" 라고 말했다.

집안일을 많이 돕는 아이일수록 책임감뿐 아니라 부모와의 유대감이 깊다. 그 유대감은 아이가 타인과 유대 관계를 맺고, 살면서 마주하는 스트레스 상황을 극복하는 데 많은 도움이 된다. 다시 말해 아이들도 더 행복해진다. 우리는 집안일을 누구 한 사람이 오롯이 책임져서는 안 된다는 것을 잘 알고 있다. 또한 해야 할 일이 있으면 기꺼이 도와야 한다고 배운 아이가 나중에 단체생활도 더욱 잘하리라는 것도 알고 있다. 플랜더스는 이렇게 말했다.

"우리는 자녀를 키우는 과정이 기쁘기를 바랍니다. 그러기 위해서는 온 가족이 합심해 서로를 지탱해주고 지지해주어야 해요. 저는 아이들이 만들어낸 일거리들을 보며 불평만 늘어놓는 순교자가 되고 싶지는 않습니다. 왜 당신의 자녀를 함께 살고 싶지 않은 사람으로 키우려고 하십니까?"

언제 시작해야 할까

이 질문에 대한 짧은 대답은 바로 '지금'이다. 언제 시작하든 너무 늦은 때란 없지만 아이가 어릴수록 의무감을 심어주기가 쉽다. 만약 당신이 집이 굴러가는 데 꼭 필요한 어떤 일을 하고 있는데 아이가 앉아서 그 모습을 지켜보고만 있다면(다른 무언가를 보고 있을 가능성이 더 크지만) 당장 일으켜 세워 집안일에 참여하게 하라.

아이들이 무엇을 할 수 있을지 모르겠다고? 아마도 당신이 생각하는 것보다는 훨씬 많은 일을 할 수 있을 것이다. 옛날 아이들을 생각해보라. 당신의 어린 시절을 떠올려도 좋다. 아이들은 몇 살 때부터 소젖을 짜고 요리를 돕기 시작했을까? 잔디 깎는 일은? 설거지는? 옛날에는 아이들이 그 일을 안전하게 할 수만 있다면 곧바로 맡겼다. 처음에는 아이를 데리고 다니면서 조금씩 일을 시키다가 완전히 물려받을 준비가 되었다고 느껴지면 그때부터 그 일은 아이의 몫이 되었다.

그렇다면 구체적으로 나이에 맞는 집안일은 무엇이 있을까? 이에 대한 답은 쉽게 찾을 수 있다. 인터넷에 '연령별 집안일'을 검색하는 사람도 있을 것이다. 하지만 인터넷을 뒤지기 전에 스스로에게 물어보라. 당신이 주로 하는 일은 무엇인가? 청소기 돌리기와 빗자루질? 건조기에서 빨래 꺼내어 개기? 애완동물 밥 챙겨주기? 여기서 핵심은 아이들이 무엇을 할 수 있느냐가 아니라 꼭 해야 하는 일이 무엇이냐다. 아이들에게 가르치고 결국 위임해야 하는 일은 당신의 가정에서 꼭 필요한 일이어야 한다. 그게 설거지처럼 일반적인 일인지, 소형 선박을 정박시키는 것처럼 특이한 일인지는 중요하지 않다. 우리는 아이들에게 집안일을 시키는 진정한 목적을 기억해야 한다. 그건 바로, 집이 제대로 굴러갈 수 있도록 모두 함께 협력하는 법을 배우고, 그 결과 가족 모두가 삶이 가져다주는 즐거움을 누릴 수 있게 하는 것이다.

그 많은 숙제는 다 어쩌고?

아이가 꽤 컸는데도 집안일을 시키지 않는 부모들이 가장 많이 던지는 질문이 있다. 사실 질문이라기보다는 핑계인지도 모르겠다.

"운동 연습 후 저녁 식사를 할 때쯤에나 들어오는 고등학생에게 어떻게 집안일을 하라고 말할 수 있나요? 자기 전에 세 시간 동안 숙제도 해야 하는데요. 더군다나 우리 가족은 충분히 많이 자는 것을 최우선으로 생각한다고요!"

그렇지 않다. 우리는 할 수 있다. 그러기 위해서는 이게 얼마나 중요한 일인지부터 깨달아야 한다. 당신은 아이가 어떤 사람으로 자라기를 바라는가? 설문조사를 해보면 거의 모든 부모가 아이를 도덕적이고 배려 깊은 사람으로 키우기 위해 노력하고 있다고 답한다.[5] 또한 대부분의 부모가 성공보다는 도덕적 가치를 더욱 중요하게 여긴다고 말한다.[6] 하지만 또 다른 연구 결과를 살펴보면 아이들은 그 메시지를 제대로 이해하지 못한 듯하다. 하버드 대학 소속 심리학자 리처드 와이스보드Richard Weissbourd가 미국 다양한 지역의 33개 학교에 재학 중인 1만 명 이상의 학생을 대상으로 설문조사를 한 결과, 80퍼센트에 가까운 학생이 타인에 대한 배려보다는 자기 자신의 행복이 중요하다고 답했다. 심지어 대부분의 아이는 부모도 자신의 생각에 동의할 것이라고 말했다.[7]

비록 집안일 자체는 사소할지 몰라도 그것을 요구할 때 아이들에게 스며드는 그 미묘한 메시지는 결코 사소하지 않다. 고등학생 자녀에게 가족의 행복과 가사 운영에 기여하는 것이 공부보다 중요하다고 가르친다면 아이는 당신이 거기에 얼마나 큰 가치를 부여하는지를 느낄 것이다. 그러므로 '물론 학교 공부도 중요하지만 가족의 일원으로서 네 역할도 중요해'라는 메시지를 계속해서 전달해주어야 한다.

아이에게 무임승차권을 주고 싶은 유혹도 있을 것이다. 또한 우리가 얼마나 자주 아이에게 '집안일 면제 특권'을 주는지를 스스로 인식하기란 굉장히 힘들다. 하지만 당장 편한 길을 택하면 나중에 후회하게 된다. 와이스보드 박사는 이렇게 말했다.

"지난 수년 동안 이루어진 인터뷰 및 조사 결과에 따르면 부모들은 개인의 행복과 성취를 너무 많이 강조하고 있습니다. 그래서 타인을 배려해야 한다는 메시지가 아이들에게 거의 닿지 않고 있죠."

가족끼리 서로 돕고 배려해야 한다는 메시지는 자주 반복되어야 한다. 특히 그게 설거지에 대한 것이라면!

'만약 매일 저녁 15분 동안의 설거지 때문에 나의 소중한 아이가 낮은 학점을 받고 좋은 대학에 들어가지 못하게 된다면 어쩌지?'라고 생각하는 부모도 있을 것이다. 문제를 그런 식으로 봐서는 안 된다. 물론 나도 그랬다. 그러지 않았다면 애초에 이 문제를 떠올리지도 못했을 테니까. 아이를 온실 속 화초처럼 키우다가 그저 좋은 대학에 보내기만 하면 된다고 진심으로 믿는 부모는 아마 없을 것이다. 당신도 자녀가 균형 잡힌 어른으로 성장하기를, 가족과 타인을 배려하면서도 스스로 택한 목표를 달성할 수 있기를 바랄 것이다. 그 균형을 가르치는 것은 대단히 가치 있는 일이다. 그러니 아이들에게 도와달라고 말하고, 잘 해낼 수 있을 것이라고 믿어라.

미네소타 대학의 마티 로스먼Marty Rossmann 교수는 25년에 걸쳐 진행한 소규모 연구를 통해 20대 중반에 성공할 가능성을 보여주는 가장 좋은 척도가 네다섯 살에 집안일에 참여했는지의 여부임을 밝혀냈다.[8] 그 장기 연구에는 로스먼의 가족도 참여했는데, 4~5세 10~11

세 16~17세 아이들에게 각각 집안일 참여 여부를 묻고, 이후 간단한 전화 인터뷰를 통해 20대 중반의 나이에 그들이 어떤 삶을 살고 있는지를 물었다. 그 결과, 어린 나이에 집안일을 시작한 아이일수록 가정에서의 의무는 공동의 의무라는 생각을 잘 내면화 했고, 그것이 성인이 된 후 삶의 다양한 영역에서 책임감과 공감 능력으로 확장된다는 사실을 밝혀냈다.

물론 이런 소규모 연구 결과 하나를 지나치게 과장할 생각은 없고, 그럴 필요도 없다. 우리는 이미 그 사실을 알고 있기 때문이다. 연인의 가족을 만나러 간 자리에서 집주인이 식탁 치우는 것을 기꺼이 돕는 남자 친구, 일 때문에 힘들어하는 동료를 자진해서 도와주는 젊은 직원, 실험실에서 실험을 마치고 나면 다음 수업을 위해 정돈이 잘 됐는지를 확인하는 학생까지. 이런 아이들은 자부심이 강하고, 성인기를 잘 보낼 준비가 되어 있으며, 가족이나 친구 관계도 성공적이다. 성공을 상장과 성적만으로 재단할 수는 없다.

어떻게 해야 아이들이 말을 들을까

우리 가족의 집안일 역사에 대해서는 평가가 엇갈린다. 우선, 우리 아이들은 다른 집과 달리 농장 일을 돕기 때문에 아마 스스로 집안일을 많이 한다고 생각할 것이다(나는 동의하지 않는다). 하지만 집안일 자체만 놓고 본다면 우리 가족의 점수는 C, 그러니까 평균 정도가 아닐까 싶다. 우리 부부는 아이들에게 집안일을 시키기 위해 안 써본 방법이 없다. 그렇게 15년을 보내고 나서야 아이들은 설거지는 스스로 할 수 있는 정도가 됐다(물론 매번 알아서 잘하는 아이가 있는가 하면 아직도 잔소리를 해야만 하는 아이도 있다). 하지만 그게 끝이었다. 긍정적으로 보자면 이제 아이들은 할 줄 아는 일이 꽤 많아졌고, 특히 요리는 나름대로 잘한다. 하지만 시키지 않아도 스스로 요리를 하는 일은 거의 없고, 설사 하더라도 쓸데없는 요리만 한다(뭐, 브라우니가 쓸데없다는 건 아니지만 어쨌든 내가 바라는 요리는 그게 아니다).

우리 아이들은 개와 고양이, 닭들에게 먹이를 주는 일도 했다. 하지만 요란하게 걸어가 접시를 쾅쾅 집어던졌고, 이번 주에 할 일이 없는 다른 아이를 보며 불평불만을 늘어놓았으며, 매일같이 고양이 사료 뚜껑을 따야만 하는 자기 신세를 한탄했다. 그러다 보니 온갖 불만을 표출하는 아이를 어르고 달래서 시키느니 그냥 내가 하는 게 편하겠다며 대신 해준 적도 있다. 아이에게 잔소리를 하지 않으면 아이는 아무것도 하지 않았다.

그래서 우리 부부는 어떤 방법을 시도했을까? 칭찬 스티커 붙이기, 제대로 하지 못하면 벌금 받기, 너무 잘하면 보너스 주기, 컵에 동전을 가득 채워준 뒤 맡은 일을 하지 않을 때마다 하나씩 빼앗기, 집안일에 대해 불평불만하면 용돈 깎기 등. 그밖에도 수많은 전략이 있었다.

그 과정을 모두 거치면서, 그리고 다른 부모들과 인터뷰를 진행하면서 나는 한 가지 사실을 깨달았다. 앞서 거론한 방법들이 사실은 전부 효과적일 수 있다는 것이다. 그렇다면 왜 우리 집에서는 그 모든 것이 무용지물이었던 것일까? 그건 바로, 우리가 한 가지 방법을 끝까지 고수하지 못했기 때문이다. 칭찬 스티커를 깜빡하고 주지 않는 날이 많았고, 해서는 안 되는 어리석은 일들, 예컨대 집안일에 대한 보상으로 아이스크림 사주기 같은 것들도 자주 했다. 우리의 감정에 따라 비일관적으로 아이들에게 화를 내고 벌을 주었다. 그렇게 우리는 한 번, 또 한 번 정해놓은 규칙을 포기했고, 결국 아무도 행복해지지 않았다. 아이들은 집안일이 하기 싫은 것만큼이나 불평을 늘어놓는 부모의 모습을 보는 것도 싫어했다. 결국 '행복'은 결코 닿을 수 없는 존재처럼 느껴지기 시작했다.

그래서 결국 우리가 해법을 찾았냐고? 그렇다. 그리고 우리는 분명히 더 행복해졌다. 이 문제를 제대로 해결한 가족들은 분명 존재한다. 그들에게는 몇 년 동안이나 잘 지켜지는 규칙이 있고, 잔소리를 그렇게 많이 할 필요도 없다. 또한 가족 모두가 지금의 상황을 만족스러워 한다. 지금부터 그런 부모들이 어떻게 집안일을 행복한 가정생활의 일부로 만들었는지, 그리고 우리 가족이 그들의 충고를 통해 어떻게 변하게 되었는지를 알려주고자 한다.

집안일은 생존 기술이다

세탁, 설거지, 요리, 정돈된 생활 공간 유지하기… 이 모든 것은 당신이 할 때는 집안일이지만, 아이들에게 가르칠 때는 생존 기술이다. 욕실 청소에 고도의 지능이 요구되는 건 아니지만 약간의 가르침은 필요하다. 하다못해 욕실 청소를 해야 한다는 사실부터 가르쳐야 한다. 당신의 아이가 기름진 접시를 어떻게 닦는지 몰라 대충 물로 닦아내고 선반에 쑤셔 박아놓는 어른이 되지 않기를 바란다면 말이다.

그런 시각에서 보면, 굳이 감시하지 않아도 스스로 해내는 아이로 키우기 위해 부모가 지녀야 하는 고집스러움이 조금은 다르게 보일 것이다. 식사 후 주방을 정돈된 상태로 되돌리는 능력은 성인이라면 누구에게나 필요하다. 가끔은 하기 싫은 일도 해야 한다. 아무리 피곤해도, 아무리 텔레비전이 보고 싶어도, 아무리 다른 할 일이 쌓여 있어도 당신은 싱크대에 묻은 음식 얼룩들을 지운다.

스탠퍼드 대학의 입학처장이었던 줄리 리스콧 헤임스Julie Lythcott-Haims는 저서 《헬리콥터 부모가 자녀를 망친다》를 통해 지인이 개발한 '어린이를 위한 생존 기술 습득 전략'을 소개했다.[9]

· 처음에는 우리가 너를 위해 그 일을 한다.

· 다음에는 너와 함께 그 일을 한다.

· 그 다음에는 네가 그 일을 하는 모습을 지켜본다.

· 그 다음에는 너 혼자서 그 일을 한다.

아이들이 이 네 단계를 전부 통과하기가 너무 어렵다고 느껴진다면 그러지 못할 때 벌어질 일을 상상해보라. 아이들은 기숙사나 자취방을 먹고 버린 음식물 포장 용기와 더러운 접시로 가득 채울 것이다. 그때 당신이 감당해야 하는 것은 바로 바퀴벌레다.

절대 흔들리지 마라

아이가 자신이 먹은 그릇을 스스로 치우는 법을 가르치는 데 5년이 걸렸다고 말한 건 물론 농담이었다. 하지만 완전히 틀린 말은 아니다. 아이들에게 어떤 일이든 규칙적으로 하는 법을 가르친 부모들은 그게 며칠 만에, 또는 몇 주 만에 되는 일이 아니라 적어도 몇 달, 어쩌면 몇 년이 걸리는 과정이라고 말한다. 언제 시작하는지와 상관없이 말이다. 버몬트 주에서 아이를 키우고 있는 사라 맥스웰 크로스비Sarah Maxell Crosby는 이렇게 말했다.

"제 아들은 주말에 텔레비전을 보려면 먼저 방 청소를 하고, 화분에 물을 주고, 화장실 청소를 해야 해요. 그렇게 한 지 벌써 2년이 됐어요. 아이는 이번 달이면 만 일곱 살이 돼요. 처음 몇 달은 게으름을 부리느라 일요일 오후가 되어서야 텔레비전을 보거나, 아예 못 보는 날도 많았어요. 하지만 우리 부부가 원칙을 고수했더니 일을 마치는 시간이 점점 빨라지더군요. 지금은 매주 토요일 아침, 내가 잠에서 깨기도 전에 할 일을 전부 끝내놓아요."

그녀의 말 대로라면 집안일을 제대로 시작하는 데만도 몇 달이 걸리고, 자신감이 붙으려면 최소 1년 이상이 필요하다. 다른 부모들의 의견도 비슷했다.

"시간과 끈기가 필요했어요."

"불평과 저항을 견디는 노력이 필요해요."

"한동안은 아이가 제대로 하지 못하고 징징대도 인내심을 갖고 버텨야 해요."

집안일 시키기를 중단했다가 다시 시작하고, 해야 할 일과 전략을 수시로 바꿔대고, 모든 걸 포기한 채 몇 달을 흘려보내는 부모들은 끊임없이 출발점으로 되돌아가고 말 것이다. 내가 그랬듯이.

일곱 살 막내 아이가 온 가족의 빨래를 책임진다는(다른 아이들도 각자 맡 은 일이 있다) 길보아는 처음 세운 계획을 고수한 것이 성공의 가장 중요한 열쇠였다고 말했다(대신 필요 이상의 과도한 계획을 세우지는 않았다).

"아이들이 집안일을 즐길 거라고 기대하지는 않아요. 다만 자신의 역할을 해내기를 기대할 뿐이죠."

그녀의 가족은 지난 몇 년 동안의 경험을 통해 어느 정도 융통성은 필요하지만 각자 사정이 있다는 이유로 집안일을 그냥 면제해줘서는 안 된다는 것을 배웠다. 예를 들어 설거지를 하기로 한 아이가 하루 종일 밖에서 볼일이 있다면, 물론 아이의 상황을 이해해주고 대신 설거지를 해주지만 아이가 집에 돌아오면 다른 일을 시키는 것을 잊지 않는다.

헤임스는 자녀들이 열한 살, 열세 살이 될 때까지(그녀가 육아와 관련된 책을 집필하기 시작한 바로 그즈음이다) 일관적으로 집안일을 시켜본 적이 없다고 했다.

"제가 그 말을 꺼내자 아이들은 '뭐라고요?'라며 당황하는 반응을 보였어요."

아이들은 이제 열여섯 살, 열여덟 살이 되었고, 굳이 시키지 않아도 맡은 일을 대부분 잘 해낸다고 한다.

"누가 무슨 일을 할 차례인지 자기들끼리 협상하는 모습을 구경하는 것도 재미있어요. 큰아이가 동생을 얼마나 잘 구워삶는지 몰라요."

정말 멋진 일이다. 하지만 이 이야기를 듣고 우리 아이들은 언제쯤이면 서로 도와가며 집안일을 하는 경지에 이를 수 있을지 고민할 필요는 없다. 우리가 여기서 주목할 점은 '자녀를 독립적으로 키우는 법'에 관한 책을 쓴 저자조차도 집안일을 시키는 것만큼은 그렇게 금방 해내지 못했으며, 우리 모두가 그렇듯 며칠, 몇 주, 몇 개월, 심지어 몇 년을 잔소리하는 데 썼다는 사실이다. 뭐든지 항상 잘 할 필요는 없다. 그저 꾸준히 노력하는 수밖에.

집안일을 습관으로 만들고, 자리 잡을 때까지 기다려라

내가 처음 아이들에게 집안일을 맡기기 시작했을 때는 시간 배분이 완전히 뒤죽박죽이었다. 예컨대 '세탁'은 아무 때나 해도 되지만 개밥을 주는 것은 정확히 6시를 지켜야 했다(그럴 때 보면 우리 집 개는 나보다도 시간을 더 잘 안다). 그러던 어느 날, 나는 그레첸 루빈의 습관 기르기에 관한 책인 《나는 오늘부터 달라지기로 결심했다》와 찰스 두히그Charles Duhigg의 《습관의 힘》을 읽었고, 우리 집에서 집안일이 왜 습관화되기 어려웠는지를 알게 되었다. 그 뒤부터 나는 규칙적으로 해야 하는 집안일을 반복적인 활동과 짝지어서 시킨다. 예컨대 어떤 일은 매일 아침 아래층으로 내려오자마자, 어떤 일은 저녁 식사를 하기 직전에, 어떤 일은 저녁 식사를 한 직후에 해야 한다. 매일 규칙적으로 하는 것이 가끔 하는 것보다 더 쉽다. 즉, 집안일을 매일 하는 다른 일과 짝지으면 기억하기가 훨씬 쉬워진다.

하지만 습관이 자리 잡기 위해서는 규칙적인 실행이 오랫동안 이루어져야 한다. 내가 만난 부모 중 아이들의 집안일에 가장 만족하는 부모는 어떤 일을 하라고 매일 시키지 않았다. 주 단위도, 월 단위도 아니었다. 그들은 집안일을 년 단위로 시켰다. 1년 단위로! 1

년 동안 세탁하기, 1년 동안 도시락 싸기, 1년 동안 저녁 식사 후 식기 세척기에 그릇 넣기 등. 길보아의 가족도 그랬고, 플랜더스의 대가족도 그랬다(플랜더스는 '플랜더스 가족의 집'이라는 웹 사이트를 운영하며 홈스쿨링을 하는 부모와 대가족을 위한 정보를 기독교적 메시지와 함께 전하고 있다). 플랜더스의 어머니는 '아이들이 스스로 돕고 싶어 할 때 돕게 하라'라는 가르침을 주셨지만, 그녀는 그 가르침을 진즉에 포기했다. 아이들이 플랜더스의 청소 능력이나 의지를 넘어설 만큼 심각하게 집 안을 어지럽혔기 때문이다. 그녀는 집이 제대로 굴러가는 데 필요한 모든 일을 성별과 관계 없이 자녀들에게 가르치기 위해 새로운 시스템을 도입했다. 플랜더스의 집에서는 누구나 매일 아침마다 침구를 정리해야 하고, 자기 방을 깨끗이 청소해야 한다. 그밖에도 모든 아이에게 저마다 식탁 차리기, 식기세척기에 그릇 넣기, 빨래 분류하기 등의 책임이 1년 단위로 하나씩 부여된다. 플랜더스는 이렇게 말했다.

"한 해가 끝날 때쯤이면 아이들은 맡은 일을 효율적으로 하게 되고, 더 이상 불평하지도 않아요. 그리고 때로는 저보다도 좋은 방법을 생각해내죠."

아이에게 한 해 동안 맡을 집안일을 정해주면 집안일은 부모와 아이 모두에게 매일 반드시 해야 하는 일로 확실히 자리매김한다. 습관이 잘 형성되면 가끔은 예외를 두어도 괜찮다. 예를 들어, 이번 주 금요일 저녁에 아이의 축구 경기가 열린다면 개밥 주는 일을 하루쯤 대신 해준다고 해도 큰 문제는 없다. 아이는 앞으로도 364일동안 개밥을 줄 것이기 때문이다. 플랜더스는 "제가 그냥 대신 해줄 때도 있고, 정해진 일을 해내지 못했으니 다른 일을 하라고 시킬 때도 있어요"라고 말했다. 이처럼 1년 내내 한 가지 일을 맡기면 아이는 집안일 그 자체를 배우기도 하지만, 꾸준히, 끊임없이 반복할 수 있는 의지 또한 제대로 배울 수 있다.

플랜더스는 어린 자녀에게는 쉬운 일을 맡기고(아이가 너무 어려서 할 수 있는 일이 없을 때에는 없는 일을 만들어내기도 한다), 나이가 들수록 점점 난이도를 높인다.

"한 해가 끝날 때쯤 아이들과 내년에 맡을 일에 대해 이야기를 나누어요. 하지만 결정권은 부모에게 있어요."

결국에는 모든 아이가 모든 일을 한 번씩은 맡아보게 되고, 모든 일을 할 줄 알게 된다. 플랜더스 가족은 대부분의 집안일을 매일 함께하며, 정해진 시간 안에 모든 일을 끝내기 위해 서로서로 돕는다. 이런 일과가 습관이 된 덕분에 아이들은 맡은 일을 꾸준히 해 낼 수 있다.

길보아는 집안일을 끝내는 시간에 맞춰 특혜를 준다. 예를 들어 그녀의 아들에게는 '일요일에는 세탁을 마칠 때까지 텔레비전 시청 금지'라는 규칙이 있다. 미식축구 게임이 열리는 날에는 특히 시간을 맞추기가 힘들다고 한다. 주중에는 누구든 놀거나 텔레비전을 보기 전에 맡은 일을 끝마쳐야만 한다. 길보아는 이렇게 말했다.

"아이들이 깜빡했다고 해서 화를 내서는 안 돼요. 하지만 절대로 봐주는 법은 없답니다."

많은 부모가 이 말에 공감한다. 우리는 집안일에 관해 두 가지 목표를 분리해야 한다. 하나는 아이들이 집안일을 하는 것이고, 또 하나는 시키지 않아도 스스로 기억하는 것이다. 둘 다 중요한 목표이기는 하지만 그중에서도 정말 중요한 건 일관적으로 일을 해내는 것이다. 그러니 아이가 집안일을 알아서 해내지 못한다고 해도 너무 걱정할 필요는 없다. 뉴욕 주 올버니에 사는 수잔 디안트레몬트Susan D'Entremont는 이렇게 말했다.

"아이들이 일을 하기만 한다면 매번 부탁해야 한다는 이유만으로 화를 내지는 않아요. 제 첫째 딸은 열아홉 살인데, 이제야 시키지 않아도 스스로 일하게 됐어요."

'말하지 않아도 스스로 하기'는 다음 전투 때로 미뤄두자.

도움을 기대하라

내 지인은 페이스북에 다음과 같은 글을 썼다.

> 우리 아이들은 아주 어릴 때부터 집안일을 해왔다. 아이들 모두 식기세척기가 가득 차 있으면 그릇을 꺼내 정리하고, 자기 빨래는 스스로 하고, 아침마다 침대를 정리하고, 공동 거실을 청소하고, 쓰레기를 분리수거장에 내다 버린다. 내가 굳이 말하지 않아도 알아서 한다. 막내딸은 현관 청소를 너무나 좋아하고 큰딸은 내가 몸이 안 좋을 때면 요리를 한다. 대학에 다니는 아들들은 지금도 봄과 여름이면 잔디를 깎는다. 우리 아이들이 왜 이러는지는 나도 잘 모르겠다. 집안일을 한다고 해서 용돈을 주거나 다른 보상을 해준 것도 아니다. 다만 아이들에게 우리는 한 팀이고, 모든 팀원이 우리 가정의 행복한 삶에 중요한 역할을 한다고 말해왔을 뿐이다. 그리고 늘 아이들과

함께 집안일을 해왔다. 그래서… 음, 모르겠다. 그저 감사할 따름이다. 내 아이들도 다른 10대나 대학생들과 별반 다르지 않다. 나도 아이들과 티격태격 말다툼을 많이 한다. 우리 가족은 완벽과는 거리가 멀다. 하지만 아이들은 모두 집안일을 하고, 다섯 아이 중 네 아이는 파트타임으로 아르바이트도 하고 있다. 그냥 타고난 성격인지도 모르겠다.

지인은 아이들이 왜 그러는지 모른다고 말했지만 나는 알 것 같다. 그녀는 아이들이 집안일을 돕지 않을 거라는 생각을 한 번도 해본 적이 없기 때문이다. 그녀의 가정은 종교적 신념을 바탕으로 봉사에 대한 강한 전통을 갖고 있는 대가족이며, 비슷한 가치를 가진 공동체에 둘러싸여 있다. 다시 말해 열심히 일하는 것이 가정 문화의 일부다.

어떤 가족에게는 모두가 가정에 기여하리라는 기대가 내재되어 있다. 그건 앞서 소개한 지인과 플랜더스 가족의 경우처럼 종교적 관행에서 비롯된 것일 수도 있고, 지속할 수 있는 가풍이나 농장 일, 또는 가업으로부터 생겨났을 수도 있다. 가족 모두가 협력해야 한다는 요구가 당연한 것으로 여겨지는 문화는 아이들을 팀의 일원으로 바꾸어놓는다. 여기서는 지인만을 언급했지만 나는 그런 가정을 여럿 목격했고, 아마 당신도 본 적이 있을 것이다. 동네에서 식당을 운영하는 집의 자녀들, 농가에서 자라는 아이들, 홀어머니가 가게를 운영하는 아이들… 이 아이들은 일하는 법을 알고, 실제로도 일을 한다. 하지만 당신의 가정은 그렇지 않다면 그런 사고방식을 활용해

볼 수 있다. 농장, 가업, 가족 사업 같은 것들에는 많은 노력이 필요하다. 하지만 집안일 또한 힘들긴 마찬가지다. 모두의 도움이 필요하다.

만약 자녀들로부터 더 많은 도움을 받고 싶다면 도움이 필요하다 고 선언하거나, 과거의 실패를 있는 그대로 인정하라. 내 친구이자 이웃인 《똑똑한 엄마는 서두르지 않는다》의 저자 제시카 레이히Jessica Lahey는 어느 날 두 아들에게 그동안 너희들을 위해 지나치게 많은 것을 해주었으며, 이제는 바꿀 때가 되었다고 말했다고 한다(헤임스도 그렇고, '자녀에게 집안일 가르치기'에 대한 책을 쓰는 것만큼 부모에게 동기부여를 해주는 일도 없는 것 같다). 아이들에게 도움을 기대하라. 요구하고, 고집하고, 아이들이 제대로 해내는지 지켜보라. 당신은 아이들의 도움을 받을 자격이 있고, 아이들은 집안일에 도움을 줄 자격이 있다. 물론 아이들 스스로가 그걸 원한다고 생각하지는 않겠지만.

집안일의 대가를 지불하지 마라

아이들에게 용돈을 주는 부모는 크게 두 부류, 용돈을 집안일에 대한 대가로 생각하는 부모와 그렇지 않은 부모로 나뉜다. 《내 아이와 처음 시작하는 돈 이야기》의 저자이자 〈뉴욕타임스〉에서 나와 함께 일했던 론 리버Ron Lieber 덕분에 나는 집안일에 대한 대가를 지불하지 않는 부모가 되기로 마음을 굳혔다. 그에 따르면 용돈은 아이들에게 돈의 가치를 이해시키고 관리하는 법을 가르치기 위한 도구인 반면, 집안일은 가족의 구성원이라면 누구나 당연히 해야 하는 일이다.

왜 그럴까? 무엇보다도 당신이 아이들에게 집안일의 대가로 용돈을 지불한다면 언젠가는 아이들이 "용돈 필요 없어요. 할머니가 생일에 주신 용돈이 있거든요", "뭐 어차피 사고 싶은 것도 없어요"라며 거절해버리는 순간이 올지도 모른다. 더 중요한 이유는, 일을 하고 용돈을 받는 것도 삶의 일부이기는 하지만 대부분의 집안일은 용돈을 받지 않아도 해야 하는 일에 속하기 때문이다. 우리는 양치질을 했다는 이유로, 강아지에게 밥을 줬다는 이유로 용돈을 받지는 않는다. "용돈 안 주면 침대에서 일어나지 않을 거야"라는 아이의 말을 그냥 웃어넘길 수도 있겠지만 그건 삶에 대한 아주 끔찍한 접근 방식이다.

물론 아이들이 집안일을 했을 때 용돈을 줘도 되는 경우가 있다. 우리 집에서는 어른이 했더라도 돈을 지불했을 만한 일, 예를 들어 잔디 깎기를 했을 때는 용돈을 준다. 반대로 동생을 돌보았을 때는 용돈을 주지 않는다. 만약 상당히 힘든 일이 있는데 그 일을 맡은 아이가 도저히 할 수 있는 상황이 아니어서 다른 아이가 대신 해주었다면 그때도 용돈을 준다. 한번은 아이에게 라이스 크리스피 트리츠(Rice Krispies treats, 시리얼을 구워서 만드는 간식-옮긴이)를 한 판 만들어달라고 하고 5달러를 준 적이 있다(너무 먹고 싶어서 어쩔 수 없었다. 자기만의 길을 가라!). 리버도 어떤 일은 용돈을 줄 가치가 있다는 데에 동의한다. 그는 아이들에게 힘들고 더러운 일회성 집안일을 시킬 때 냉장고에 해야 할 일 목록과 함께 용돈을 붙여둔다. 먼저 그 일을 하는 사람이 용돈을 갖는 것이다. 나도 언젠가는 시도해볼 생각이다.

또한 일을 아주 잘했을 때 용돈을 주는 것도 괜찮다.[10] 말하자면 보너스인 셈인데, 예를 들어 일주일 내내 부모가 한 번도 말해주지 않았는데 스스로 맡은 일을 다 해냈을 때, 다친 형제자매를 위해 밀린 일을 대신 해주었을 때 용돈을 주면 된다.

아이가 집안일에 심하게 불평을 한다든가 일을 제대로 하지 않았을 때에는 용돈을 줄이고 싶은 마음이 스멀스멀 차오르지만 개인적으로는 좋은 전략이 아니라고 생각한다(그럴 때 보통 나는 화가 나 있기 때문이다). 뉴욕 주 웨스트체스터 카운티에 사는 두 아이의 엄마 패티 창 앵커Patty Chang Anker는 이렇게 말했다.

"우리는 아이들이 집안일을 끝내지 못했거나 심하게 불평을 하면 용돈을 줄였어요. 하지만 긍정적인 전략에 비해서는 그다지 효과가 좋지 않더군요."

일이 벌어진 후에 용돈을 깎는 것은 아이가 집안일을 하게 만든다는 목표를 달성하는 데 그다지 도움이 되지 않으며, 부모로서의 역할을 스스로 포기하는 것과도 같다. 아이가 가정에서 필요한 일을 도울 수 있도록 강제하는 것 역시 부모가 해야 할 중요한 역할이다. 따라서 이런 방식은 책임 회피에 불과하며, 아마도 아이에게 집안일 시키기를 어렵게 만드는 중요한 이유일 것이다.

집안일은 짧고 굵게

일리노이 주 네이퍼빌에 사는 섀넌 볼 영거Shannan Ball Younger의 집에는 '집안일의 날'이 있다.

"매주는 아니지만 적어도 2주에 한 번씩은 다 같이 모여 열심히 집안일을 해요."

워싱턴 주 시애틀에서 두 아이를 키우는 리즈 웰리Liz Whalley의 집에도 비슷한 시스템이 있다.

"저희는 금요일 밤마다 '파워 타임'을 갖습니다. 모두 한 시간 동안 청소를 열심히 한 다음 다 같이 영화를 한 편 봐요."

정해진 날, 정해진 시간 동안 음악을 틀어놓고 다 함께 집안일을 해보라. 일이 끝나면 즐거운 보상이 뒤따르는 것도 좋다. 미시간 주 버밍엄에 사는 엄마 애비 클레머Abby Klemme는 이렇게 말했다.

"저희 가족은 이 집에 이사 온 이후로 청소해주시는 분을 고용하지 않았어요. 대신에 2주에 한 번 온 가족이 모여 대청소를 하죠. 아이들은 자기 방과 화장실을 청소하고 침대 시트를 바꾸고 청소기를 돌려요. 일이 끝나면 약간의 용돈을 주긴 하지만 청소가 선택 사항은 아니에요."

영거는 이렇게 말했다.

"그 짧은 시간 동안 얼마나 많은 일을 할 수 있는지 몰라요. 아이들에게 '우리는 한집에 살고 있으니 협력해야 한다'라는 메시지도 주지요."

아칸소 주 베리빌에 사는 로라 허진스Laura Hudgens의 세 자녀는 각자 맡은 청소 구역이 있다. 아이들은 더 어릴 때는 매일 오후 4시부터 '20분 청소' 시간을 가졌고, 그동안 각자의 구역을 청소했다. 하지만 아이들이 점점 바빠지면서 그 시간을 고수하기가 힘들어지자 계획이 조금씩 틀어지기 시작했다. 그래서 그녀는 올해 '20분 청소'를 다시 시작했지만 청소 시간 자체는 아이들이 선택하도록 허락했다.

"각자의 구역을 정해놓으면 누구에게 어떤 집안일을 시킬지 고민할 필요가 없어요. 누가 청소기를 돌릴 차례이고, 누가 세탁기 거름망을 비울 차례인지를 애초에 생각할 필요가 없으니까요. 아이들도 그런 문제 때문에 더 이상 말다툼을 하지 않으니 너무 좋아요."

허진스의 사례를 통해 알 수 있듯 아이들이 자랄수록 정해진 시간을 지키는 것이 점점 힘들어진다. 하지만 한두 명이 빠지더라도 거의 모두가 매주 비울 수 있는 시간대를 찾을 수 있다면 그 정도로도 충분하다. 매번 시간을 새로 정하는 것보다는 훨씬 쉬울 테니 말이다. 일관성은 우리의 친구다. 움직이는 목표물은 맞추기가 훨씬 더 힘들다는 사실을 명심하라. 틀림없이 불평불만은 터져 나올 것이다.

"왜 늘 나만 참석해! 누나는 매번 빠지잖아!"

하지만 모두가 참여한다고 해서 불평이 멈추지는 않는다. 아이들은 원래 불평하는 존재이기 때문이다.

모든 일에는 결과가 따른다

우리 집에서는 아이가 자기 할 일을 제대로 하지 못하면(예를 들어 하교 후 연습 시간에 필요한 하키 장비나 어제 해놓은 숙제를 챙기지 못하면) 자연스러운 결과가 뒤 따르게 내버려둔다. 지금껏 내가 실수로 재활용 쓰레기통에 버린 과제물만 해도 몇 개이던가! 하지만 과제를 제때 제출하기는 이미 글렀을 텐데 이제 와서 뭘 어쩌겠는가. 또한 나는 건조대에 어수선하게 널려 있는 하키 장비를 하나하나 챙겨주지 않는다. 또한 아이가 필요한 물건을 제대로 챙겼는지 확인해주지도 않는다. 해야 할 일과 그에 따른 결과는 모두 아이의 책임이기 때문이다.

아이가 중요한 하키 장비 하나를 깜빡하고 챙기지 않아 3일 연속 벤치에 앉아 친구들이 연습하는 모습을 지켜만 본 적이 있다. 4일째가 되던 날, 나는 하키 코치로부터 문자 메시지를 받았다.

'아이가 연습에 오지 않았어요.'

분명 연습장에 데려다주었는데 영문을 몰라 걱정스러워지려는 찰나, 코치에게서 다시 문자 메시지가 왔다. 아이는 오늘도 앉아서 연습을 지켜만 보는 것이 너무 창피해 화장실에 숨어 있었다고 한다. 어떤가. 일의 결과는 내가 굳이 알려주지 않아도 뒤따른다.

하지만 대부분의 집안일은 조금 다르다. 하지 않았을 때 뒤따르는 '자연스러운 결과'가 아이들보다는 우리를 더 괴롭힌다. 쓰레기통이 넘쳐흐르든, 싱크대에 그릇이 쌓여 있든 아이들의 눈에는 잘 보이지 않는 것 같다. 만약 깨끗한 방을 좋아하는 아이였다면 이미 청소를 해놨을 것이다. 다시 말해 뒤따르는 결과를 활용해 아이들에게 동기를 부여하려면 아이들이 무엇을 좋아하는지를 생각해야 한다. 그리고 그게 결코 빈말이 아니라는 걸 반드시 보여줘야 한다. 어떤 결과가 뒤따르게 해야 할까? 가장 널리 쓰이는 방법은 텔레비전 시청 시간이나 스마트폰 사용 시간을 제한하는 것이다(그런데 아이에게 개인 스마트폰이 있다면? 리버는 와이파이 비밀번호를 바꾸라고 제안한다). 닭이나 개에게 먹이를 주기 전까지는 학교까지 차로 데려다주지 않겠다고 말하는 것도 괜찮다. 그러면 갑자기 아이에게 행동의 결과를 강제하는 사람이 내가 아니라 지각한 학생에게 벌을 주는 선생님으로 변한다. 이 얼마나 멋진 일인가! 당신의 아이가 중요하게 생각하는 것이 무엇인지 고민하라. 그리고 그것을 빼앗아라.

할 일을 스스로 고르게 하라

우리 아이들은 어렸을 때 집안일을 돌아가면서 했다. 한 아이가 닭에게 모이 주는 일을 선호한다 해서 그 아이에게만 그 일을 시키는 것은 공평하지 않기 때문이다. 하지만 아이들이 어느 정도 자라고 나면 자기들끼리 합의를 볼 가능성이 크다. 한 아이가 설거지를 하면 다른 아이는 자연스럽게 식탁을 치우고 싱크대를 닦는 식이다. 일리노이 주 글렌 엘린에서 두 아이를 키우는 카렌 스미스KarenSmith는 이렇게 말했다.

"저희는 할 일을 쭉 적은 뒤 다 함께 모여 앉아요. 그리고 아이들에게 그나마 할 만한 일들을 고르라고 말하죠. 너희가 태어나기 전부터 아빠와 엄마는 이런 식으로 가사 분담을 해왔다고 설명해주면서요. 저는 요리를 그렇게까지 싫어하지는 않으니 요리를 맡아요. 남편은 설거지를 하고요. 제가 설거지를 정말 싫어하거든요."

워싱턴 D.C.에 사는 엄마 멜로디 슈라이버Melody Schreibers의 가정은 어떨까?

"저는 어려서부터 집안일을 많이 해온 사람으로서 아이들이 어떤 일을 싫어하고 어떤 일을 좋아하는지 알고 싶어요. 저 같은 경우는 설거지는 끔찍하게 싫어하지만 청소기 돌리기와 빨래는 정말 좋아하거든요. 그래서 저의 어머니는 늘 제가 좋아하는 일을 시키셨어요. 제가 선택한 일이니 하기 싫다고 불평할 수도 없었죠."

집안일 중 가장 인기 있는 영역은 아무래도 저녁 식사 차리기다. 요리만 할 줄 알면 누구나 할 수 있다(사실 열 살만 되어도 간단한 식사 준비 정도는 할 줄 알아야 한다. 믿기지 않는다면 <마스터셰프 주니어>를 한 번 보라). 뉴저지 주에 사는 엄마 에일린 캐럴Aileen Carroll은 이렇게 말했다.

"저는 최근 들어 아이들에게 일주일에 한 번씩 저녁 식사 준비를 시키기 시작했어요."

캐럴의 아이들은 열여덟 살, 열일곱 살인데, 매주 돌아가면서 저녁 식사를 준비한다고 한다. 그런 날이면 캐럴은 아이들의 요리 계획을 미리 확인해 필요한 재료를 해동하거나 사다놓기만 하면 된다.

"아이들은 생각보다 훨씬 잘하고 있어요. 더 이상 반찬 투정도 하지 않고요!"

시작하기에 너무 늦은 때란 없다

혹시 지금껏 한 번도 아이들에게 규칙적인 집안일을 시켜본 적이 없는가? '아이들에게 진작부터 집안일을 시킬 걸' 하는 후회를 한 적이 있는가? 어떻게 해도 시간을 되돌릴 수는 없다. 하지만 시작하기에 너무 늦은 때란 없다. 길보아는 무엇보다도 자녀들을 나이와 능력에 걸맞게 존중해왔는지 철저하게 반성해보라고 말한다. 대부분의 아이가 "나는 이미 다 컸는데 왜 아직도 아기처럼 대하는지 모르겠어요"라며 짜증이 난 상태다.

그러니 먼저 아이들과 대화하라. 지금껏 너희를 존중해주지 못해서 미안하다고 사과하라(조금이라도 비꼬는 게 아니라 진심으로). 아이들은 나이를 먹을수록 원하는 것이 많아지고 책임질 것도 생겨난다. 그리고 원하는 것은 자신의 책임을 다할 때에야 비로소 얻을 수 있다. 그러므로 이렇게 말하라.

"지금부터 세탁하는 법을 가르쳐줄게. 제대로 할 줄 알게 되면 날

짜를 셀 거야. 한 달 동안 제대로 하면 그때부터는 혼자서 버스 타고 쇼핑몰에 가도 좋아."

길보아는 이렇게 말했다.

"어른으로서의 특권은 어른으로서의 책임과 결부되어 있습니다. 삶이란 원래 그런 것이고, 당신도 그렇게 해야 합니다."

삶이 변할 때 시작하라

많은 부모가 아이가 어릴 때는 집에서 육아를 하다가 어느 정도 키우면 직장으로 돌아간다. 바로 그때를 이용하라. 당신은 더 많은 도움을 필요로 하게 될 테고, 그건 죄책감을 가질 일이 아니라 오히려 변화의 기회다. 삶에 다른 변화가 찾아와도 마찬가지다. 배우자가 해외 출장을 간다거나 자녀를 입양하기로 결정하는 등 장기적이고 지속적인 변화가 생길 수도 있고, 죽음, 이혼, 실직, 이사, 사업 시작 등으로 일시적으로 변화가 찾아올 수도 있다.

그중에는 우리가 절대로 바라지 않는 변화들도 있다. 하지만 그런 상황에서 가족들이 겪게 될 실질적·감정적 위기에 대해 대화를 나누다 보면 온 가족이 서로에게 더욱 의지할 기회로 삼을 수 있다. 변화는 아주 힘들 수도 있지만 가족과 아이들을 성장하게 해줄 수도 있다.

징징거리게 하라

대부분의 아이가 어릴 때는 기꺼이 부모를 돕는다. 하지만 그 단계를 지나고 나면 집안일이라는 말조차도 듣기 싫어하는 단계가 찾아온다(슬프게도 실제로 아이가 도움이 되는 것은 바로 그즈음이다). 아이는 집안일 중에 좋아하는 일이 있어도 정작 당신이 필요로 할 때는 하지 않으려고 한다. 형제가 있는 아이라면 온 마음과 영혼을 다해 자기가 훨씬 더 많은 일을 한다고 항변할 것이다.

괜찮다. 눈에 거슬린다고 해서 매번 말할 필요는 없다. 물론 얼마나 짜증이 날지는 나도 잘 안다.

'이게 말이 돼? 하루 종일 직장에서 고생하고 돌아와 저녁밥도 간신히 차렸는데, 빨랫감은 산더미처럼 쌓여 있고, 그것 말고도 자기 전에 할 일이 수두룩한데, 지금 개밥 한 번 주는 걸 가지고 저렇게 짜증을 내는 거야?'

집안일을 하기 싫다며 징징거리는 아이를 보면 우리는 가장 아픈 곳을 찔린 기분이 든다. 내가 아이를 잘못 키운 게 아니고서야 어떻게 개밥 한 번 주는 걸 가지고 이 난리를 피운단 말인가?

집안일을 시킨다고 불평하는 아이를 보면 지금 내가 아이를 잘 키우고 있는 건지 의구심이 든다. 아이의 반응에 지나치게 속상해져 훈육이라는 명목 아래 집안일을 시키기가 너무 싫어진다. 아이가 불행해 하는 것도 싫고, 심지어 내가 도와달라고 한 것 때문에 불행해 하는 건 더욱 싫다. 반항하는 아이를 끌어다가 억지로 일을 시키면서 온갖 감정에 시달려야 하는 과정 자체가 너무 싫다.

하지만 싫다는 이유로 그 모든 과정을 건너뛰는(결국은 스스로 아무것도 할 수 없는 버릇없는 아이, 자기중심적인 아이로 키우는) 건 모순적인 행동이다. 훨씬 더 간단한 선택지가 있다. 바로 무반응이다.

아이들이 불평하면 어떤가. 하기 싫어하면 또 어떤가. 집안일은 당신도 하기 싫어하지 않는가. 게다가 불평은 상황을 악화시킬 뿐이라는 것을 배우지 않았는가. 아이들도 결국은 불평해봐야 소용없다는 걸 배우게 될 것이다. 그때까지는 불평을 하든 말든 내버려두어라. 바로 당신 자신의 행복을 위해서 말이다. 그밖에 몇 가지 간단한 조언을 더 하고 싶다.

기준을 낮춰라. 설거지는 예외일지 몰라도, 식기세척기에 그릇 넣기야 아무렇게나 해도 별 상관없다.

집안일을 단순화하라. 매사추세츠 주 업턴에 사는 엄마 다나 라퀴다라Dana Laquidara의 자녀는 이제 모두 성인이 되었다. 그녀는 이렇게 말했다.

"저는 세 아이에게 아주 어릴 때부터 자기 빨래를 스스로 하게 했어요. 각자의 빨래 바구니가 가득 차면 세탁기에 찬물을 넣고 빠는 법을 가르쳤죠. 굳이 빨래를 종류별로 분류하지도 않았어요."

유용한 말을 준비해두어라. "입 다물고 그냥 시키는 대로 해!"라고 소리치고 싶을 때 대신 할 수 있는 말을 몇 가지 생각해두면 도움이 된다. 어떤 것들이 있을까? 허진스는 이렇게 말했다.

"우리 집에서는 집안일을 '빠.완.기'라고 표현해요. 빠르게, 완벽하게, 기쁘게 한다는 뜻이죠."

캘리포니아 주에서 세 아이를 키우고 있는 주디 푸스코 클레직Judi Fusco Kledzik은 이렇게 말했다.

"저는 아이들이 징징거리면 일단 그 이유를 물어본 뒤 이렇게 말해요. '지금이 정말 그 정도로 괴로운 상황인 것 같니? 그렇게까지 힘들어할 필요는 없지 않을까?' 그러고는 다시 제 할 일을 하죠."

같은 캘리포니아 주에 사는 레베카 워즈워스 블라이스Rebecca Wadsworth Blythe는 "저는 위로의 말을 먼저 하려고 노력해요. 아이들이 집안일을 싫어하는 것도 이해가 되거든요. 저도 빨래를 정말 싫어해요. 혼자서 온 가족 빨래를 세탁기에 넣어 돌리고, 널고, 개어 정리해야 한다고 생각해보세요. 얼마나 싫겠어요"라고 말했다. 당신도 한번 상상해보라.

기억하는 법을 알려줘라. 클레직은 세 딸에게 자신이 쓰는 유용한 방법을 가르쳐주곤 한다. 포스트잇이나 스마트폰의 메모장에 적어두기, 꼭 챙겨야 하는 물건은 전날 밤에 침실 앞에 놓아두기 등이 바로 그것이다.

다른 사람이 가르치게 하라. 오리곤 주에 사는 조이 임보든 오버스트리트Joy Imboden Overstreet는 이렇게 말했다.

"젊어서 남편을 잃고 홀로 사업체를 운영하면서 동시에 두 아이를 키우다 보니, 저 혼자 아이들에게 집안일을 시키기가 너무 버겁더군요. 저는 참을성도, 인내심도 부족하고, 집안일에 별 관심이 없었어요. 그래서 하교 후에 아이들을 돌봐줄 보모를 고용하기로 했어요. 그분이 아이들에게 세탁하는 법, 설거지하는 법, 청소기 돌리는 법을 가르쳐주었고, 아이들이 잘못을 하면 엄하게 벌을 주기도 했어요. 그 덕분에 저는 제정신을 유지할 수 있었고, 아이들과 함께 하는 시간을 즐길 수 있었죠."

이제 할머니가 된 그녀는 이렇게 말을 이어나갔다. "딸아이가 바쁘니 이제는 제가 손주들을 감독한답니다."

기나긴 여정을 앞두고(우리 집에서 일어난 일)

우리 집에서도 집안일을 시키기는 여전히 힘들다. 하지만 이제 나는 그 고단함을 기쁘게 받아들인다. 이 장을 쓰기 위해 많은 부모를 인터뷰하면서 나는 어떤 아이에게나 집안일은 어려운 일임을 확신하게 되었다. 매번 잔소리하지 않아도 스스로 설거지를 하고 빨래를 하는 아이는 매우 드물다. 아무 불평 없이 맡은 일을 해내는 아이는 더 드물다. 그런 경지에 도달하기 위해서는 생각보다 훨씬 긴 시간이 필요하다. 당신 집에 놀러온 다른 집 아이들은 모두 식탁 정리를 도왔다고? 걱정하지 마라. 내가 그 집 부모들과 대화를 나눠본 결과, 그 아이들도 자기 집에서는 절대로 그러지 않는다.

집안일 하루 일과를 확립하기 위해서는 거의 불가능하다 싶을 정도의 일관성이 필요하다. 우리 집에서 그 정도의 일관성을 달성한 단 한 가지 영역은 동물들을 키우는 헛간이었다. 매일 아침 등교 전에 우리는 헛간에 가서 동물들에게 사료를 주고 배설물을 치운다(구체적으로 하는 일은 계절과 날씨에 따라 조금씩 다르다). 이 일을 가능케 하는 세 가지 이유가 있다. 첫째, 주중에는 일이 매일 같은 시간에 이루어진다. 둘째, 나도 함께 일한다. 셋째, 누구라도 해야만 하는 일이다. 이것이 바로 규칙적인 일과의 핵심이며, 규칙성을 지키기 어려운 여름 등의 시기에는 일과도 함께 흔들린다(그만큼 아이들의 불평도 늘어난다).

하지만 헛간 일과 달리 집 안에서 하는 일에는 다양한 변수가 있었다. 그래서 우리는 규칙적인 일과가 아닌 다른 무언가에서 일관성을 찾아야 했다. 나는 아이들과 나 자신, 그리고 남편에 대한 기대를 바꾸기로 결심했다. 우선 남편과 나는 집안일은 중요하며 제대로 완수되어야 한다는 사항에 동의했다. 숙제가 있든, 스포츠 경기가 있든, 우리 부부가 그냥 해버리는 것이 더 쉬운 경우든 마찬가지다.

다음으로 우리는 집안일에 대한 접근법을 바꾸었다. 아이들은 모두 한 해에 하나씩 주된 집안일을 맡는다(도시락 준비, 동물 먹이 주기, 세척한 그릇 정리하기, 저녁마다 쓰레기 내다 버리기 등). 그 밖의 집안일들, 예를 들어 저녁 식사 이전과 이후에 해야 할 일들은 기존에 일주일 단위로 돌아가던 것을 한 달 단위로 돌아가는 체제로 바꾸었고, 저녁 식사 후 정리 일과를 어떻게 공정하게 분배할 것인지에 대해서는 다 함께 모여 앉아 합의를 보았다. 아직은 초기 단계이지만 변화의 효과는 분명히 있다. 일단, "네가 식탁을 치울 차례잖아"보다는 "이건 네가 맡은 9월의 임무야"가 왠지 훨씬 진지하게 들리지 않는가. 물론 지금도 우리 아이들은 불평을 하고, 할 일을 깜빡하고, 늘 본인만 일을 많이한다며 억울해하곤 한다.

하지만 우리는 그 모든 것을 인정하기로 마음먹으면서 더 행복해졌다. 이건 시간이 드는 일이고, 그만큼 중요하며, 우리가 어떤 말과 행동을 하더라도 아이들은 불평을 멈추지 않을 것이다. 우리는 여전히 아이들에게 잔소리를 한다. 하지만 그때마다 실패한 부모가 된 듯한 기분을 느끼지 않는다. 그러다 보니 소리를 지를 필요도 없어졌다. 우리가 아이들에게 일하는 법을 가르쳐주고, 일이 엉망으로 되어 있으면 다시 하라고 말하는 것은 당연한 일이다. 아이들이 할 일을 해내도록 가르치는 것이 바로 부모의 역할이다.

따라서 우리 집에서 일관적인 것은 집안일의 종류도, 집안일을 하는 시간도 아니다. 아이들이 잘했을 때 얻는 보상도 아니다. 우리가 일관적으로 유지하는 것은 바로 우리의 기대다. 우리 부부는 아이들이 우리가 부탁할 때는 물론이고 매일 집안일을 할 거라고 기대하고, 또한 그 일을 제대로 해낼 거라고 기대한다. 아이들의 기억력이나 태도가 아니라 바로 그 기대에 초점을 맞추었더니 우리는 상황이 그다지 좋지 않을 때도 나름대로의 만족감을 느낄 수 있게 되었다.

3장

형제: 함께하면 재미있을 수도, 끔찍할 수도 있는 존재

"나가!"

"이게 언니 혼자 쓰는 방이야? 내가 왜 나가!"

"네가 시끄럽게 해서 숙제하려고 들어온 거잖아! 그런데 왜 따라 들어와!"

"나도 숙제할 거야! 이거 외워야 한다고! '뮤즈여, 제게 노래해주소서. 기나긴 세월 지나 또다시 방랑길에 들어선 비틀리고 굽이진 영웅……."

"아, 시끄러워!"

"그 높고도 신성한 트로이를 침략했으며……."

"아, 시끄럽다고!"

"어쩌라고! 나도 이거 외워야 해!"

"엄마!"

늘 함께 놀고 언제나 서로의 편이 되어주는, 서로 사랑하고 돌봐주는 형제가 있다면 얼마나 좋을까? 하지만 나 같은 다둥이 부모들은 아이들 사이에서, 끝없이 변하는 경쟁과 충성 구도 속에서 스스로 마피아의 두목이라도 된 듯한 기분을 자주 느낀다. 자녀가 둘이라면 일대일 버전의 질투와 경쟁, 사랑, 증오의 드라마를 매일 시청하게 될 것이다. 물론 외동아이를 키우는 부모들은 주변 사람들의 오지랖 때문에 괴롭다.

"하나 더 낳아. 그러다가 이기적이고, 버릇없고, 자기밖에 모르는 아이로 크면 어쩌려고 그래? 외동은 외로워."

연구 결과, 그렇지도 않다. 한 부모는 자주 찾던 소아과 의사에게서 똑같은 말을 지겹도록 듣다가 결국 병원을 바꿨다고 한다. 누가 봐도 그건 의사 본인의 경험담이었다.

자녀가 한 명뿐이라면 이 장은 대충 읽고 넘어가도 좋다. 물론 타인의 고통을 보며 쾌감을 느끼고 싶다면, 또는 아이의 친구 관계에 대해 조금이라도 힌트를 얻고 싶다면 읽어보는 것도 나쁘지 않다. 형제간의 다툼 이야기가 당신의 행복을 빼앗을 일은 없을 테니 말이다. 혹시 외동에 대한 사회적 반응이 짜증난다면 로렌 샌들러Lauren Sandler의 《똑똑한 부모는 하나만 낳는다》를 읽어보라.

만약 당신이 자녀가 여럿이라면 계속해서 읽기 바란다. 누군가가 내게 "양육하면서 제일 싫었던 세 가지가 뭐죠?"라고 물어본다면 나는 무조건 '형제간 다툼'이라고 대답할 것이다(나머지 두 가지는 아침 시간과 숙제 시키기다). 사실 이 책을 쓰기 시작했을 무렵, 형제간 다툼은 다른 두 가지를 밀어내고 최상위 자리에 올라서고 있었다. 당시 열두 살, 열세 살이던 두 딸의 관계가 그야말로 최악이었기 때문이다.

이 장의 서두에 소개한 대화는 하루에도 몇 번씩 다양한 형태로 되풀이되었다.

"그거 내 충전기야!"

"노래 좀 그만 불러!"

"거기 내 자리거든!"

어느 순간 두 아이의 싸움은 가족 간의 모든 대화를 잠식하게 되었고, 나는 다른 부모들을 만날 때마다 두 아이의 싸움에 대해 말했으며, 밤에도 고민하느라 잠을 뒤척였다. 심지어 아이들이 속한 하키팀에서 우리 아이들의 싸움을 두고 수군거리는 지경에 이르렀다. 어느 날 나는 남편에게 이렇게 말했다.

"저 아이들이 우리 가족을 망치고 있어."

물론, 좋은 소식도 있다. 연구하고 이 장을 쓰는 동안 나는 끝없이 격화되는 아이들의 다툼에 어떻게 대응해야 하는지 어느 정도 알게 되었다. 그리고 상황이 나아졌다.

무엇이 문제인가

어떤 변화가 일어났는지 궁금할 것이다. 하지만 우선 앞 장에서와 마찬가지로 '무엇이 문제인지'부터 살펴보자. 그리고 이 장에서는 특별히 '무엇이 괜찮은지'도 생각해보려 한다. 행복한 다둥이 부모가 되기 위해 중요한 것은 그저 '싸움에 대한 해결책'만은 아니기 때문이다. 우리는 다른 모든 순간을 감사할 수 있어야 한다. 그렇다. 형제자매들은 서로 싸운다. 부모를 대상으로 한 여러 설문조사 결과와 연구 보고서를 살펴보면 일곱 살 이하 어린 형제들은 한 시간 동안 3~7차례 싸운다.[1] 시간으로 따지면 한 시간에 10분 정도를 싸우면서 보내는 것이다.

10분이라니! 당신은 어떨지 모르겠지만 솔직히 나는 그 이상이라 고 생각한다. 물론 이렇게 아이들의 다툼을 과도하게 강조하는 나의 성향이 문제의 한 가지 원인이었는지도 모르겠다. 하지만 원래 잘하는 것보다 못하는 것이 더 눈에 띄게 마련이다. 사실 형제자매가 다투는 건 어찌 보면 당연한 일이다. 나이와 상관없이 모든 아이에게는 부모의 관심을 얻기 위해 경쟁하고 싶은 충동이 있기 때문이다. 어릴수록 그 충동은 더 강하다. 10대들의 경우, 형제간 다툼을 통해 가족으로부터, 또는 형제들로부터 스스로를 차별화하고 자기만의 영역을 설정한다. 따라서 어쩌면 최소한의 다툼은 불가피하며, 치열한 말싸움과 몸싸움 역시 정상적이고, 심지어 기대되는 과정이다.

하지만 문제는 우리가 상황을 오히려 악화시킨다는 점이다(여기에 우리 사회도 힘을 보탠다). 의도야 어떻든 좋은 때보다 나쁜 때에 집중하는 것은 부모들이 저지르는 수많은 실수 중 하나다. 우리는 아이들의 싸움에 끼어들고, 어느 한쪽 편을 들고, 모든 것이 공평해야 한다는 아이들의 요구에 말려든다. 우리는 아이들이 서로 사랑하고 베풀기를 과도하게 기대만 할 뿐, 서로의 다름을 인정하고 안전하게 놀아야 한다는 가르침은 잘 주지 않는다. 싸움과 다툼 자체에만 모든 관심을 쏟고, 사이가 좋은 건 그저 우연으로 치부한다. 다시 말해 우리는 아이들에게 '매일 싸우는 아이들'이라는 꼬리표를 붙인다.

세상은 이런 상황을 부채질한다. 온갖 대중매체가 다른 가족들보다 형제자매간의 다툼을 더욱 강조한다. 한 연구원은 아이들이 매체를 통해 형제자매가 화해하는 모습을 지속적으로 보다 보면 자연스럽게 자신의 문제도 해결할 수 있을 것이라고 생각했다. 그래서 아이들에게 그런 내용을 담은 다양한 책과 만화 영화를 보여주었다. 하지만 아이들이 배운 건 그게 아니었다. 포 브론슨Po Bronson과 애슐리 메리먼Ashley Merryman의 저서 《양육쇼크》에 기술된 바와 같이 '6주 후 실험에 참여한 형제자매들의 관계는 질적으로 엄청나게 악화되었다.' 왜 그랬을까? 아이들은 매체를 통해 지금까지는 생각조차 하지 못한, '동생 괴롭히는 새로운 방법'을 배웠기 때문이다.

또한 아이들은 형제자매는 원래 서로 괴롭히고 싸우게 마련이라는 사실을 배웠다. 이후 메리먼은 형제 관계를 묘사한 261권의 책을 조사했고, 그 책들이 공통적으로 형제간의 긍정적인 행동만큼이나 부정적인 행동을 시각적으로 보여주고 있다는 사실을 확인했다.[2] 의도하지는 않았겠지만 다툼에 대한 묘사는 '모두가 행복하게 살았답니다'라는 결말만큼이나, 아니 어쩌면 그보다 더 효과적으로 아이들에게 전달된 것 같다.

아이들의 관계를 부정적으로 묘사하는 것뿐만 아니라, 사회가 부모를 동원해 아이들의 삶을 구성하는 방식 역시 형제들을 서로 떼어놓는다. 과거 외부 활동은 적고 작은 집에서 다 같이 생활하던 시절에는 형제들끼리 보내는 자유 시간도 지금보다 훨씬 많았을 테고, 이웃집 친구나 다른 가족들까지 다 함께 모여서 보내는 시간도 많을 것이다. 하지만 오늘날에는 많은 아이가 나이에 따라 서로 다른 활동을 하며 시간을 보낸다. 또한 미국 전체 아동의 3분의 2 정도가 형제자매와 침실을 공유하지만[3] 교외의 중상류층 아이들은 점점 더 혼자만의 침실을 갖는 추세다. 그로 인해 함께 보내는 시간 자체가 줄어들면 아이들 사이에는 갈등을 해결할 필요성은 줄어드는 반면, 다툼이 가능한 시간은 농축된다.

좋은 소식도 있다. 아이들은 끊임없는 타협이 이루어지는 형제 관계로부터 다툼을 해결하고, 협상하고, 화술을 연마하고, 감정을 조절하고, 타인의 감정을 알아내는 법을 배운다. 또한 이전 세대에 비해 적을지는 몰라도 아이들이 형제들과 보내는 시간은 여전히 꽤 길다. 열두 살 때 아이들은 형제자매와 전체 시간의 33퍼센트 정도를 [4] 함께 보낸다(친구, 선생님, 부모와 함께 보내는 시간보다, 심지어 혼자 보내는 시간보다 많다). 심지어 청소년들도 일주일에 열 시간 정도는 형제자매와 함께 시간을 보낸다고 한다.

형제 관계는 향후 아이들의 삶을 결정짓는 매우 중요한 요소다. 아이들이 서로를 대하는 방식은 결국 가정에서, 그리고 세상에서 아이의 정체성을 일부 형성할 것이다. 우리는 부모로서 그러한 사실을 알고 있기 때문에 아이들이 서로 다정하게 지내기를 바라고, 그렇지 않다고 느껴지면 좌절한다. 하물며 매일 밤 다른 가족들까지 전부 끌어들여 싸움을 벌이고, 가족 모두를 감정적으로 완전히 소진되게 만드는 아이들이 있다면 어떻겠는가? 우리는 부모로서 감당하기 힘든 형제간 다툼을 줄이고, 설령 사소한 일로 다투더라도 평정심을 유지하고, (심지어는) 아이들끼리의 유대감을 강화해 가족 모두의 행복을 도모할 수 있을까?

싸움의 관리, 그리고 상황의 개선

형제간 싸움이 실제로 필연적인 것은 아닐지도 모른다. 하지만 이미 그 상황을 겪고 있다면 당신과 당신의 가족은 거의 필연적으로 덜 행복해진다. 가족 구성원 중 둘 이상이 목숨이라도 건 듯이 싸우는 와중에 가족들 사이의 유대감을 높이고 기쁨을 느끼기란 상상하기도 어렵다. 그러니 바로 그 지점에서부터 이야기를 시작해보자. 격렬한 싸움이 끊임없이 이어지고 휴전은 잠시 뿐인 상황에서 당신은 무엇을 할 수 있을까?

설령 싸움이 시작되어도 당신 스스로 행복을 유지하기 위한 가장 좋은 방법은 자신감 있게 자신만의 전략을 세우는 것이다. 어떻게 할지 정하고 그대로 하라. 한 연구 결과에 따르면, '형제간 다툼 관리하는 법'에 대해 약간의 교육을 받은 부모들은 실제 다툼이 일어나더라도 감정적으로 잘 대처한다고 한다.[5] 연구자들은 6~11세 사이의 자녀를 둔 부모들에게 형제자매간에 싸움이 벌어지면 끼어들어서 각자의 입장을 말로 표현해준 다음, 해결책 도출을 유도하라고 교육했다. 이런 전략이 실제로 당신에게는 별 효과가 없을 수도 있지만 모든 일에 즉흥적으로 반응하지 않고 능동적 선택을 할 때 부모는 감정적 개입을 줄일 수 있다. 이제 시작 단계에서 적용할 수 있는 몇 가지 아이디어를 살펴보자.

간섭할 것인가, 무시할 것인가

아이들이 싸울 때 우리는 어떻게 대처해야 할까? 당연히 이런 질문부터 던져야 한다.

'간섭할 것인가, 무시할 것인가?'

이는 철학에 관한 물음(당신의 원칙은 무엇인가?)이기도 하고, 상황에 따른 선택의 문제(지금은 어떻게 할 것인가?)이기도 하다.

양육의 기본 원칙이라는 관점에서 볼 때 그에 대한 답은 이분법적으로 나뉜다. 바로 '좋은 부모는 자녀에게 감정을 조절하고 화해하는 법을 가르친다'는 '간섭파'와 '좋은 부모는 형제간 다툼이 부모의 관심을 얻기 위한 행동에 불과하다는 사실을 알기 때문에 아이들 스스로 해결할 기회를 준다'는 '무시파'다. 원칙적으로 당신은 자신이 어떤 '좋은 부모'인지만 고르면 된다. 아이들에게 각자의 입장을 대변하게 한 뒤 싸움에 개입하든지, 아니면 "너희 일은 너희가 알아서 해!"라고 소리치든지.

이보다 더 간단할 수가 있을까? 하지만 '간섭이냐, 무시냐'는 하나의 논쟁이라기보다는 연속적인 질문이며, 이 질문에 답하기 위해서는 아이들에게 정말로 필요한 게 무엇인지를 알아야 한다. 대략적으로 보자면 아이가 어릴수록 더 많은 도움이 필요하다. 4~6세 아이들은 부모가 개입하지 않으면 보통 더 적대적으로 행동한다.[6] 반대로 조금만 나이가 많아져도(6~10세) 스스로 상황을 능숙하게 해결한다. 하지만 이런 식의 일반화가 꼭 들어맞지는 않는다. 당신의 자녀들은 주로 왜 싸우는가? 당신은 아이들에게 지금껏 한 번이라도 화해의 기술을 가르쳐준 적이 있는가? 교착 상태(또는 함정)라는 걸 눈치채고 그 상황에서 벗어나는 기술은 어떤가? 지금 아이들에게 그럴 만한 능력이 없다고 생각된다면 무작정 내맡기기보다는 당장은 시간을 들여 개입해야 한다.

먼저 아이가 어릴 때의 대처법을 살펴보자. 《아이의 감정이 우선입니다》의 저자 조애나 페이버Joanna Faber에 따르면, 어린아이들 사이의 다툼을 별것 아닌 것으로 치부해서는 안 된다고 한다. 그녀는 이렇게 제안한다.

"아이들에게 '겨우 블록 가지고 왜 싸워!'라고 말하지 마세요. 그 순간 아이들에게 블록은 세상 무엇보다도 중요하니까요. '정말 어려운 문제구나'라며 그저 공감해주세요. 그리고 각자의 주장을 정리해서 말로 표현해주세요. '클레오는 블록으로 건물을 짓고 싶은데, 콜린은 탑을 쌓으려면 블록이 전부 다 필요한 거구나'라고 말이에요. 마지막으로 다 같이 해결책을 고민하세요. 얼마 후 아이들도 똑같이 행동하기 시작할 겁니다."

《아이의 감정이 우선입니다》의 공저자인 줄리 킹Julie King도 이에 동의한다.

"아이들의 문제에 일종의 해설을 붙임으로써 당신은 두 가지를 하는 셈입니다. 우선, 아이들에게 당신이 그들의 말을 듣고 있으며 이해한다는 것을 보여줍니다. 둘째로는, 주어진 패를 모두 공개하는 과정을 통해 아이들은 상대방의 입장을 들어볼 기회를 갖습니다. 입장 바꿔 생각하기는 우리가 아이들에게 가르쳐야 할 아주 중요한 기술입니다."

아이가 어느 정도 컸다면 어떨까? 아마 상대방의 관점을 더 잘 이해할 수 있겠지만 여전히 우리의 조언(또는 자극)은 필요하다. 만약 아이들이 싸우기만 하고 문제 해결로 넘어가지 못하고 있다면 우선 상황이 어떤지부터 살피고, 아이들이 그 상황에 대한 대처법을 얼마나 알고 있는지(또한 어떻게 해야 당신이 이성의 끈을 놓지 않을 수 있을지) 생각해봐야 한다. 어쩌면 둘 다 상대의 입장을 이해하면서도 그냥 무시하기로 작정했을 수도 있고, 싸움이 너무 과열된 나머지 평소와는 달리 감정적으로 대응하고 있을 수도 있다.

물론 이 문제도 결국에는 아이들 스스로 해결할 수 있어야 하지만 지금은 때가 아닐 수도 있다. 개입이 꼭 필요하다면 해야 할 일은 어린아이들의 경우와 똑같다. 아이들에게 당신이 귀 기울여 듣고 있으며 다 이해한다는 걸 보여주고, 아이들도 서로를 그렇게 대할 수 있도록 도와야 한다. 조금 진정할 때까지 기다렸다가 대화를 나누거나, 유머 감각을 동원하는 것도 좋다(유치원 선생님처럼 노래하듯이 말하는 것도 생각보다 괜찮다).

물론 아이들끼리 화해하지 못할 걸 알면서도 그냥 내버려두고 싶을 때도 있을 것이다. 쿵쿵거리며 쫓아가 싸움의 원인이 되는 것을 무작정 없애버릴 수도 있다. 매 순간 반드시 옳은 결정을 내릴 필요는 없다. 가끔은 끼어들고 나서 '그냥 내버려둘 걸' 하고 후회하고, 또 가끔은 그 반대 상황으로 후회할 것이다. 하지만 기회는 많다. 그리고 그 기회는 당신이 바라는 것보다 훨씬 더 빨리 찾아올 것이다.

다툼에 대하여

보통 형제자매간의 싸움은 몇가지 유형으로 나뉜다. 질투, 불공평, 소유권, 사적인 공간, 고약한 장난. 그리고 이 유형들은 그 심각성에 따라 사소하고 일상적인 말다툼에서부터 응급실에 가야 하는 심각한 싸움, 마음에 큰 상처를 주는 말들까지 다양한 스펙트럼을 갖는다. 일상적인 말다툼은 그래도 참을 만하다. 하지만 극단적인 상황으로 갈수록 모두가 불행해진다. 아이들이 이 중 몇 가지 유형만 스스로 해결할 수 있게 되어도 싸움은 일상적인 말다툼 수준에 머물 가능성이 커진다. 당신이 개입하든 아니든 상관없이 말이다. 물론 아이들이 클수록 우리의 목표는 '개입하지 않기'가 된다.

델라웨어 주에서 10대인 두 딸을 키우는 로리 지머맨Lori Zimmerman은 이렇게 말했다.

"제가 심판을 하면 스트레스만 받지 도움이 안 돼요."

엄마가 실제로 어떤 말을 하고 어떤 행동을 하는지는 중요하지 않다. 중요한 건 아이들이 어떻게 듣느냐다.

"아이들은 제가 무슨 말을 하든 늘 상대 편만 든다고 불평해요."

심판 역할에서 벗어날 수만 있다면 당신은 더 행복해질 것이다. 하지만 그러려면 우선은 가족 모두가 따라야 할 원칙부터 세워야 한다. 문제 지점에 대한 철학을 확립하라. 다시 말해 우리 집에서 감정, 소유권, 사적인 공간 등이 어떻게 다루어질 것인지를 결정하라. 또한 아이들이 그 철학을 잘 적용할 수 있도록 도와주어라. 처음에는 계속 간섭하고, 들어주고, 감정을 말로 표현해주는 어려운 과정이 필요하다. 아이들이 상황의 심각성을 깨닫게 하고(형제자매는 어떤 고민도 털어놓을 수 있는 세상에서 가장 안전한 존재여야 한다), 조금씩이라도 서로 공감할 수 있도록 도와주어라. 그리고 마지막에 아이들끼리 문제를 해결하도록 물러서서 지켜보아라(사실 내가 가장 약한 부분이 이 마지막 단계다. 뒤에서 자세히 다루겠다). 이건 아주 좋은 전략이다. 이제부터는 각 다툼 유형마다 이 전략을 어떻게 적용해야 할지 살펴보겠다.

질투

"엄마! 언니 것이 더 커!"

형제간 경쟁의 상당 부분은 이 한마디로 압축된다. 언니가 케이크를, 자동차 뒷좌석을, 장난감 주방에서 요리한 장난감 고깃덩어리를, 그리고 무엇보다도 엄마를 더 많이 차지했다는 것이다.

이런 문제는 아주 어린 시절부터 시작된다. 자, 당신은 아기를 안고 있다. 하루 종일 안고 있다. 지금 당신의 삶에는 아기, 아기, 또 아기뿐이다. 그런데 그때 큰아이가 등장한다. 그렇게나 여동생을 갖고 싶어 하던 아이다. 아이는 몰래 아기를 꼬집고, 아기를 재우려고 하면 문을 쾅쾅 두드리고, 틈만 나면 '삑' 소리가 나는 아기의 기린 인형을 빼앗는다.

그렇다면 아이들의 질투는 어떻게 다루어야 할까? 내가 가장 선호하는 전략을 소개하겠다. 아델 페이버Adele Faber와 일레인 마즐리시Elaine Mazlish가 함께 쓴 《싸우지 않고 배려하는 형제자매 사이》에서 거의 그대로 가져온 것이다. 일명 '너도 해줄까?' 전략이다.

- 아기의 기린 인형을 가져갔구나. 너도 아기 때 갖고 놀던 인형 찾아줄까?
- 엄마가 아기 낮잠을 재우려고 하는데 혼자 조용히 기다리기가 어려운가 보구나. 아기가 잠들면 너도 더 많이 안아주고 사랑해줄까?

• 동생 스파게티가 더 많아 보이는구나. 아직 많이 남았어. 너도 더 줄까?

물론 이게 만병통치약은 아니다. 우리에게는 수많은 '하지만'이 기다리고 있기 때문이다. 어쨌든 아기는 재워야 한다. 하지만 이 아이가 갖고 싶어 하는 건 '아기 때 갖고 놀던 인형'이 아니라 '아기의 인형'이다. 하지만 스파게티가 더 이상 없다. 설령 있다 해도 먹지도 않을 스파게티를 더 주는 건 낭비다. 하지만 이 아이는 동생이 가진 거라면 뭐든지 갖고 싶어 할 것이다. 다 맞는 말이다. 그러나 이것을 하나의 전략으로 보지 말고 철학이라고 생각해보라.

'우리 가정에는 모든 것이 충분하다. 스파게티든 사랑이든 너는 늘 필요한 만큼 받게 될 것이다.'

그렇다고 해서 모두가 바라는 것을 항상 얻게 된다는 뜻은 아니다. 때로는 이렇게 말할 수도 있다.

"동생만 새 신발을 사줘서 화가 났구나. 너도 새 신발이 필요할 때 꼭 사줄게."

"너도 조이의 생일 파티에 가고 싶구나. 네 친구 중에도 오늘 생일인 아이가 있다면 얼마나 좋았을까?"

질투의 대상이 아니라 질투하는 아이의 입장에서 문제에 접근해야 한다. 아이에게 '너도 해줄까?'라고 물어라. 아이의 바람을 들어주기 위해 할 수 있는 일이 있는가? 또한 아이에게 지속적으로 이렇게 말해주어라.

"우리, 너에 대해서 생각해보자. 오늘 기분은 어떤지, 네가 갖고 싶은 것, 네가 바라는 것은 무엇인지 말이야. 다른 사람이 뭘 가졌는지는 하나도 중요하지 않아."

바람직한 방향으로 생각의 초점을 옮겨주는 것이다. 아이에게는 다른 사람이 가진 것을 탐내는 시기가 반드시 찾아온다. 하지만 그렇다고 해서 형제자매의 삶을 자기 마음대로 좌지우지할 수는 없다(그건 다른 누구에 대해서도 마찬가지다). 아이가 마음대로 할 수 있는 건 그런 자신의 감정에 어떻게 대응하느냐다.

불공평

'공평이 꼭 평등을 의미하지 않는다'라는 문구를 머리에 새겨둔다면 당신은 더 행복한 부모가 될 것이다. 하키를 배우는 10대 아이는 여섯 살 동생보다 스파게티를 더 많이 받는다. 아무리 동생이 똑같이 하키를 배운다 해도 말이다. 매년 겨울마다 모든 아이에게 새 코트를 사줄 필요는 없다. 어제 한 아이를 친구 집에 데려다줬다는 이유만으로 오늘 다른 아이를 놀이터에 데려다줄 의무는 없다. 심지어 아이들을 평등하게 대하려고 노력할 필요도 없다. 책임과 특권이 관련된 문제에서는 특히 더 그렇다. 《성공하는 아이로 키우기Raising Kids to Thrive》의 저자 케네스 긴스버그Kenneth Ginsburg는 이렇게 말했다.

"아이가 가끔 당신을 불공평하다고 생각하지 않는다면 당신은 부모 역할을 제대로 하지 못하고 있는 것입니다. 부모는 아이들의 능력에 따라 서로 다른 한계를 부여해야 합니다."

다시 한 번 말하지만 우리는 아이들에게서 무조건 비교하려고만 하는 성향을 최대한 없애줘야 한다. 중요한 것은 네가 먹을 음식, 너의 코트이며, 어제가 아닌 오늘이라는 것을 알려주어야 한다. 특정한

다툼이 계속해서 반복된다면 미리 계획을 세워놓는 것도 좋다. 예를 들어, 누가 엘리베이터 버튼을 누를 것인가, 누가 자동차 앞좌석에 탈 것인가를 두고 끊임없이 싸움이 벌어진다면 워싱턴 주 시애틀에 사는 세 아이의 엄마 샤론 반 앱스Sharon Van Epps의 말을 참고하자.

"아이들마다 자기의 날이 있어요. 그날에는 그 아이가 왕이 되죠. 쿠키가 딱 하나 남았을 때도 그 아이가 먹고, 어딜 가든 1등으로 가고, 엄마 옆자리도 그 아이 차지예요."

세 아이는 일주일에 이틀씩 '자기의 날'을 가지며, 마지막 하루는 '엄마의 날'이라고 한다. 이제 10대가 된 앱스의 아이들은 이 시스템을 아주 어릴 때부터 지금까지 잘 따르고 있다.

부모의 도움 없이 자기들끼리 해결할 수 있도록 유용한 팁을 줄 수도 있다. 쿠키나 케이크를 나누는 고전적인 전략 '넌 잘라, 내가 고를게', 집안일을 배분할 때는 '너 하나, 나 하나'. 어떤 방법을 쓰든 우리는 아이들이 문제를 해결하는 과정에서 공정성을 추구하기를 바란다. 그러므로 특히 자녀가 어릴수록 아이들이 타협안과 해결책을 찾을 수 있도록 가르쳐야 한다. 물론 모든 문제를 해결해주는 재판관이 되고 싶지는 않을 것이다. 그러나 아이들에게 모든 것을 맡겨버리면 당신은 편해질지 몰라도 상대적으로 어리고 약한 아이는 계속 손해를 보게 될 것이다.[7] 한 연구 결과에 따르면 아이들은 이때 당신도 그 결과에 암묵적으로 동의한다고 믿게 된다.[8] 그러므로 이럴 때는 당신이 개입해 가르쳐야 한다. 두 아이의 엄마이자, 임상심리학자이자, 《평화로운 부모, 행복한 형제Peaceful Parent, Happy Siblings》의 저자인 로라 마컴Laura Markham은 이렇게 말했다.

"부모의 개입 자체가 문제가 되지는 않습니다. 문제는 편들기죠."
그러니 아이가 어릴수록 시간을 들여 행복한 결말을 만들어내는 모습을 보여주어라. 그러면 아이들은 당신이 없을 때도 똑같이 따라 할 것이다. 당신의 아이는 무엇을 '공정하다'고 생각하는가? 아이가 입장을 바꿔서 생각하고 오빠에게도 '공정한' 결론은 무엇일지 판단할 수 있는가? 그럴 수도 있고, 아닐 수도 있다. 결국에는 당신이 나서서 싸움의 원인을 없애버리게 될지도 모른다.

"지금 합의하지 않으면 오늘은 텔레비전을 볼 수 없어."

"사이좋게 놀지 않으면 토머스 기차를 모두 치울 거야."

그래도 괜찮다. 아이들끼리의 관계는 아주 느리게 개선될 것이고, 오히려 퇴보하는 것처럼 보이는 순간도 많을 것이다. 하지만 당신 스스로 옳은 방향으로 나아가고 있다고 느낀다면 그 방향을 고수해야 한다.

우리의 목표는 분명하다. 아이들은 형제자매에게 자신이 무엇을 원하는지 말할 수 있어야 하고, 상대방의 입장을 고려해야 하며, 나름대로 '공정한' 해법을 찾을 수 있어야 한다. 그게 안 되면 아이들은 당신이 제시하는 해결책(중립적이지만 부정적인)에 따라야 한다. 그러면 싸움은 해결되지만 아무도 행복하지 않다. 당신만 빼고. 아이들이 행복하지 않을 때도 당신은 행복할 수 있으니까.

물론 당신은 아이들을 공정하게 대한다. 그렇지 않은가? 이쯤에서 누구 그릇에 과자가 더 많은지보다 훨씬 중요한 주제에 대해 생각해보자. 당신은 기본적으로 공정한가? 부모도, 아이도 결국은 사람이다. 부모와 유독 죽이 잘 맞는 아이가 있을 수 있고, 특별히 사이좋은 시기가 있는가 하면, 고집이 더 강해지는 시기도 있다. 딸이 하키에 온 신경이 쏠려 있는 시기가 있을 수도 있고, 고집스러워진 아이와 계속 부딪히는 시기가 있을 수도 있다. 어린아이를 잘 다루는 부모가 있는가 하면 10대들과 더 잘 지내는 부모도 있다. 마컴은 이렇게 말했다.

"모든 아이가 정확히 똑같은 때에 정확히 똑같은 것을 받고 있는지에 너무 신경 쓸 필요는 없습니다. 그보다는 우리가 아이들 각자의 욕구를 제대로 충족시켜주고 있는지가 중요합니다. 우리는 '불공평해요!'라는 말을 들으면 짜증부터 나죠. 그 말이 부모에 대한 비난이라고 느껴지기 때문입니다."

하지만 우리는 알고 있다. 우리가 기본적으로 아이들 모두를 공정하게 대하고 있다는 사실을 말이다. 그러니, 갓 태어난 아기 때문에 너무 바빠서, 또는 중학생 아이의 연극 수업에 온 신경이 가 있어서 아이들을 공정하게 대하지 못했다고 느껴지는 경우가 아니라면 너무 걱정할 필요는 없다.

만약 그런 느낌이 든다면 케이크 때문에 싸움이 벌어졌을 때만 이야기하지 말고, 따로 시간을 내 관계를 바로잡아야 한다. 잠시 아이와 대화를 나누어라. 어떤 부모들은 아이들과 '데이트하는 날'을 미리 정해둔다고 한다. 물론 나처럼 그때그때 관계를 점검하는 부모도 있다. 어쨌든 중요한 것은 당신이 아이들 모두와 각각 강한 유대감을 느껴야 한다는 것이다. 그게 바로 진정한 '공정성'을 유지하는 방법이다. 부모와 보낸 좋은 시간으로 마음이 가득 채워진 아이일수록 동생을 재우는 아빠, 엄마의 모습을 더욱 잘 지켜볼 수 있다

(물론 어떤 아이는 유난히 마음의 공간이 크다). 아이들의 서로 다른 욕구 사이에서 균형을 유지하기 위해 노력하는 것, 모든 아이가 충분한 사랑과 보살핌을 받고 있다고 느끼고 본인이 가족 안에서 중요한 존재라고 느끼게 하는 것이 아이의 '불공평해요'를 멈추게 할 수 있는 최선의 길이다.

소유권

"그거 내 거야!"

"쓰지도 않으면서!"

"어쨌든 내 거잖아! 내놔!"

"창고에 처박혀 있었거든? 몇 달 동안 건들지도 않았잖아!"

"뭔 소리야. 계속 찾고 있었는데. 내놔!"

"삐치지 마! 내가 쓰려고 하니까 갑자기 그러는 거잖아!"

"아빠!"

지금 당신은 유사 이래 가장 흔한 형제 논쟁 중 하나에 휘말렸다.

'그것'은 과연 무엇일까? 전혀 중요하지 않다. 루빅큐브일 수도 있고, 금박 동전일 수도 있고, 청소년 잡지의 부록일 수도 있다.

여기서 당신이 이성의 끈을 붙잡을 수 있는 유일한 방법(다시 말해 당신이 이 강력한 습격을 받고도 조금의 행복이나마 유지할 수 있는 유일한 길)은 근본적으로 이러한 종류의 분쟁에서 당신의 가족이 따르는 지침을 알고 있는 것이다. 그것이 아기가 쥐고 있던 장난감을 둘러싼 다툼이든 여동생 옷장에서 꺼낸 티셔츠에 대한 싸움이든 말이다. 사실 최악은 이거다. 국가대표 경기를 보러 갔던 삼촌이 좋은 마음으로 아이들에게 하나씩 사다주었던 똑같은 모자 네 개 중 지금 찾아낸 단 하나의 모자. 그게 누구 것이냐고? 당신은 모른다. 아이들도 모르긴 마찬가지이지만 모두가 "그거 내 거야!"라고 소리친다. 이런 소유권 분쟁을 해결하기 전에 당신은 우선 하나의 기본적인 질문에 답해야 한다.

'아이들은 꼭 나눠 써야만 하는가?'

헤더 슈메이커Heather Shumaker의 저서 《욕심 많은 아이로 키워라》를 읽어보지 않았다면 이 질문 자체가 황당하게 들릴 것이다. 하지만 오하이오 주 콜럼버스에서 유치원 교사로 일하던 헤더의 어머니는(헤더 본인도 어린 시절 그 유치원에 다녔다고 한다) 생각이 조금 달랐다. 그 유치원에서는 아이들에게 '상식을 뛰어넘는 육아법'을 자주 적용했다. 그중 하나가 꼭 나눠 쓸 필요는 없다는 것이다. 만약 아이가 어떤 장난감을 가지고 놀고 있다면, 언제 다른 아이에게 양보할 것인지 결정하는 건 오로지 그 아이의 몫이다. 슈메이커는 이렇게 말했다.

"어린아이들은 아직 나눠 쓸 준비가 되지 않았다. 차례를 지켜서 쓸 수는 있다."

여섯 살 미만의 아이들에게 언제든 다른 친구가 원하면 가지고 놀던 장난감을 내주어야 한다고 가르쳐서는 안 된다. 부모는 그 장난감을 충분히 경험할 아이의 권리를 보호해주고, 다른 아이의 기다리는 능력을 믿어야 한다. 그러므로 아이는 이렇게 말해도 된다.

"더 가지고 놀 거야."

어쩌면 '꼭 나눠 쓰지 않아도 된다'라는 철학이 당신의 가정에는 맞지 않는다고 판단할 수도 있고, 상황에 따라 그 철학을 살짝 변경해야 할 수도 있다. 내 딸이 유치원에 다니기 시작했을 때 유치원에는 '구름사다리에서 더 놀고 싶을 때 억지로 양보할 필요는 없다'라는 규칙이 있었다. 한 번에 한 명씩 누구든지 구름사다리에서 놀 수 있었고, 그 아이가 놀만큼 다 놀고 나서야 다음 차례가 돌아왔다. 물론 이런 규칙이 가능했던 것은 어떤 아이라도 구름사다리에 매달려서 놀다 보면 금세 지쳐 나가떨어질 것이라 생각했기 때문이다. 하지만 내 딸은 달랐다. 구름사다리에 매달려 끝도 없이 왔다 갔다 했다. 다른 아이들은 인내심을 가지고 기다렸지만 결국 바깥 놀이 시간이 끝날 때까지 한 번도 구름사다리에서 놀지 못했다. 내 딸의 팔힘과 구름사다리에 대한 흥미에는 한계가 없는 듯했고, 다른 아이들이 순서를 기다리고 있을 때는 더더욱 힘이 솟는 듯했다. 결국 유치원 선생님들은 '구름사다리에서 놀 때는 한 번만 건너가기'로 규칙을 바꾸었다.

그런 전략도 좋았다. 혹시 당신의 집에도 그런 아이가 있는가? 억지로 나눠 쓰지 않아도 된다고 말하면 특별히 인기가 많은 장난감을 몇 시간이나 가지고 놀고, 식사가 끝나자마자 그 장난감을 향해 뛰어가고, 밤에는 그 장난감 곁에서 잠이 들고, 자다가 벌떡 일어나 "내가 더 가지고 놀 거야!"라고 소리칠 만한 아이가 있는가? 우리 집에는 하나 있다. 그렇다면 장난감을 혼자 가지고 놀 수 있는 권리는 잠자기 전까지만 지속된다는 규칙을 더하거나, 특정 장난감을 가지고 노는 횟수나 시간을 제한하면 된다.

'충분히 가지고 놀게 하기'나 나눠 쓰지 않을 권리를 인정해주는 것은 보통 만 5세 이하의 아이들에게 적합하다. 아이가 초등학교에 다닐 정도로 크면 우리는 아이가 보다 공정하게 행동하기를 기대한다. 온 가족이 함께 쓰는 물건에 대해 생각해보자. 열네 살인 아이에게 집에 딱 한 대 있는 컴퓨터를 열두 시간 동안 마음껏 사용해도 된다고, 심지어 다른 가족 구성원들의 필요나 감정은 신경 쓸 필요 없다고 가르칠 수는 없다.

하지만 그게 아이 본인의 컴퓨터라면, 특히나 용돈을 모아 스스로 구입한 것이라면, 사용 시간 자체를 제한할 수는 있을지언정 동생에게도 빌려주라고 강요해서는 안 된다. 이건 다른 모든 개인 물건에 대해서도 마찬가지다. 나눠 쓰라는 말이 언뜻 합리적으로 들릴 수 있지만 그렇지 않다. 《싸우지 않고 배려하는 형제자매 사이》에서 언급했듯, 언니는 자기에게는 이미 작아진 옷일지라도 동생에게 물려줄 마음의 준비가 되지 않았을 수도 있다. 우리 모두는 특정한 물건에, 심지어는 '내 것'이라는 생각 자체에 애착을 갖곤 한다. 그건 지극히 정상적이다. 그럴 때는 아이 스스로 마음의 준비가 될 때까지 동생에게 물건을 양보할 필요가 없다.

그렇다면 창고에서 꺼낸, 누구의 것인지 모를 물건이나 다른 형제가 발굴해낼 때까지 몇 달 동안, 심지어 몇 년 동안 처박혀 있던 물건은 어떨까? 그 물건의 주인이 누군지 확실하다면, 나중에 당신 스스로 발등을 찍지 않을 수 있는 가장 좋은 규칙은 본래의 소유권을 인정해주는 것이다. 소유권이란 확실한 것이고, 아주 어린아이도 납득시킬 수 있다.

"오빠 말이 맞아. 오빠 물건이니까 오빠 마음대로 하는 거야. 아들아, 네가 이제 많이 커서 토머스 기차가 시시해졌다고 느껴지면 동생에게 양보해주렴. 무척 좋아할 거야. 하지만 아직 그럴 생각이 없다면 그 기차는 여전히 네 것이란다."

누구 것인지 알 수 없는 축구 모자는 어떨까? 만약 당신이 자녀를 여럿 키우고 있다면 공감할 것이다. 이런 상황은 생각보다 자주 찾아온다. 그래서 우리 집에서는 똑같은 물건이 여러 개 생기면 그 즉시 이름표를 붙인다. 하지만 그냥 지나치는 물건들도 있다. 그러다가 어느 날 아침 6시 55분, 집을 막 나서려 하는데 문제의 모자가 누군가의 머리 위에 살포시 얹혀져 있는 것을 발견하게 된다면 네 아이 중 세 아이가 싸우기 시작할 것이고, 얼마 지나지 않아 한 아이마저도 한계에 도달하게 될 것이다.

이럴 때는 어떻게 해야 할까? 나는 그동안의 경험을 바탕으로 모자를 쓴 아이가 자신의 옷장에서 모자를 꺼내 온 건지, 아니면 아무데서나 대충 집어 온 건지 대략 추측할 수 있다. 또한 나는 누가 집 안 어딘가에, 차 안 어딘가에, 아니면 우주 그 어딘가에 모자를 던져두었는지도 대충은 알고 있다. 그러므로 다른 모자를 찾을 수 있는지 약간의 탐문 수사를 한 뒤 범인의 정체를 밝힌다. 그러고는 이렇게 말한다.

"그 모자를 어디서 찾았는지 잘 생각해봐. 네 모자가 아닌 것 같으면 주인에게 돌려주렴. 하지만 그게 누구 모자인지, 오늘 누가 그 모자를 쓸 건지 도저히 정하지 못하겠다면 오늘은 엄마에게 주고 다른 모자를 쓰도록 해."

사적인 공간

사적인 공간을 두고 아이들이 전투를 벌이는 이유는 보통 두 가지다. 첫째, 한 아이가 다른 형제와 함께 놀고 싶어 하지 않거나 아예 같은 공간 안에 있고 싶어 하지 않는 경우다. 둘째, 공간 그 자체, 다시 말해 영역의 문제다. 아이들은 둘 중 하나를 두고 싸울 수도 있고, 더 많은 경우는 둘 다를 두고 싸울 수도 있다.

부모가 대부분의 싸움에 아예 개입하지 않기로 하면 보통 나이가 많거나 힘이 센 아이에게 암묵적으로 유리한 결과를 낳게 된다. 하지만 공간을 두고 벌어지는 싸움의 경우는 다르다. 그럴 때 유리한 것은 오히려 어린아이 쪽이다. 우리 부부는 첫째 딸이 열세 살이 되어 자기만의 공간을 원하기 시작하면서 이 문제에 부닥쳤다. 싸움 상대는 자신보다 어린 열두 살 여자아이로, 자신의 자리를 지키기 위해 애를 쓰고 있었다. 둘은 끝도 없이 싸웠다. 침실 때문에, 친구 때문에, 상대방이 친구들 앞에서 한 행동 때문에 싸웠고, 큰오빠의 키가 몇인지를 두고, 막내 동생의 다섯 번째 생일이 수요일이었는지 아니었는지를 두고도 싸웠다. 한 명이 "밖에 추워"라고 말하면 다른 한 명은 "안 추운데"라고 답했다.

그런데 동생은 그러면서도 언니를 동경했다. 언니가 자기만 빼놨다고 씩씩거리면서도 언니와 함께 있고 싶어 했다. 언니를 향한 필사적인 애정과 미워서 괴롭히고 싶은 엄청난 욕구를 동시에 드러내면서 언니가 어디를 가든 좇아다녔다. 결국 첫째 딸은 다른 가족들이 모두 일어나는 6시 20분이 아니라 새벽 5시 30분에 일어나 혼자만의 시간을 갖는 지경에 이르렀다.

그러던 어느 날 아침, 우리는 첫째 딸의 분노에 찬 고함 소리와 문이 '쾅' 하고 닫히는 소리, 쿵쿵거리며 계단을 내려와 복도를 거쳐 우리 부부의 방으로 들어오는 발소리에 잠에서 깨어났다.

"재 일어났어! 일부러 일찍 일어났다고! 내가 샤워하려고 준비하는데 갑자기 들어오더니 자기가 먼저 샤워한다고 물을 틀었어! 이건 말도 안 돼!"

첫째 딸이 난리를 치는 바람에 온 집 안이 시끄러워졌고, 우리는 아이들을 진정시키느라 진땀을 흘렸다. 그런데 얼마 후 둘째 딸의 알람시계를 발견한 나는 첫째 딸의 행동을 어느 정도 이해하게 되었다. 알람시계는 5시 29분에 맞춰져 있었다.

사실 형제자매간에 이런 식의 역학 관계는 드물지 않다. 한 아이는 혼자 있고 싶어 하는데 다른 아이는 함께 있고 싶어 할 경우, 혼자 있고 싶은 아이는 당신의 도움이 없다면 자기만의 공간을 찾을 수 없을 것이다. 동생들은 믿기 어려울 정도로 끈질기다. 너무 괴로운 나머지 옷장 속에 숨었는데 여섯 살짜리 동생이 옷장 문을 계속 쿵쿵 두드려댄다면 그건 결코 혼자만의 시간을 보냈다고 말할 수 없다(어떤 아이들은 조금 두드리다 다른 데로 가버리겠지만, 어떤 아이들은 끝까지 버틴다). 슈메이커는 이렇게 말했다.

"제가 바로 오빠 방문을 계속 두드려대던 여동생이었어요. 저는 누군가와 함께 있고 싶은데 오빠는 자기만의 공간과 시간을 사랑하는 사람이었거든요. 하지만 오빠가 가끔 허락해줄 때는 함께 놀기도 했어요. 그때 저는 세상을 모두 가진 듯한 기분이 들었죠."

과연 어떻게 해야 한쪽은 상대방의 혼자 있고 싶은 욕구를 존중하게 만들고, 다른 한쪽은 형제들에게 마음을 열도록 도울 수 있을까?

슈메이커는 "부모는 아이들이 어떤 공간을 소유할 수 있는지에 대해 어느 정도 결정을 내려줘야 합니다. 예를 들어, 아이에게 자기만의 방이 있다면 아이는 다른 형제가 그 방에 들어와도 되는지의 여부를 결정할 수 있어야 합니다. 자기 방에서만큼은, 하다못해 작은 옷장 안에서만큼은 대장이 되어야 합니다"라고 말했다. 어떤 부모들은 특정한 시간을, 예컨대 방과 후 얼마간의 시간을 '혼자만의 시간'으로 정해놓는다고 한다. 슈메이커는 이렇게 말했다.

"다른 아이는 잠깐이라도 쫓겨나야 하는 그 시간을 싫어하겠지만, 장난감을 가지고 놀 순서를 기다리듯이 그 시간도 기다릴 수 있습니다. 그 시간을 수월하게 보내려면 큰 아이에게 보통 언제쯤 동생과 놀아줄 마음의 준비가 되는지를 물어보세요."

우리 집에서는 동생과 놀아주는 시간이 비디오 게임을 하는 시간이기도 하다. 이럴 때는 의도적으로 경쟁뿐 아니라 협력이 필요한 게임을 선택한다.

알람시계 사건을 계기로 우리는 이 문제를 해결하는 데 우리의 도움이 필요하다는 사실을 깨달았다. 그래서 아이들이 어느 정도 안정되었을 때 함께 모여 기본적인 규칙을 만들었다. 첫째 딸에게는 자기만의 시간이 생겼지만, 함께 쓰는 방에서 뜬금없이 동생을 내쫓을 권리는 인정해주지 않았다. 쉽지는 않았다. 우리는 언니와 떨어져 있어야 할 때 둘째 딸이 터뜨리는 수많은 불만을 견뎌야 했고, 자기만의 시간을 마음껏 갖지 못했을 때 첫째 딸이 터뜨리는 수많은 불만도 견뎌야 했다. 가끔씩, 특히 첫째 딸의 친구가 놀러왔을 때를 기회 삼아 우리 부부는 둘째 딸과 함께 시간을 보냈다. 조금 시간이 지나고 둘째 딸이 언니에게 자기만의 공간이 필요하다는 사실을 인정하기 시작하자 첫째 딸은 제자리로 돌아왔고, 둘은 다시 함께 시간을 보냈다.

고약한 장난

가끔은 아이들도 싸우지 않는다. 대신 옛날부터 전해 내려온 고약한 기술들을 이용해 못된 짓을 할 뿐이다. 동생이 하는 말 그대로 따라 하기, 소파에 앉아 있던 동생이 완전히 찌부러질 때까지 조금씩 조금씩 자리 옮기기, 오빠가 먹으려는 쿠키 일부러 건드리기, 여동생 뒤를 따라다니다가 차가운 손가락을 목 뒤에 갖다 대기 등.

오늘 아침에도 우리 집 두 아이는 나팔절(유대교의 새해맞이 행사-옮긴이)에 학교가 휴교를 하는지 아닌지를 두고 10분 동안 싸웠다. 누구 키가 더 큰지, 누가 달리기를 더 잘하는지, 누구네 하키팀이 더 잘하는지 등은 싸움을 일으키는 단골 주제다. 하지만 이런 것들은 그냥 배경 음악이라고 생각하면 편하다. 내가 개입한다 해도(답이 정해진 문제를 가지고 싸울 때는 "엄마가 누구 키가 더 큰지 재줄게", "무슨 요일인지 찾아보자"라는 식으로 끼어든 적도 많았다) 싸움은 끝나지 않고, 곧 다음 주제로 넘어가기 때문이다. 주제는 참으로 무궁무진하다. 그래서 나는 개입이 아닌 무시를 하기 위해 노력한다.

하지만 매일 말다툼이 계속되면 그 자체로 견디기 힘들기도 하고, 한 마리의 햄스터가 된 듯 반복되는 생각의 쳇바퀴에 갇혀버릴 수도 있다. 그만하라고 말해야 하나? 언제 말하지? 뭐라고 말해야 하지? 이에 대해 앤서니 E. 울프Anthony E. Wolf는 자신의 저서《엄마, 제이슨이 나 괴롭혀!Mom, Jason's Breathing on Me!》를 통해 '짜증났을 때 바로 그만하라고 말하고, 대신 누군가의 편을 들거나 싸움의 주제에 대해 언급하지 마라'라고 조언했다.

정답은 없다. 자기만의 길을 가라. 아이들의 싸우는 소리를 그냥 무시해도 되고, 매번 강력하게 대처해도 된다. 나는 너무 짜증이 나면 "너희 둘 다 그만해. 당장!", 혹은 "엄마는 너희 둘이 이 문제를 해결할 때까지 여기에 차를 세우고 움직이지 않을 거야!"라고 말한다. 종종 아무 이유 없이 도로 한쪽에 멈춰 서 있는 차가 눈에 띈다. 뒷좌석에서는 두 아이가 악수를 하며 손을 흔들고 있고, 운전석에 앉은 부모는 운전대에 머리를 처박고 있다. 그럴 때면 나는 부모를 향해 손을 흔들어준다. 부모끼리의 연대감이랄까.

치고받고 싸울 때

만약 당신에게 아이가 생기기 전이라면, 아이들이 서로 때리고 깨물고 발로 찼을 때 부모로서 어떻게 대처하겠느냐는 물음에 "절대로 안 되죠. 손은 때리라고 있는 게 아니잖아요. 누구든 다른 사람을 다치게 하면 안 돼요!"라고 말했으리라. 당신은 분명 보기 좋은 뚜렷한 선을 그렸을 것이다.

하지만 부모가 된 지금은 상황이 생각했던 것 이상으로 복잡하다는 사실을 깨달았을 것이다. 지금은 한 아이가 다른 아이를 계속 자극해 폭력을 쓰게 만들 수도 있음을 알고 있고, 왜 이런 '실수'가 벌어졌는지를 두고 두 아이의 생각이 다를 때는 그 누구도 믿을 수 없음을 알고 있으며, 때로는 아이들이 꼬집고 찌르면서 재미있게 놀다가 갑자기 한 아이가 아파서 울음을 터뜨렸을 수도 있음을 알고 있다. 한마디로 당신은 누구를 혼내야 할지를 정확히 알기 어려울 뿐만 아니라 잘잘못을 가르는 선이라는 게 상상했던 것보다 훨씬 불분명한데도 불구하고, 그 선을 긋는 것이 여전히 중요하다는 사실을 알고 있다. 이건 정말이지 당신이 생각했던 것보다 훨씬 더 힘든 일이다.

형제간 다툼은, 심지어 상황이 약간 폭력적으로 변하더라도 큰 맥락에서 보면 대부분 사소하다. 그 당시에는 그렇게 느껴지지 않았을지라도 말이다. 형제간 다툼은 정상적인 과정이고, 심지어 건강한 것이다. 하지만 형제자매를 향한 공격성은 다르다. 최악의 경우 폭력으로 변질될 수도 있는, 대단히 심각한 문제다(그럴 경우 전문가의 도움이 필요하다). 그러나 대부분의 가정에서 벌어지는 형제간 다툼은 어떻게 하면 도를 넘지 않게 하면서도 부모들이 이성을 잃지 않을 것인가(차 뒷좌석에 앉은 아이들이 서로 발길질을 해댄다면 누구라도 정신 줄을 놓지 않기가 힘들 것이다)의 문제에 가깝다.

언제 개입해야 하는지는 어떻게 알 수 있을까? 사실 알 수 없다. 물론 팔뚝에 선명한 이빨 자국이 남은 채 울부짖는 아기와 그 옆에 싱글벙글 웃으며 앉아 있는 어린 형처럼 누구의 소행인지 분명히 알 수 있는 경우들도 있다. 하지만 대부분의 경우는 모든 것이 불확실하다. 동생을 밀어서 팔을 부러뜨렸다고 생각하고 형을 혼내는 당신에게 다친 동생이 나서서 그건 사고였다고 말하는 경우도 있고, 롤러블레이드를 타고 가다가 바퀴로 다른 아이의 발가락을 밟은 아이가 나중에 눈물을 흘리며 "일부러 그런 게 아니에요"라고 말하는 경우도 있다.

당신은 아이들이 솔직하게 말하기 전까지는 실제로 어떤 일이 벌어졌는지 알 수 없다. 하지만 그렇게 솔직해질 때쯤이면 아이들은 아마 다 자라서 자식까지 낳았을 것이다. 그 전까지 상황을 좀 더 수월하게 만들어줄 몇 가지 전략이 있다.

큰 문제로 만들어라. 아무것도 못 본 척하지 마라. 심지어 둘 다 장난이라고 말하더라도 그냥 지나치지 마라. 맞은 아이가 화를 돋우었다는 것을 알았을 때에도 마찬가지다. 둘 사이에 끼어들어라. 그리고 우리 가족의 규칙을 다시 말해주어라. 때리지 않기, 꼬집지 않기, 소파를 넘어가려고 하는 아이의 한쪽 다리를 붙잡고 늘어지지 않기, 붙잡고 늘어지는 아이를 발로 차지 않기 등(반드시 똑같은 규칙일 필요는 없다).

아니면 큰 문제로 만들지 마라. 하지만 가족의 구성이나 역사에 따라 거의 모든 상황을 못 본 척하기로 할 수도 있다. 우리 아이들 중 큰아이를 뺀 나머지 세 아이는 가끔 서로에게 폭력을 쓸 때가 있다. 하지만 모두 체구가 비슷하고 공격성과 방어 성향도 비슷하다. 그들 사이의 동맹은 끊임없이 변한다. 누구 하나를 집단으로 공격하는 경우는 없고, 계속해서 희생자가 되거나 공격자가 되는 아이도 없다. 물론 나는 아이들이 그러지 않기를 바라지만 한집에 사는 아이들은 서로 치고받고 싸우는 시기가 있다는 사실을 이제는 이해한다. 아이들의 감정은 쿡쿡 찌르기와 후려치기, 발차기를 통해 전달되며, 그런 감정은 다른 어떤 방식으로도 표현될 수 없다. 결국 아이들은 나이가 들수록 자기들만의 방법으로 문제를 해결할 수 있게 된다. 나는 그 과정을 되도록 방해하지 않기로 했다.

두 아이 모두를 공격자와 희생자로서 동등하게 대하라. 당신이 알고 있는 게 이 아이는 이렇게 말했는데, 저 아이는 저렇게 말했고, 그러다가 누가 이런 짓을 했는데, 또 다른 아이는 저런 짓을 했고, 그로 인해 결국 누가 울음을 터트렸다는 것뿐이라면 이렇게 해보라. 두 아이를 동등하게 대하는 것이다. 만약 한 아이가 다쳐서 달래주고 위로해줘야 한다면 아이들을 모두 불러 모아라. 그리고 "아휴, 언니가 때린 데 정말 아팠겠다. 너도 동생이 괴롭혀서 화가 많이 났었구나. 이건 정말 심각하네. 앞으로 안 그러려면 어떻게 해야 할까?"라고 말하라. 반대로 아이들에게 너무 화가 난다면 누구를 혼내야 할지 생각하지 말고 모두를 똑같이 혼내라.

아무 잘못도 없는 아이는 없다. 예외는 없다. 물론 당신이 무언가를 들고 있다가 돌아섰는데 때마침 뒤로 달려온 아이와 부딪히는 경우가 있을 수도 있다. 하지만 아이들이 다치고 다치게 한 대부분의 경우는 아이들이 당신이 하지 말라고 한 무언가를 이미 했다고 봐야 한다. 예를 들어 언니를 안아준답시고 꽉 붙들고 있지 않고서야 언니의 흔들리는 팔에 얻어맞을 이유가 없다. 형이 책을 읽고 있는 소파 등받이에 올라가 대자로 누워 형의 목덜미에 발을 올려놓지 않고서야 소파 뒤로 밀려서 굴러떨어질 일은 없다.

서로 어느 정도 거리만 유지하면 될 텐데, 아이들은 도대체 왜 하루도 싸우지 않는 날이 없는 것일까? 왜들 그렇게 거칠게 구는 것일까? 글쎄, 나도 잘 모르겠다. 아이들은 싸움이 날 거라는 걸 알면서도 바보 같은 짓을 하고, 그러다가 결국에는 누군가가 다친다. 정말 골치 아픈 일이다. 언뜻 생각하면 어떻게 대처해야 하는지 알 수 있을 것 같지만 그렇지가 않다. 다만, 싸움에 가담한 모든 아이가 나중에 침울해한다면 최소한 우리가 완전히 잘못하고 있지는 않다고 안심해도 된다.

무슨 말을 할까

아이들이 치고받고 싸우든 말다툼을 하든 그때그때 해줄 수 있는 말들을 미리 생각해두면 유용하다. 즉흥적으로 떠오르는, 대부분 건설적이지 못한 말을 꽥 내지르는 것보다는 훨씬 낫다. 그래서 나는 수년 동안 양육에 관한 글을 쓰고 관련 책을 읽으면서, 우리 집에서 아이들의 관계를 개선시키기 위해 온갖 노력을 기울이면서 유용한 문구들을 수집해왔다. 그중 몇 가지는 하도 자주 써먹어서 그 말만 하면 아이들이 눈을 흘긴다. 그 말의 진짜 의미는 '네가 화난 걸 알겠어. 하지만 엄마는 도와줄 수 있는 게 없어'라는 것을 잘 알고 있기 때문이다. 다음은 《싸우지 않고 배려하는 형제자매 사이》에서 발췌한 문장이다.

- 너희 둘이 잘 해결해낼 거라고 믿어.
- 이건 네 물건이니까 나눠 쓸지 말지는 네 자유야. 나눠 쓸 수 있다면 정말 좋겠지만, 그럴 수 없다 해도 괜찮아.

《엄마, 제이슨이 나 괴롭혀!》에서는 다음 문장을 찾았다.

- 네가 정말 실망했겠구나.
- 어휴, 정말 짜증났겠다.

가끔은 이런 말들이 오히려 아이들을 답답하게, 혹은 짜증나게 하는 건 아닌지 의심스럽기도 하다. 하지만 아이가 자기 이야기를 하게 만드는 데 도움이 되고, 그러다 보면 결국 아이는 스스로 해결책을 찾아내거나 감정을 밖으로 모두 쏟아내게 된다. 이때 중요한 것은 내가 그 안에 들어갈 필요는 없다는 사실을 기억하는 것이다. 답답한 사람도, 짜증난 사람도 아이다. 당신은 그럴 필요 없다.

아이들이 어릴 때 사용한 문구는 조금 목적이 달랐다. 아이들 스스로 해결하도록 돕기보다는 가르치는 것이 목적이었다. 다음은 《평화로운 부모, 행복한 형제》에서 발췌한 문장이다.

- 문제가 있는 것 같네. 하지만 우리가 해결할 수 있어.

- 오빠에게 네 기분이 어떤지 말해줄 수 있겠니?
- 네 생각에 동생은 그걸 좋아할 것 같니?
- 오빠가 한 말 들었어?

나는 주변 부모들에게 '형제들 사이에 싸움이 벌어질 때마다 해주는 말이 있나요?'라는 질문을 던졌다. 상당수의 부모가 이런 식의 말을 한다고 답했다.

"어디 피 나는 사람은 없지? 자세한 이야기는 별로 듣고 싶지 않구나."

그밖에도 훌륭한 말이 많았다. 몇 가지 소개한다.

- 화가 날 수는 있어. 하지만 못되게 굴어서는 안 돼.
- 별일이 없다면 너희 둘은 내가 살아 있는 날보다 훨씬 더 오랫동안 함께 지내게 될 거야. 그러니 그만 싸우렴.
- 이걸 왜 나에게 말하는 거니? 문제는 동생과 있는 것 같은데.
- 너희가 합의하지 않는다면 아무도 가질 수 없어.
- 누가 시작했는지는 중요하지 않아.
- 엄마도 언니가 있어. 너희가 왜 그러는지 다 알아. 그러니 너희들의 이야기를 전부 들을 필요는 없을 것 같아. 엄마는 너희들이 엄마 없이도 해결할 수 있을 거라고 믿어.
- 너희들은 누군데 우리 집에서 이러고 있는 거니?

당신이 발을 뺄 차례다

내가 이 장을 쓰는 동안 두 딸은 최악의 관계에서 힘겹게 벗어나고 있었다('사적인 공간' 부분에서 언급한 알람시계 사건은 중간쯤에 벌어졌다). 내가 이 글을 더 일찍 쓰기 시작했다면 그 시기가 조금은 빨리 끝나지 않았을까 하는 생각도 든다.

나는 아이들 사이의 경쟁 관계나 다툼을 해결하는 중개자 노릇에 익숙했다. 우리는 갈등을 해결하기 위해 함께 몇 년을 노력해왔다. 하지만 그 과정은 완벽하고 체계적인 계획과는 거리가 멀었고, 나 름대로의 복잡한 사정이 있는 대가족이 성숙해지는 과정에서 벌어 진 일이었다. 우리는 아이들이 싸울 때면 그 사이에 끼어 앉아 아이 들에게 서로의 입장을 생각해보라고 가르쳤다. 공간과 물건을 두고 의견 충돌이 벌어지면 함께 해결책을 고민했다. 또한 물리적인 방 법이 아닌 다른 방법으로 화를 분출하도록("나 진짜 화났어!", "너 진짜 싫어!"라고 소리 지르기, 안전한 공간으로 피하기 등) 가르쳤다. 아이들은 상황이 아무리 나빠져도 자신의 마음을 돌아보고 스스로에게 '내가 왜 화났지?', '진짜 잘못된 게 뭐지?', '뭘 바꿀 수 있지?', '내가 감수해야 하는 것은 뭐지?'라고 물어볼 줄 알았다. 나는 우리가 '더 이상 개입할 필요가 없는 단계'에 이르렀다고 생각했다.

하지만 갑작스럽고도 지속적으로 벌어지는 두 딸의 싸움은 뭔가 다르게 느껴졌다. 어린아이들 사이의 흔하디 흔한 싸움을 벗어난 것 같았다. 둘은 악의에 차 있었고, 한 공간에만 있으면 늘 싸움이 터졌다. 그 싸움은 너무나 오랫동안, 너무나 시끄럽게 이어졌다. 서로를 심하게 모욕했고, 심각한 정도는 아니었지만 굉장히 자주 폭력적인 행동(상대방이 들고 있는 물건을 억지로 빼앗다가 망가뜨리기, 면전에서 문 세게 닫기 등)으로 이어졌다. 나는 어떻게 해야 할지를 몰랐다. 전에는 둘이 꽤 사이가 좋았다. 하지만 그런 모습을 좀처럼 다시 볼 수 없었다. 나는 완전 공황 상태에 빠졌다.

나는 모든 것을 내 일처럼 생각했다. 가끔은, 특히 첫째 딸이 혼자 있고 싶어 할 때면 첫째 딸 편을 들었다. 둘째 딸이 같은 방에 있는 사람을 편하게 내버려두지 않는다는 것을 나도 잘 알고 있었기 때문이다. 둘째 딸은 콧노래를 흥얼거리고, 노래를 부르고, 움직일 때도 쿵쾅거렸다. 본인의 존재를 늘 다른 사람이 알기를 바랐다. 그리고 때로는 둘째 딸 편을 들었다. "쟤는 동생한테 저렇게 못되게 구는 이유가 뭐야?", "친구랑 놀 때 동생 좀 끼워주면 뭐가 어떻다고 저래?", "나 같아도 내 언니가 저러면 가만히 안 있겠다!"라고 말하며 마음을 달래주었다.

하지만 대체로 나는 두 아이에게 너무나 화가 나 있었다. 그러다가 아이들의 하키 대회가 열린 날, 나는 완전히 이성을 잃었다. 다섯 시간 넘게 운전해서 아이들을 대회장에 데려다줬고, 아이들이 속한 팀이 우승까지 했는데도 둘은 축하는커녕 탈의실 밖 복도에서 분노에 차 시끄럽게 소리를 질러댔고, 서로를 밀고 당기며 몸싸움을 벌였다. 살면서 그때처럼 화가 나고 부끄러웠던 적은 없었다. 도무지 이해가 되지 않았다. 어떻게 이런 식으로 행동할 수가 있지? 서로의 존재가 얼마나 행운인지를 저렇게도 모르다니!

이쯤에서 잠시 멈추고 내가 외동딸이라는 사실을 고백하고 싶다.

언니가 하나 있었지만 내가 태어나기도 전에 죽었다. 그래서인지 나는 유쾌하고 사랑 넘치는 부모님과 함께 최고의 유년 시절을 보냈음에도 늘 형제가 필요하다고 생각했다. 또 한 가지, 둘째 딸은 네 살 무렵에 입양한 아이다. 나는 늘 대가족을 원했다. 우리가 여자아이를 입양하기로 결심한 것은 첫째 딸에게 여동생을 만들어주고 싶은 마음도 어느 정도 있었기 때문이다. 그때는 우리의 감정을 분명히 알지 못했지만.

이 모든 사실은 내 앞에 있는 첫째 딸과 둘째 딸이 예전처럼 서로를 아끼는 관계로 돌아가도록 돕는 것과는 조금의 관련성도 없었다. 하지만 내가 이 문제를 바로잡기까지 그렇게나 오랜 시간이 걸린 이유는 바로 이것이었다.

하키 대회는 아이들에게 하나의 전환점이 되었다. 아이들 스스로에게도 부끄러운 일이었다. 같은 팀 친구 중 몇몇은 두 아이를 대놓고 비난했고, 다른 아이들도 상당히 짜증스러워 했다. 집으로 돌아오는 차 안에서 둘은 정말로 화가 났던 이유에 대해 대화를 나누었다. 아이들은 사실 서로가 아닌 하키팀을 비롯한 여러 가지 문제 때문에 짜증이 났던 거라고 말했다. 아이들은 다른 곳에 안전하게 해소할 수도 있었던 불만을 서로에게 폭발시켰음을 인정했고, 앞으로 싸우지 않기 위해 더 노력하기로 약속했다. 이제 와서 돌아보니 그때 아이들은 진심이었던 것 같다.

하지만 나는 그렇게 끝낼 수 없었다. 다섯 시간 동안의 밤 운전을 끝내고 집에 돌아온 뒤에도 나는 여전히 씩씩거렸다. 어떤 대회든 다시는 데리고 가지 않겠다고 선언했고, 그 사건에 대해 끝도 없이 이야기했다. 물론 이야기의 목적은 '이 문제를 어떻게 해결하지?'가 아니라 '쟤네들이 얼마나 바보 같은 짓을 했는지 알아? 이게 말이나 돼?'였다.

나는 아이들이 싸우고 있지 않을 때조차도 아이들을 질책했다. 마트에 갈 때는 "너희 둘, 장 보고 돌아올 때까지 안 싸울 자신 있으면 따라와"라고 말했고, 식당에서는 남편에게 "둘이 붙어 앉게 하지 마. 감당 안 되니까"라고 말했다. 둘은 그만큼 지독하게 싸워댔다! 우리 가족의 삶을 망치고 있었다! 모든 것이 끔찍했고, 나는 그걸 어떻게 해결해야 할지 엄두도 나지 않았다. 그러나 그 모든 것의 기저에는 나의 두려움이 있었다. 이 싸움이 끝끝내 계속되면 어쩌지? 두 아이가 서로가 가까이에 있다는 것 자체를 견디지 못한다면, 우리 가족은 앞으로도 계속 행복할 수 있을까?

나는 약간의 간절함과 엄청난 절망감을 안은 채(내가 과연 행복한 부모가 되는 법에 대한 책을 쓸 수 있을까를 의심하며) 이 장을 쓰기 위한 작업에 착수했다. 나는 많은 연구 자료를 읽었고, 부모들과의 대화를 통해 자녀들이 얼마나 싸웠는지, 그 문제를 해결하는 과정에서 어떻게 감정 조절을 했는지 등 많은 이야기를 들었다. 나는 책장에서 오래된 책들을 뒤져보고 새 책도 주문했다. 그 책들의 저자를 비롯해 많은 전문가에게 전화를 했다. 그리고 서서히 깨달았다. 내가 두 딸에게서 목격하고 있는 것은 가족의 존재 자체를 흔들어놓는 엄청난 비극이 아니라 그저 형제자매간의 평범한 다툼일 뿐이며, 나 역시 평범한 방법으로 접근해야 한다는 사실을 말이다.

아이들은 자라면서 서로와 함께 살아가기 위한 새로운 방법을 찾아야 했다. 부모의 명령에 의해 강제로 함께 지내는 관계가 아니라 자신들만의 관계를 찾기 위해 아이들은 서로를 밀어내야만 했다. 그리고 나는 그 모습을 있는 그대로 지켜봐야 했다.

나는 둘 사이에 끼어들 필요가 없었다. 아이들이 서로의 말을 듣고 제대로 이해하는지를 확인할 필요도 없었고, 어느 한 사람의 편을 들 필요도 없었다. 그저 물러서 있었어야 했다. 눈에 거슬린다 고 해서 매번 말할 필요는 없다. 그래서 나는 "항상 너희가 다 엉망으로 만들잖아"로 시작하는 일장 연설을 하는 대신 그저 둘이 다투도록 내버려두었다. 누가 침실에 있을 차례인지, 숙제를 하기 위해 식탁을 먼저 차지한 사람은 누구인지를 두고 여전히 주기적으로 벌어지는 다툼에 끼어들지 않았다. 만약 하고 싶은 말이 있으면 싸움이 끝난 후에 따로 말했다. 예를 들어 첫째 딸에게는 "동생이 집안일 때문에 화낼 때 끼어들지 않아줘서 고마워"라고 말했고, 둘째 딸에게는 "언니한테 화난 게 아니라 너 스스로에게 화났던 거지? 그 문제를 해결할 수 있는 다른 방법을 함께 찾아보자"라고 말했다. 나는 오 남매로 자랐으며 이제는 두 아이의 아빠가 된 롭 존스Rob Jones의 말을 자주 되뇌었다.

"아이들은 잘 지낸다. 그리고 잘 싸운다."

그러자 상황은 상당히 갑작스럽게, 그리고 아주 분명하게 나아졌다. 물론 나아졌을 뿐, 완벽하진 않다. 내가 이 장을 마지막으로 수정하는 바로 이 순간에도 아이들은 여전히 그 상태 그대로다. 화장실에서 혼자 있을 권리를 두고, 둘째 딸이 의도적으로 첫째 딸과 친구들의 대화를 엿들었는지의 여부를 두고 아이들은 여전히 싸운다. 하지만 아이들은 예전의 모습을 되찾았다. 대부분의 시간을 사이좋게 지내고 이런저런 일들을 자주 함께하며 가끔은 서로를 돕는, 일반적인 자매의 모습을 되찾았다. 얼마 전에 입학식을 하루 앞두고 둘째 딸이 팔이 부러지는 사고를 당했는데, 아이는 언니가 병원에 함께 가주기를 간절히 바랐다. 그러자 첫째 딸은 가방을 완벽하게 미리 싸두기로 한 계획을 뒤로하고 동생과 함께 자동차 뒷좌석에 올랐다. 그리고 응급실로 가는 긴 시간 동안 동생이 아픈 팔이 아니라 다른 생각에 집중할 수 있도록 가능한 모든 방법을 동원했다.

이렇듯 상황은 나아졌다. 거짓말이 아니라 나는 정말로 영영 해결되지 않을 줄 알았다. 하지만 그렇지 않았다.

기쁨을 주는 관계로 나아가기

형제자매 관계를 개선해 행복한 가정을 이루고자 한다면 갈등을 해결하는 것만으로는 부족하다. 우리는 아이들이 그저 정정당당하게 싸울 수 있기만을(이상적으로는 덜 싸우기만을) 바라지는 않는다. 아이들이 그저 '나쁘지 않은 관계'가 아니라 '서로 사랑하는 관계'로 자라기를 바란다. 이런 목표의 일부는 가족으로서 늘 함께 지낸다는 사실만으로도 자연스럽게 이루어진다. 아이들은 평생토록 다른 누구에게도 없는 같은 경험(다른 여러 경험을 비롯해 당신이라는 부모와 함께 자라는 경험)을 공유하게 될 것이고, 우리 가족만의 독특한 역사와 유대감을 공유하게 될 것이다. 하지만 그 유대감이 평생 지속되는 튼튼한 관계로 이어질 수 있을지의 여부를 그저 우연에만 맡겨둘 수는 없다. 아이들이 서로와의 좋은 시간을 충분히 누릴 수 있도록 우리가 할 수 있는 일은 무엇일까?

부정적인 감정을 인정하라. 너무나 역설적이지만, 아이들의 관계에 대해 더 만족하기 위해서는 안 좋은 것(특히 서로에 대한 부정적인 생각과 말)도 일부 받아들여야 한다. 이제 막 언니나 오빠가 된 아이들은 아기가 싫다는 말을 자주 할 것이다. 그리고 나중에는 서로를 미워하게 될 것이다. 아이들은 상대방이 왜 아무짝에도 쓸모없는 아이인지를 보여주는 온갖 논리적인 증거로 무장하고 있으며, 자신을 상대로 지금까지 벌인 모든 악행을 줄줄이 읊을 수도 있다. 슈메이커는 말했다.

"감정은 받아주되 행동은 받아주지 마세요. 아이들의 질투와 두려움, 욕구를 두려워하지 마세요. 어른들 역시 그런 감정을 느끼지 않습니까? 이제 막 동생이 태어났을 때는 감정이 더 혼란스러워지게 마련입니다. 아이의 감정을 있는 그대로 인정해주세요(절대로 '너도 마음 깊은 곳에서는 아기를 사랑하는 거 알고 있어'라고 말해서는 안 됩니다). 그러면 아이들은 훨씬 더 빨리 서로를 좋아하고 사랑하게 될 것입니다."

아이가 당신에게 부정적인 감정을 표현했을 때 충격적이고 황당하다는 반응을 보이는 대신 그 감정을 있는 그대로 인정해주면 그것만으로도 아이의 감정은 완화된다. 갓 태어난 여동생을 원망하거나 형에 대해 엄청난 분노를 품는 건 작은 아이들에게는 감당하기 힘든 감정일 수 있다. 아이가 당신에게 "난 오빠 싫어!"라고 말해도 집에서 쫓겨나지 않고, 심지어 긍정적인 반응("아기 때문에 아빠가 못 놀아줘서 정말 힘들겠구나", 또는 "네 마음 알아. 엄마도 어렸을 때 오빠 친구가 놀러오면 늘 혼자 있어야 해서 정말 화가 났거든")을 얻는다면 그런 마음을 가져도 괜찮다는 뜻이고, 그럴 때 아이는 그 감정을 가볍게 흘려보낼 수 있다.

관계가 발전하게 하라. 사람은 누구나 변한다. 아이들은 더 그렇다. 내 딸들은 서로에 대한 부정적인 감정이 너무 많았다. 나는 아이들이 그런 감정을 표현하더라도 상황을 악화시키지 않고 그냥 내버려두는 법을 배워야 했다. 아이들이 최대한 함께 문제를 해결하도록 내버려두자 아이들은 그런 감정이 일시적이며, 별것 아니라는 사실을 스스로 배워나갔다.

즐거움의 비중을 높여라. 크리스틴 카터Christine Carter는 자신의 저서 《아이의 행복 키우기》에서 '즐거운 시간'에 대한 목표를 세우라고 이야기했다. 그의 책에 따르면, 형제자매 사이의 긍정적 상호작용은 부정적인 것보다 다섯 배는 많아야 하는데,[9] 그 이론적 근거는 다음과 같다.

첫째, 인간은 긍정적인 경험보다 부정적인 경험을 훨씬 잘 기억하는 경향이 있다. 둘째, 결혼생활과 팀 내 협업에 대한 조사 결과, 긍정적 상호작용과 부정적 상호작용의 비율이 약 다섯 배 정도 유지되었을 때 가장 성공적으로 협력 관계가 유지되었다. 그러므로 아이들이 함께 충분한 시간을 보낼 수 있게 하라. 나이 차이가 얼마나 나든 서로 즐겁게 놀 수만 있으면 되고, 당신의 스케줄이 복잡해 질 필요도 없다. 평소에는 제한하는 활동(우리 집의 경우 비디오 게임)을 형제 자매가 함께할 수 있도록 허락해주어라. 아이들 모두에게 자유 시간이 있을 때마다 친구가 놀러오지 못하게 하라. 잠자리 의식을 시작하기 30분쯤 전부터 방에서든 거실에서든 아이들끼리 모여 앉아 자유롭게 시간을 보낼 수 있는 '키즈 타임'을 주어라.

좋지 않았던 시간도 웃기는 기억으로 승화시킬 수 있도록 가족들 사이에 있었던 일에 대해 대화를 나누게 하라. 우리 집 첫째 아들은 여동생의 조그만 얼굴을 실수로 치는 바람에 화장실 수납장 모서리에 부딪히게 만든 적이 있는데, 그때 딸아이의 눈에 아주 컬러풀한 멍 자국이 생겼고 얼마 후에는 눈 주위가 탁구공만 하게 부풀어 오르기까지 했다. 당시 여덟 살이던 첫째 아들은 동생의 눈알이 완전히 빠져버리는 줄 알았다고 했다. 우리는 지금도 그 일만 생각하면 웃음이 난다. 휴가지에서 생긴 일, 엄청나게 바보 같았던 싸움, 실수로 한 아이만 마트에 남겨두고 왔던 일 등은 우리 가족에게 전설적인 에피소드로 남았다. 두 딸이 죽일 듯이 싸웠던 하키 대회도 조만간 그 반열에 오르지 않을까 생각한다. 당시에 꼭 좋다고 느꼈어야만 나중에 좋은 기억으로 남을 수 있는 것은 아니다.

아이들에게 가족의 시간이 아닌 형제의 시간을 주어라.

아이들이 함께 자기들만의 시간을 보내게 하라. 짝을 지어 마트에 심부름을 보내도 좋고, 아이들끼리 영화를 한 편 보고 오게 해도 좋다. 미니 골프장, 도서관, 휴가지, 공항 등에서 자기들끼리 뭔가를 시도해보도록 자극하라. 아이들에게 서로를 돌봐주라고 말하되 꼭 큰 아이가 동생을 돌보는 것이 아니라 서로를 돌보라고 말해주어라. 아이들이 함께 뭔가를 하려는 노력을 조금이라도 할 때는 지원을 아끼지 마라.

자매 사이인 그레첸 루빈과 엘리자베스 크래프트Elizabeth Craft는 함께 운영하는 팟캐스트 〈더 행복해지기Happier〉에서 종종 부모님의 이야기를 들려준다. 둘의 부모님은 자매 관계를 돈독히 유지할 수 있도록 금전적 지원을 해주셨다고 한다. 두 딸이 성인이 되어 차례로 집을 떠나자 서로의 집을 방문할 수 있도록 여행 경비를 대주신 것이다. 둘은 그 돈으로 비싼 비행기표나 기차표를 살 수 있었고, 덕분에 성인이 되었을 때부터 지금까지 가까운 사이를 유지할 수 있었다고 한다.

좋은 때를 보라. 꽤 괜찮은 관계를 유지하기 위해 아이들이 함께하는 매일, 매 순간이 행복해야 할 필요는 없다. 앞서 아이들이 한 시간 중 10분 정도를 싸우는 데 쓴다는 연구 결과를 소개했다. 그렇다면 50분이 남아 있다. 생각해보면 그리 나쁘지만은 않다. 그 10분(나무)에 집착하지 않아야 나머지 50분(숲)을 볼 수 있다. 당신이 할 일은 베어버리고 싶은 나무 한 그루에만 자꾸 눈길이 가더라도 숲의 가치에 집중하는 것이다.

좋은 것을 흡수하라. 의자에 앉아 아이들이 함께 브라우니를 만드는 모습을 흐뭇하게 바라보라. 동생이 숙제를 어려워할 때 언니, 오빠가 기꺼이 도와주는 모습을 기쁘게 감상하라. 설사 아이들이 편을 먹고 당신에게 대들더라도 그저 감사하라. 내 아이들이 서로를 보호하고 있지 않은가. 그게 바로 당신이 원하던 것이다. 그러니 기쁘게 받아들여라.

4장

특별활동: 왜 이렇게 재미없을까

이 장에서는 스포츠, 음악, 체스, 무용 등 특별활동에 대해 이야기해보겠다. 하지만 이야기를 시작하기 전에 먼저 짚고 넘어갈 것이 있다. 자녀가 기초적인 수준을 넘어서는 교외 특별활동에 참여하게 되면 당신은 어느 순간, 과거의 당신이라면 미친 짓이라고 생각했을 법한 일들을 하게 될 것이다.

당신은 열두 살짜리 아이를 공연장이나 경기장에 데려다주기 위해 몇 시간을 꼬박 운전하게 될 것이다. 당신은 3개월 동안 일주일에 3일은 차 안에서 대충 저녁 식사를 때우게 될 것이다. 당신은 아무리 가계가 쪼들려도 당신의 부모님이 어린 시절에 사주신 첫 자전거보다 훨씬 비싼 무대 의상을, 악기를, 장비 부품을 구매하게 될 것이다. 당신은 운동 경기나 대회, 공연 참가를 위해 아이의 결석을 허락할 것이다. 그리고 당신은 지금과는 다른 생활을 오히려 미친 짓이라고 생각하게 될 것이다. 주변의 모든 부모가 당신과 완전히 똑같은 일들을 하고 있기 때문이다.

처음으로 이 모든 미친 짓을 시작할 때, 그 판도라의 상자를 열면서 당신은 아마 이렇게 생각할 것이다.

'나 때문이 아니야.'

아이들의 특별활동 자체가 예전과는 전혀 달라졌다고, 점점 더 길어지는 연습 및 시즌 기간 동안 폭풍처럼 쏟아지는 새롭고 값비싼 기회들을 거부하는 건 마치 파도를 거스르는 것과도 같다고 생각할지도 모른다. 당신 말이 맞다. 그들 때문이다. 하지만 조금은… 우리 때문이기도 하다.

무엇이 문제인가

자녀의 특별활동 때문에 늘 정신이 없고 불행하다면 가장 유력한 원인은 단 하나다. 특별활동 시간이 너무 길기 때문이다. 아이들의 특별활동이 너무 많아져 가족과 함께하는 시간은 물론이고 당신 개인의 시간까지 모조리 잡아먹고 있기 때문이다. 물론 다른 이유가 있을 수도 있다. 특별활동 그 자체가 싫을 수도 있고, 장소가 마음에 들지 않을 수도 있고, 부모로서 자꾸 기대하게 되는 상황이 싫을 수도 있다. 활동에 제대로 몰입하지 못하는 아이 때문에 연습 시간이 매번 말다툼으로 끝나거나, 실제로는 그렇게 과하거나 어렵지 않은데도 단지 타이밍이 맞지 않아 더 힘들게 느껴지는 것일 수도 있다.

하지만 대부분의 부모에게 가장 큰 문제를 일으키는 건 특별활동이 너무 많다는 사실 그 자체다. 미국의 많은 중상류층 가정이 자녀들의 특별활동에 엄청난 돈과 시간을 투자하고 있다. 오늘날 미국의 모든 어린이와 청소년 90퍼센트 이상이 아동기나 청소년기에 한 번 이상은 체계적으로 스포츠를 배운다.[1] 아이들이 특별활동에 쏟아붓는 시간은 점점 늘어나고 있고, 그 결과 부모의 감독을 받지 않는 '자유로운' 놀이 시간은 1981년 이래로 계속해서 줄어들고 있다.[2] 이런 현상은 특히 교육 수준이 높은 부모를 둔 아이들에게서 두드러진다.

동시에 부모들이 자녀를 위해 쓰는 시간도 늘어났는데, 그다지 즐거운 방향으로의 변화는 아니었다. 부모이자 경제학자인 가레이 래미Garey Ramey와 밸러리 래미Valerie Ramey 부부는 〈경쟁에 내몰린 아이들The Rug Rat Race〉이라는 제목의 공동 논문을 통해 1965년부터 2007년까지 부모들의 시간 사용 기록을 면밀히 조사했다.[3] 그 결과, 부모들이 자녀를 각종 활동에 참여시키기 위해 정보를 모으고, 수업에 참관하고, 운전기사 노릇을 하는 데 쓰는 시간이 점점 늘어나고 있으며, 대학 교육을 받은 부모들이 특히 더 많은 시간을 쓰는 것으로 드러났다. 부모의 교육 수준이 비교적 낮은 경우, 아이들은 대부분의 자유 시간을 부모의 감독 없이 이웃에 사는 친구나 친척들과 놀면서 보냈다.

하지만 교육 수준이 높은 부모들에게 아이를 감독하는 일은 반드시 해야 할 의무가 되어버렸다. 사회학자 아네트 라로Annette Lareau는 이런 현상을 '집중 양육'이라고 부른다. 많은 부모가 자녀를 학원에 등록시키고, 스케줄을 짜고, 필요한 장비를 준비하고, 아이들을 여기저기에 데려다주는 데 엄청난 시간을 쏟아붓고 있다. 이처럼 교육이라는 이름의 온갖 과업을 나눠서 정복하느라 바쁘다 보니, 부부가 함께 보내는 시간은 그 어느 때보다도 줄어들었다. 1975년에는 부부가 함께 보내는 시간이 일주일에 12.4시간이었는데 2000년에는 9.1시간으로 줄었다.[4] 1년에 총 171시간이 줄어들었다는 뜻인데, 그건 상당히 큰 숫자다.

물론 '약간'의 특별활동은 아이들에게 도움이 된다. 특별활동을 통해 다채로운 시각과 교육 방식을 접할 수 있고, 새로운 시도를 하게 된다. 또한 스포츠를 비롯한 여러 특별활동의 세계는 학교보다 훨씬 냉혹해 승자와 패자가 분명히 나뉘고, 수상자와 순위가 정해진다. 이런 경쟁 활동은 아이들에게 노력하고, 실패하고, 패배하고, 다시 실력을 쌓아나갈 기회를 준다. 몇몇 연구 결과에 따르면, 특별활동이 아이의 성적이나 대입 준비에 도움이 되는 것은 물론이고, 이후 직장에서의 승진과도 연관되며, 특별활동에 많이 참여하는 아이일수록 마약 중독, 비행, 성관계 등의 위험한 행동에 덜 노출되는 경향이 있다.[5]

위의 문단에서 가장 중요한 단어는 바로 '약간'이다. 약간의 사교육을 받는 아이는 부모의 경제력 부족 등의 이유로 아무런 사교육을 받지 못하는 아이들에 비해 일반적으로 더 행복하다. 하지만 적어도 내가 아는 한에서는 외국어, 수학, 음악, 축구, 미술을 모두 배우는 아이가 그중에서 하나를 덜 배우는 아이보다 더 똑똑하다거나, 1년 열두 달 내내 축구를 배우는 아이가 방학 동안에만 축구를 배우는 아이보다 더 뛰어나다는 연구 결과는 없다. 도대체 언제부터 한도를 정하기가 이렇게 어려워진 것일까?

정말 그렇다. 오늘날 특별활동의 세계는 당신이 어렸을 때와는 차원이 다르다. 선택지 자체가 훨씬 다양하고, 우리에게 익숙한 활동들조차도 극단으로 치닫고 있다. 예를 들어 옛날에는 야구를 배우더라도 짧은 경기 시즌 동안에만 일주일에 한두 차례 연습을 하고 토요일마다 경기를 하는 정도였지만 이제는 그렇지 않다. 경기 시즌에는 주말마다 두 번 이상의 경기(아마도 장거리 이동이 포함되는)에 참가하며 여러 개의 토너먼트를 소화하고, 주중에는 2회의 연습과 특별 과외 수업을 받는다. 시즌이 끝난 뒤에도 자주 연습 경기가 열리고, 휴일에도 훈련 캠프에 참여하거나 코치에게 특별 과외를 받을 기회(사실은 의무)가 주어진다.

음악 학원도 마찬가지다. 옛날에는 일주일에 한 번 정도 학원에서 교습을 받고 집에서 매일 연습한 다음 대회에 참석하는 것이 일반적이었지만, 지금은 일주일에 개인 교습 1회, 그룹 합주 1회에 참석해야 하며, 그 모습을 부모가 참관해야 하는 것은 물론이고, 아이가 배우는 음악을 부모도 집과 차 안에서 끊임없이 반복해서 들어야 한다.

물론 그보다 단순한 선택지(재미 위주의 스포츠 프로그램이나 집 근처의 작은 피아노 학원)들도 있긴 하다. 하지만 상업화된 특별활동은 많은 점에서 너무나 유혹적이고, 상업화된 대규모 교육 시설이 비교적 작은 규모의 학원들을 완전히 잠식해버린 지역도 많다. 이들 대규모 교육 시설은 점점 더 어린아이들에게까지 손을 뻗고 있고, 많은 가정이 그 파도에 휩쓸리고 있다. 청소년 스포츠 활동과 관련된 여행 산업은 불황과 호황을 가리지 않고 경기 개최 지역의 경제에 70억 달러 규모의 수익을 가져다주는 효자 산업이 되었다. 2012년 미국 전체 여행 중

27퍼센트가 오로지 스포츠 경기에 참여하려는 목적으로 이루어졌으며, 5천 3백만 명의 어린 운동선수들이 바로 그 목적을 위해 여행길에 올랐다고 한다.[6]

물론 부모들이 이 모든 것에 '아니오'를 외칠 수 있으면서도 실제로 그렇게 하지 못하는 데는 나름대로의 이유가 있다. 무엇보다도, 아이들이 어느 날 갑자기 부모를 찾아와 "제가 일주일에 네 번 축구 수업을 들으려고 해요. 저녁 식사를 할 시간에도 운동을 해야 하고, 주말마다 세 경기를 뛰어야 해요. 그중에는 아침 8시에 왕복 네 시간 거리의 지역에서 열리는 경기도 있어서 매번 저를 경기장까지 태워다주셔야 해요. 숙제도 늘 달리는 차 안에서 대충 해야 할 텐데, 괜찮을까요?"라고 물어보는 경우는 없다.

아이들의 "나 축구 배우고 싶어요!"는 작고 귀여운 주말 축구팀과 함께 시작된다. 집에서 컴퓨터 게임만 하던 아이가 이제는 밖에서 열심히 뛰고 있다. 물론 생각보다 너무 오래 벤치에서 아이들을 지켜봐야 하는 게 조금은 힘들지만, 어차피 유치원생 아이를 데리고 집에 있어 봐야 아이와 놀아주느라 하고 싶은 일을 할 수 없었을 것이다. 그러니 이건 아이와 부모 모두에게 유리한 선택으로 보인다.

하지만 그 작고 귀여웠던 주말 축구팀은 그리 오래 가지 못한다. 같은 팀 친구의 부모가 고맙게도 당신의 자녀를 포스트시즌 리그에 소개해주거나, 아이가 "엄마, 조금이라도 잘하는 애들은 전부 지역 클럽에 지원해요"라고 말하는 순간, 모든 것이 달라지기 시작한다. 우리의 뇌리에는 순간적으로 이런 생각이 스친다.

'우리 아이와 함께 수비를 맡았던 친구는 다음 여름방학 때 축구 캠프에 간다던데, 우리 아이도 보내야 하는 거 아닌가?'

그러다 보면 지역 클럽에서 활동하는 것이 정말 좋은 기회처럼 느껴진다. 그렇게 지역 클럽에서 활동을 시작하고 얼마 후, 열정적인 코치가 토너먼트 경기를 한 번 더 열자고 제안하고, 홈 클럽은 돈을 더 벌어들이기 위해 대회를 주최하기로 결정한다. 대회는 최대한 많은 팀이 참가할 수 있도록 금요일에 시작된다. 그 말은 즉 학교와 직장을 빠질 수밖에 없다는 뜻이다. 학교와 직장에 그런 전화를 걸기는 싫지만 아이가 속한 팀은 규모가 작다. 만약 당신이 이번 경기에 아이를 출전시키지 않는다면 아이가 속한 팀은 첫 경기에서부터 지고 말 것이다. 또 팀이 크면 큰 대로 첫 경기에서 빠질 수가 없다. 그랬다가는 코치가 바뀌지 않는 한, 아이가 대회 자체에 참가하지 못하게 될 수도 있기 때문이다.

그리고 여기서 잊지 말아야 할 중요한 사실 하나! 당신의 아이가 이 모든 것을 중요하게 생각한다는 점이다. 팀에 대한 아이의 충성도는 대단히 높다. 당신도 지금껏 아이에게 중간에 그만두지 않는 것이 중요하다고, 그저 하기 싫다는 이유로 연습과 경기를 빼먹어서는 안 된다고 가르쳐왔지 않은가. 그리하여 갑자기 당신은 엄청난 혼란에 빠지고 만다.

축구는 원래부터가 좀 극단적인 운동이지만, 당신이 생각할 수 있는 거의 모든 활동이 축구만큼이나 극단적인 방향으로 바뀌었다. 아이들은 '철자 맞추기 대회'에서도 지역 예선과 본선을 거치며 경쟁한다. 지리학 경시대회와 역사 경시대회도 마찬가지다. 그밖에 수학 경시대회, 체스 대회, 과학 경시대회 등 각종 대회가 끝도 없이 열리고, 만화 그리기 워크숍, 지역 오케스트라, 합창단, 밴드 등 수많은 활동이 이루어진다. 이 중에는 우리가 어려서부터 알고 있던 것들도 분명 있지만, 축구 하나만 봐도 알 수 있듯 참여 빈도와 강도, 기대치가 과거와는 차원이 다르다. 캘리포니아 주에 사는 세 아이의 엄마 사라 파워스Sarah Powers는 이렇게 말했다.

"특별활동 심화반에 들어가고 싶어 하는 아이에게 안 된다고 말하기는 힘들죠."

파워스는 어려서부터 무용을 배웠고, 오랫동안 어린이를 대상으로 무용 교습소를 운영해왔다.

"규모가 큰 무용 학원에서는 아주 어린아이들까지 불러 모아 공연이나 경연에 참가할 수 있게 연습을 시킵니다. 공연이나 경연에 참가해야 한다는 압력이 아이들에게는 매우 크게 다가오죠. 자기만 경연에 참가하지 못하거나, 자기만 단독 공연을 하지 못하거나, 자기만 로고가 달린 티셔츠를 입지 못하게 되면 엄청난 소외감을 느끼거든요."

하지만 '심화반'이라는 수식어는 학원들이 우리 아이들을 사로잡기 위해 보기 좋게 포장한, 엄청난 수익 창출의 기회에 불과하다. 그러나 그렇기 때문에 부모들에게는 전혀 책임이 없다고 선언하기 전에, 실은 부모들이 이 모든 광란을 이끄는 운전사(말 그대로 운전사이기도 하다)라는 점을 잊지 말자. 우리가 그 모든 것에 참여하지 않는다면 시즌은 길어지지 않을 것이고, 여름 캠프는 열리지 않을 것이며, 무용 교습소는 상업화되지 않을 것이다. 우리는 지금 자신의 발목을 묶고 있다.[7] 우리 아이의 성공에, 특별활동을 중심으로 형성된 지역 공동체에 자신을 묶어두고 있다. 그렇다고 해서 그게 꼭 나쁘다는 것은 아니다. 만약 그렇게 해서 당신과 당신의 자녀가 행복해진다면, 그리고 나머지 가족들에게서 무언가를 박탈하고 있지만 않다면 말이다.

여기서 우리는 정말 중요한 질문을 던져야 한다. 특별활동은 아이들의 행복과 우리의 행복에 기여할 수 있다. 아이들에게는 즐거움의 원천이 되고, 모든 가족에게는 자랑거리가 될 수도 있다. 하지만 반대로 이런 활동은 우리의 삶을 완전히 장악하고 다른 모든 영역까지, 심지어는 분명한 의무 사항들이 있는 영역들까지도 침투할 수 있다. 과연 어떻게 해야 적절한 균형점을 찾을 수 있을까?

개선하기

자녀가 특별활동에 참여하면서도 행복한 가정생활을 유지하려면 그 활동이 당신과 자녀는 물론이고 다른 가족에게도 부담이 되지 않아야 한다. 어린이 차량 공유 서비스 업체 홉스킵드라이브HopSkipDrive가 실시한 설문조사 결과에 따르면 부모 중 35퍼센트가 세금 신고를 하는 것보다 아이들을 특별활동 장소에 데려다주고 데리고 오는 것이 더 스트레스라고 말했다. 그 부모들이 전부 세무사라면 몰라도, 이건 좋은 신호가 아니다.

또한 당신의 자녀가 충분한 놀이 시간과 휴식 시간을 누리지 못하고 있다면 아이가 특별활동으로부터 얻는 이득은 생각만큼 크지 않을지도 모른다. 고등학생의 경우, 일주일에 열다섯 시간 이상의 특별활동에 참여하게 되면 우울증이나 불안감 등의 심리 문제를 더 많이 경험하고, 수면 시간이 줄어들며, 스트레스 지수도 더 높게 나타난다. 그렇게 되면 아이들의 행복은 물론이고 함께 사는 가족들의 행복도 보장하기 힘들다.

모든 아이에게 딱 맞는 완벽한 특별활동 시간이 정해져 있는 건 아니다. 하지만 당신이 아이들을 대신해서, 또는 아이들과 함께 특별활동과 관련된 결정을 내릴 때 꼭 기억할 것들이 있다. 운동을 비롯한 많은 특별활동은 아이들이 자랄수록 눈덩이처럼 불어나 어느 순간 도저히 감당할 수 없는 수준에 이르곤 한다.

하지만 꼭 그래야 하는 건 아니다. 이 장의 뒷부분에서 더 자세히 살펴보겠지만, 어떤 부모들은 외부에서 자녀의 참여를 아무리 부추겨도 결코 기대에 응하지 않는다. 그러다 보면 시스템상에 생각보다 많은 유연성이 존재한다는 것을 알게 되고, 많은 사람이 따라간 익숙한 길에서 벗어나 아이가 좋아하는 것을 탐구하도록 돕는 과정이 더 행복하다는 사실을 깨닫곤 한다. 많은 부모가 범하는 실수는 특별활동 그 자체를 재미나 행복과 동일시하고, 거기에서 오는 수많은 요구 사항이 아이들과 다른 가족, 그리고 우리 자신에게 미치는 영향에 대해서는 간과하는 것이다.

분별력을 잃지 마라

미래를 전부 예측할 수는 없다. 하지만 자녀를 바이올린이든 축구든 특별활동에 등록시킬 생각이라면 다가올 미래를 최대한 깊이 생각해보라. 우선 가까운 미래를 떠올려보자. 이번 시즌에 꼭 참석해야 하는 일정은 무엇이 있는가? 코치나 교사는 무엇을 기대하는가? 우리 가족에게 간접적으로 의존하게 될 다른 가족이나 아이들이 있는가? 예를 들어 작은 레고 조립팀에 가입하면 대회에 참가할 일이 생길 것이다. 만약 아이가 속한 팀이 우승이라도 하게 되면 그 후에는 더 많은 대회가 기다리고 있을 것이다. 만약 팀 규모가 크면 결원이 생겨 대회에 나가게 될 가능성이 있고, 팀 규모가 작으면 모든 팀원이 나갈 수밖에 없다. 만약 시즌 마무리 행사가 있다면 당신도 참여해야 하는가? 또한 당신은 참석하기를 원하는가?

파워스는 네 살짜리 딸을 발레 수업에 처음 등록시킬 때만 해도 일주일에 한 번씩 발레복을 입은 아이들이 모여 그다지 힘들지 않은 간단한 동작들을 따라 하는 모습만을 상상했다고 한다. 수업 내용은 예상했던 것과 비슷했지만 수업이 끝날 무렵, 강사는 발표회가 열릴 예정이라고 공지했다. 그러려면 발표회 준비를 위한 추가 강습이 필요했고, 강습료도 더 내야 했다. 파워스는 이렇게 말했다.

"대부분의 사람은 그냥 시키는 대로 합니다. 아이가 투투 치마를 입을 생각에 신나서 어쩔 줄 몰라 하기 때문이죠. 물론 나중에 치마 값으로 200달러도 내야 합니다. 하지만 단지 네 살짜리 아이를 기쁘게 하기 위해 네 시간짜리 발표회에 참가하실 겁니까? 이럴 때는 분별력을 잃지 않는 것이 중요합니다."

딸아이가 계속 발레를 배운다면 앞으로도 발표회에 참가할 기회는 무궁무진할 것이다. 따라서 이번 것은 건너뛰어도 된다.

특별활동이 당신과 어린 자녀를 비롯해 가족 모두에게 어떤 영향을 미칠지 생각해보라. 파워스는 첫째 딸이 음악 학원에서 강습을 받는 동안 좁디좁은 대기실에서 유치원생인 둘째와 낱말카드 놀이를 하는 동시에 이제 막 걸음마를 뗀 막내를 돌보느라 엄청나게 고생한 뒤부터는 자녀가 어떤 활동을 할 때 다른 아이들은 무엇을 하게 될 것인지에 대해서도 생각한다고 한다. 따로 베이비시터를 구하지 않는 한, 다른 자녀들도 돌봐야 하기 때문이다. 파워스는 이렇게 말했다.

"운동장이 있는 야구 학원은 둘째와 막내도 좋아해요."

또한 첫째 딸의 새 음악 학원에는 동생들이 놀 수 있는 공간이 따로 마련되어 있다.

"첫째에게 아이패드로 하는 교육은 시키지 않아요. 많은 것을 쉽게 배울 수도 있겠지만 동생들까지 전부 그걸 들여다보게 할 정도로 중요하다는 생각은 들지 않거든요."

시간제한에 대해서도 현실적으로 생각하라. 《여자아이의 사춘기는 다르다》의 저자이자 열세 살과 여섯 살 두 딸을 키우고 있는 리사 다무르Lisa Damour는 아이에게 이렇게 말한다고 한다.

"축구를 한 시간 배우려면 실제로는 두 시간 반이 필요해. 준비물을 챙기고 차에 타서 학원까지 가는 데 45분, 수업이 끝난 후 집에 와서 목욕까지 하는 데 또 45분이 걸리니까. 일주일에 세 시간 수업만 생각한다면 충분히 감당할 수 있겠지만 실제로는 일주일에 일곱 시간 반이 필요한 거야. 정말 가능하겠니?"

물론 가능할 수도 있다. 하지만 시간 계산을 정확히 해봐야 결정을 내리기도 쉽고, 학원에 다니는 과정도 한결 수월할 것이다.

자녀의 자아정체성을 보호하라

인기 있는 특별활동 종목들에는 또 하나의 극단성이 존재한다. 강사나 코치들이 당신과 아이에게 그 활동을 최우선시하기를 기대한다는 사실이다. 종목은 무용일 수도 있고, 바이올린일 수도 있고, 야구일 수도 있다. 다른 활동과의 충돌이 생길 경우, 그들은 당신에게 이렇게 말한다.

"진정한 무용수/바이올리니스트/야구 선수라면 어떤 선택을 해야 할지 잘 알고 있을 겁니다."

아이는 이제 겨우 일곱 살인데 말이다. 그런 말을 들으면 부모와 아이들은 충돌하는 다른 활동을 성급하게 포기해버리곤 한다. 하지만 하나의 활동에만 지나치게 집중하는 것은 미친 듯이 빡빡한 스케줄을 제대로 파악하지 못하는 것만큼이나 불행으로 가는 지름길이다. 오하이오 주의 여학교에서 심리상담가로도 일하고 있는 다무르는 이렇게 말했다.

"정체성이 온통 축구로 점철되어 있는 아이들을 자주 봅니다. 그런 아이들은 전방 십자 인대라도 찢어지는 날엔 그야말로 모든 것을 잃게 되죠."

친구, 또래 집단, 자유 시간 등 모든 것이 축구팀 중심으로 돌아가던 아이가 팀을 최소한 일시적으로라도 잃게 된다면 어떤 마음이 들겠는가.

"그런 상황은 당신도 모르는 사이에 찾아옵니다. 여섯 살 아이를 축구팀에 가입시켰는데 문득 돌아보니 당신은 축구에 완전히 압도되어 있고, 그러다가 어느 순간 아이의 삶에서 축구가 갑자기 먼지처럼 사라져버리고 나면 당신 곁에는 정체성 위기를 겪는 아이만이 남게 되는 겁니다. 하지만 그런 경우를 미리 대비하는 사람은 아무도 없습니다."

물론 부상의 위험만을 생각하며 자녀의 유년기를 설계할 수는 없다. 하지만 모든 활동을 아이 삶의 작은 일부에 불과하다고 생각하고, 말과 행동도 그런 식으로 할 수는 있다. 규모가 큰 음악 교습소나 무용 교습소에 다니는 것은 다른 일과 양립하기가 어려울 수 있지만 작은 곳일수록 융통성을 발휘해줄 가능성이 크다. 상대적으로 아이들이 덜 몰리는 활동, 예컨대 만화 그리기 수업이나 방과 후 합창단, 스쿼시 등에 참여하는 것도 시간과 책임을 줄일 수 있는 방법이다.

아이가 스스로에 대해 어떻게 생각하는지를 우리 마음대로 조절할 수는 없다. 하지만 최소한 삶의 우선순위에 관해 아이와 대화를 나눌 때 지금과는 다른 이야기를 해줄 수는 있다. 지금 당장 열정을 쏟고 있는 그 활동을 빼놓고 보더라도 아이의 삶이 얼마나 다채로운 것들로 가득한지를 말해주는 것이다. 물론 피아노 의자에 앉지 못할 만큼 엄청나게 큰 부상을 당하는 아이는 거의 없겠지만, 아이가 어느 날 갑자기, 또는 서서히 다른 활동을 해보고 싶다고 생각할 수는 있다. 설령 아이가 정말로 자신의 꿈을 찾은 듯이 보이더라도, 아이의 행복과 당신의 행복을 보호하기 위해서는 달걀을 여러 개의 바구니에 나눠 담을 수 있도록 도와주어야 한다. 아이가 계속해서 새로운 것을 시도하도록 용기를 주어라. 친구나 형제자매와 함께, 아니면 부모와 함께 새로운 활동에 참여하고 다양한 분야에서 능력을 키울 수 있도록 도와주어라.

아이가 그만두고 싶어 할 때는 어떻게 할까

교육 기관에 가기 싫어하는 아이를 억지로 끌고 갈 때나 "바이올린 하기 싫단 말이야!"라고 소리치는 아이와 연습 시간을 협상할 때는 사실 행복할 수가 없다. 아이가 몇 년 동안 배운 운동이나 악기를 그만두고 싶어 하거나, 등록한 지 얼마 되지 않은 시점이나 시즌 도중에 갑자기 그만두고 싶어 할 때는 어떻게 대처해야 할까? 가족과 아이의 성향에 따라 상황은 매우 다양하겠지만 일반적으로 받아들여지는 몇 가지 규칙이 있다.

그만두어야 할 상황을 잘 파악하라

많은 부모가 일단 시작했으면 도중에 그만두게 하지는 않을 것이라고 말한다. 다른 아이들에게 피해를 줄 수 있는 상황이라면 더더욱 그렇다. 하지만 예외는 있다. 펜실베이니아 주 필라델피아에 사는 엄마 애니 미칼리 웹Annie Micale Webb은 이렇게 말했다.

"중학교 2학년 아들의 미식축구 전지훈련을 도중에 그만두게 했어요. 너무 힘들다는 아이의 말을 진심으로 들어주고 존중해야 한 다는 걸 깨달았거든요. 아이는 혹독한 훈련은 물론이고 미식축구 자체를 너무 싫어하고 있었어요. 팀과의 약속을 지키려다가는 아이의 몸과 마음에 무리가 갈 상황이었죠. 제 고집만 부리지 않고 아이의 말을 진지하게 들어보니 그만두게 하는 게 맞다는 생각이 들었어요."

샌프란시스코에 사는 엄마 수즈 리프먼Suz Lipman은 딸의 모의재판 활동을 세 번째 시즌 초반에 그만두게 했다.

"아이가 너무 힘들어했어요. 지난 두 시즌을 경험했기 때문에 앞으로도 얼마나 힘들지 아이도, 저도 잘 알고 있었어요. 그래서 아이가 더는 얻을 것이 없다고, 이제 정말 하고 싶지 않고 자유로운 시간을 갖고 싶다고 말했을 때 허락해주었어요."

그만두는 건 아이들이 말하게 하라

아이들은 원래 징징거리면서 그만두고 싶다는 말을 잘 내뱉는다. 심지어 "그냥 안 가면 안 돼요?"라고 묻기도 한다. 그럴 때 아이가 원하는 대로 허락해주더라도 교사나 코치에게 그만둔다고 말하는 것만큼은 스스로 하게 해야 한다. 그 책임을 통해 아이는 의사결정과정에 직접 참여하게 되는데, 본인이 정말 무엇을 원하는지 잘 모를 정도로 어릴 때부터 배우기 시작한 활동이라면 이런 과정이 특히 더 필요하다. 아이가 스스로 선택권을 가져보지 못했다면 최소한 그만둘 수 있는 권한을 줌으로써 아이 스스로가 그 활동이 자신에게 어떤 의미인지, 삶에서 그 활동이 사라진다면 어떨지에 대해 생각해볼 수 있기 때문이다. 그럼에도 아이는 그만두겠다는 결정을 고수할 수도 있지만 최소한 일시적인 기분에 따라 결정하는 것은 막을 수 있다.

뉴욕 주 헌팅턴에 사는 엄마 데니스 스키파니Denise Schipani의 아들은 아홉 살 때 2년 동안 배운 피아노를 그만두고 싶다고 말했다고 한다. 그럼 선생님께 직접 말씀드리라고 했더니, 일주일 후 아이는 엄마가 대신 말씀드리면 안 되냐고 물었다.

"저는 단호하게 '그만두고 싶으면 네가 직접 말씀드려야 해'라고 말했어요."

아이는 직접 말하고 싶어 하지 않았고, 결국 다시는 그만둔다는 말을 꺼내지 않았다.

"그때 아이는 쉽게 빠져나갈 구멍을 찾고 있었던 것 같아요. 그것까지 제가 도와줄 필요는 없죠. 그만둔다고 말했을 때 스스로 어떤 기분이 드는지, 아빠와 엄마가 어떤 반응을 보일지 궁금했는지도 모르겠어요. 그러다가 자기 뜻대로 안 된다는 걸 깨닫고 그냥 포기한 거죠. 아이는 이제 열여섯 살 형처럼 피아노를 아주 잘 쳐요. 둘 다 피아노 치는 걸 얼마나 좋아하는지 몰라요. 원래 뭔가를 좋아하려면 어느 정도 잘해야 하잖아요."

스키파니의 가족은 최근에 새 피아노를 샀다고 한다.

우울할 때는 그만두지 않게 하라

그만두기 좋은 때가 있는가 하면(시즌이나 연주회가 끝난 후, 오랫동안 고민한 후, 부모나 다른 적당한 사람들과 대화를 나눈 후) 좋지 않은 때도 있다. 최고의 팀에 들어가지 못했을 때, 단독 연주 기회를 놓쳤을 때, 수석 연주자로 뽑히지 못했을 때는 그만두게 해서는 안 된다. 아이들은 실망했을 때 원래 이런저런 말을 하게 마련이다.

실망스러워하는 아이를 위해 소속 리그를 바꾸거나 다른 청소년 오케스트라에 지원해보게 하는 것도 좋은 방법이 아니다. 만약 이미 그렇게 하고 있다면, 또는 아이가 최고의 팀에 들어갈 수 있도록 온갖 편법을 동원하고 있다면, 특별활동에 참여하는 진짜 이유를 망각하고 있지는 않은지 당신 스스로에게 물어보라. 당신의 그런 행동은 다른 부모와 아이들까지 불행하게 만들 수 있다. 또한 계속 교습소나 축구 교실을 옮겨 다니다 보면 설사 불평하지 않는다 해도 당신의 아이 역시 힘들 것이다. 그런 상황을 스스로 극복해보지 못한 아이는 제대로 성장하기 힘들다.

당신의 직감을 믿어라

아이가 이른 나이에 특별활동을 시작했다면 때로는 그것을 놓아주어야 할 때가 온다. 사람은 누구나 변한다. 아이들은 더 그렇다. 로라 허진스는 열세 살 아들이 6년 동안 계속해온 야구를 그만두기로 결정했을 때 힘든 과정이 되리라는 것을 잘 알고 있었다.

"하지만 야구가 여름을 전부 잡아먹고 있어서 아이와 남편이 너무 좋아하는 캠핑과 카누 타기 등을 모두 포기해야 했어요. 우리는 아들에게 스스로 결정을 내리게 하고, 그에 따른 장단점을 알려주었죠. 어떤 선택을 하든 어느 정도는 후회할 수밖에 없을 거라고도 말해주었어요."

정말 그랬다. 아들도, 엄마도 야구가 그리웠다.

"아이는 다른 좋아하는 일을 위해 좋아하는 야구를 포기한 거예요. 하지만 우리는 그 선택에 만족해요."

하지만 지금은 완전히 그만두게 할 때가 아니라는 직감이 들 수도 있다. 펜실베이니아 주 앨런타운에 사는 엄마 제니 레비Jenni Levy는 5학년이 된 딸아이가 무용을 그만두겠다고 했을 때 뭔가 잘못됐다는 생각이 들었다고 한다.

"왠지 모르게 아이가 무용을 잘하지 못할까봐 걱정한다는 느낌이 들었어요. 그해에는 무슨 활동이든 다 그만두려고만 했거든요."

그들 부부는 기존에 하던 수준(일주일에 4~5회 수업)만큼 무용을 계속하라고 강요하지는 않았지만 최소한 일주일에 세 시간의 신체 활동은 계속하게 했다. 아이는 힙합 댄스 수업과 테니스 수업을 1년 정도 들었다. 그리고 그 후 다시 무용으로 돌아갔다.

"6학년이 되기 직전에 아이가 '다시 무용을 하고 싶어요'라고 말하더군요. 지금은 예술고등학교에서 무용을 전공하고 있어요."

다른 접근법을 찾아보아라

뉴욕 주에서 두 아이를 키우는 엄마 마저리 잉걸Marjorie Ingall은 이렇게 말했다.

"남편은 딸아이가 5학년 때 결국 플루트 학원을 그만두어도 된다고 허락했어요. 그때까지 그 문제로 아이와 정말 많이 싸웠거든요. 그런데 학원을 그만두자 아이는 오히려 플루트를 만지작거리며 놀기 시작했어요. 누군가가 연습하라고 잔소리만 하지 않으면요. 그리고 그해 여름 캠프에 악기를 가져가 친구들과 즉흥 연주를 하기도 했어요. 그러다가 고등학교에 입학했는데 마침 그 학교에 재즈 밴드가 있는 거예요. 아이를 격려해주는 너무 좋은 선생님도 두 분이나 계셨고요!"

그녀의 딸이 정말 싫어했던 것은 스즈키식 교육법(Suzuki method, 스즈키 신이치가 창안한 음악 교육법으로 곡을 듣고 연주하는 일을 반복해서 음악을 익히는 방식-편집자)과 부모로부터의 압박이었다. 현재 아이는 플루트에 파묻혀서 지낸다고 한다.

매사추세츠 주 케이프코드에 사는 엄마 앨런 스피러 소캘Ellen Spirer Socal은 자신이 어렸을 때의 이야기를 들려주었다. 그녀는 피아노 학원을 그만두게 허락해준 어머니의 결정을 아쉬워했다.

"제 선생님은 연주회나 대회를 대단히 중요하게 생각하셨어요. 저는 집에서나 학원에서는 연주를 꽤 잘했지만 관중 앞에만 서면 얼어붙었죠. 게다가 외워서 치는 데에는 정말 소질이 없었어요."

대회 전날 눈물을 흘리는 딸을 본 어머니는 바로 피아노 선생님에게 전화를 걸어 대회에 나가지 않겠다고 선언했다.

"그 뒤로 다시는 학원에 가지 않았어요. 그때 누군가가 제게 '공연'을 위해서가 아니라 '재미'를 위해서 연주하는 법을 가르쳐주었다면 좋았을 거예요."

음악은 다를 수도 있다

내 주변에는 '어렸을 때 배우던 악기를 그만두지 않았더라면 얼마나 좋았을까' 하고 후회하는 어른이 많다. 나도 그렇다. 하지만 사실 우리는 거기에 뒤따르는 오랜 연습과 숙달의 과정 없이 그저 잘 연주할 수 있기만을 바라는지도 모른다.

어떤 부모들은 바로 그 연습과 숙달 과정 때문에 아이들에게 음악을 그만두지 못하게 한다. 음악은 일정한 수준에 도달할 때까지는 그다지 재미가 없기 때문에 아이들이 거기까지 가볼 수 있도록 도와주지 않는 건 부모로서 잘못된 선택이라는 것이다. 게다가 음악을 경험하는 건 그 자체로도 교육적이다. 음악 공부와 학업 성취 사이에는 작지만 중요한 연관성이 있다.[8] 많은 음악 교육자가 악보 읽기를 배우는 과정이 언어 습득과 유사하며, 악보를 읽으려면 수학적 패턴도 이해할 수 있어야 한다고 지적한다.

어떤 가족에게는 음악이 의무다. 버몬트 주 하트랜드에 사는 세 아이의 엄마 사라 스튜어트 테일러Sarah Stewart Taylor는 이렇게 말했다.

"우리는 처음부터 아이들에게 열아홉 살이 될 때까지는 무조건 음악을 배워야 한다고 말했어요."

테일러의 아이들은 현재 열두 살, 아홉 살, 일곱 살이며, 모두 다섯 살 무렵부터 음악을 배우기 시작했다.

"이건 우리 가족의 전통이에요. 묻고 따질 필요도 없죠. 그래서 아이들이 그만두고 싶다고 말하면 저는 이렇게 말해요. '그래, 첼로가 배우기 싫구나. 그럼 어떤 악기를 배우고 싶니?' 그러면 아이들은 한참을 생각하다가 결국 그냥 첼로를 배우겠다고 말해요. 처음부터 다시 시작하고 싶지는 않을 테니까요. 그리고 이제는 아무도 그만둔다고 하지 않아요. 이미 발전이 눈에 보이는 단계에 도달해서 연주의 재미를 어느 정도 알게 됐거든요. 물론 아이들이 어릴 때 몇 년 동안은 정말 힘들었어요. 울기도 많이 울고 그만두겠다고 소리를 지르는 일도 많았죠. 하지만 그런 경험 덕분에 우리의 훈육 방식은 좀 바뀌었어요. 이제는 아이들이 떼를 부릴 때면 '그건 우리 가족의 전통이야'라는 대답을 많이 해요."

매일 음악을 하는 가족 안에서 자란 아이들은 나중에 자신의 노력이 맺은 결실을 보며 부모에게 감사해한다. 그동안 쌓은 탄탄한 기초를 바탕으로 다른 악기를 배우기도 하고, 연주 실력을 활용해 합창단이나 오케스트라, 밴드에서 활동하기도 한다. 그리고 현실적으로는, 10대가 된 자녀가 더 이상 그 모든 것을 해낼 충분한 시간이 없다고 판단하고 어쩔 수 없이 음악을 그만두도록 허락해주는 부모도 많다.

어떤 것이 옳은 선택인지를 어떻게 알 수 있을까? 사실 절대적인 정답이란 없으며, 어떤 선택을 하든 장단점이 있다. 하지만 만약 음악을 배우라고 강요하는 것이 당신과 자녀 모두에게 큰 불행을 안겨준다면 이제는 그만두게 하는 것이 좋다. 또는 그만두게 하지는 않더라도 아이가 즐거움을 찾을 수 있도록 여유를 줘야 한다. 다만 어떻게 할지 정하고 그대로 하라.

실패라는 선물을 기꺼이 받아들여라

당신의 자녀가 무용을 한다면, 악기를 배운다면, 또는 로봇공학, 체스, 스포츠 등 경쟁하는 활동을 한다면, 축하한다. 제시카 레이히가 저서《똑똑한 엄마는 서두르지 않는다》에서 말했듯 당신은 아이에게 '실패라는 선물'을 준 셈이다. 우리 사회는 참가하기만 해도 받을 수 있는 참가상을 받으면 아이의 자존감에 금이 갈까봐 걱정한다. 하지만 아이가 조금 더 자라서 다양한 팀, 대회, 오디션에 지원하게 되면 부모는 그건 아무것도 아니라는 사실을 깨닫게 된다.

분야에 상관없이 경쟁이란 실패 위험을 감수한다는 뜻이고, 당신의 아이는 틀림없이 실패할 것이다. 원하는 팀에 들어가지 못할 수도 있고, 독주 기회를 따내지 못할 수도 있다. 팀원들과 함께 열심히 노력하고도 경기나 대회, 토너먼트에서 지게 될 수도 있다. 그러면 아이는 슬퍼할 것이다. 그렇다면 당신도 슬퍼할 것인가?

아이들이 행복하지 않을 때도 당신은 행복할 수 있다. 그렇다. 현실적으로는 당신도 불행해질 수밖에 없다. 아이에게 실망하고 아이와 똑같은 실망감을 느낄 것이다. 하지만 우리가 좀 더 큰 그림을 볼 수만 있다면 훨씬 더 행복한 감정을 유지할 수 있다. 경쟁과 실망은 떼려야 뗄 수 없는 관계다. 그러니 특별활동에 대해서는 다음의 원칙을 머릿속에 새겨두자.

'내가 할 일은 없다. 아니, 아무것도 하지 않는 게 내가 할 일이다.' 그저 아이를 안아주고 스스로 고통을 느끼게 하라. 고통에서 벗어나라고 다그치지 말고, 무엇보다도 당신이 직접 나서서 문제를 해결하려고 하지 마라. 아무리 생각해봐도 한 명 정도는 더 연주회에 나갈 수 있을 것 같아도, 스마트폰으로 촬영한 경기 장면을 다시 봤는데 심판이 오심을 했다는 확신이 들어도 마찬가지다. 절대 나서지 마라.

전 레슬링 선수이자 네브래스카 주 상원의원이며, 아버지가 네브래스카 대학 레슬링 및 미식축구 코치였던 벤 새스Ben Sasse는 페이스북에 실패에 관해 다음과 같은 글을 남겼다.

> 이런 상처는 좋은 흉터를 남긴다. 당신의 자녀는 좋은 흉터를 딛고 일어선 뒤에야 값진 성장을 할 수 있다. 당신의 자녀는 이런 경험으로부터 타인의 성공을 인정하는 법을 배운다. 그리고 나 자신보다는 타인의 이익과 팀을 위해 노력하는 것의 의미를, 명령과 책임에 따라 최선을 다한 뒤 결과는 경기장에 맡겨둔다는 말의 의미를 깨닫게 될 것이다. 또한 당신의 자녀는 최선을 다했음에도 그것만으로는 부족할 때 어떻게 대처해야 하는지도 배우게 될 것이다.

사실 이렇게 하기가 쉽지는 않다. 나도 그랬다. 하키를 배우는 큰 아들은 초등학교 3학년이 되자 다음 시즌에 활동할 팀을 배정받았다. 초등학교에 입학한 이후 매년 거친 과정이었지만 그해는 조금 달랐다. 당시 아이는 하키를 4년이나 배운 상태였는데, 새로 배정된 팀은 가장 실력이 형편없는 팀, 늘 지기만 하는 팀이었다. 심지어 그 팀에는 지금껏 한 번도 경기에 나가본 적 없는 아이도 있었다. 아이는 충격에 휩싸였다. 부끄럽지만 남편은 학교에 전화를 걸었다. 나도 남편을 부추겼다.

"혹시 저희 아들과 다른 아이 한 명이 팀을 옮길 수는 없을까요? 둘 다 지난 2년 내내 실력 있는 팀에서 활동했어요. 이 팀에서는 실력을 키우기가 어려울 것 같아요. 아이들의 의욕이 완전히 떨어질 수도 있고요. 어떻게든 안 될까요?"

하지만 원하는 대로 되지 않았다. 아이는 크게 낙담했다. 그리고 이 실패를 아주 큰일로 받아들였다. 울고, 울고, 또 울었으며, 대놓고 스스로를 비난하고 자신의 능력을 평가절하했다. 이번 시즌은 물론이고 하키를 아예 그만둘 거라고 으름장을 놓았다.

하지만 다행히도 아이는 새로운 팀에서 아주 멋진 시즌을 보냈다. 재미와 동료애, 진정으로 경기를 즐긴다는 측면에서 보면 그야말로 최고의 시즌이었다. 내 아이는 물론이고 같은 팀에 속한 다른 모든 아이에게도 운동장에서 열심히 운동하고 배우고 협력하는 것이 전부인 그 팀에서 한 시즌을 보낸 건 좋은 경험이었다. 아무도 그 팀이 경기에서 이기리라고 기대하지 않았기 때문에 아이들은 그저 경기에 참여하는 것만으로도 만족했고, 그 과정에서 골 결정력과 스케이트 실력, 경기 능력을 갈고닦을 수 있었다. 아이는 여전히 지원하는 팀에 매번 들어가지는 못하지만 지금은 고등학교 대표팀에서 활동하고 있다.

기억하라. 당장 편한 길을 택하면 나중에 후회하게 된다. 우리 모두는 아이들이 특별활동으로부터 무언가를 얻기를 바란다. 특히 스포츠에서 얻을 수 있는 가장 중요한 교훈은 바로 패배다. 우리는 아이들이 단단해지기 바란다. 실패에 의연하게 대처하고, 털고 일어나 다시 경기에서 뛰기를 바란다. 우리만큼 나이가 들었을 때 혹시 원하는 결과를 얻지 못하더라도 다시 일어나 나아갈 수 있는 능력, 우리는 아이가 그런 능력을 갖추기를 바란다. 하지만 우리가 길을 비켜주지 않으면 아이들은 배울 수 없다.

이런 부모는 되지 말자

일단 아이가 아이스링크에, 경기장에, 무대에 서면 모든 일이 당신 없이 이루어진다. 나는 이것이 특별활동의 가장 마법 같은 효과라고 생각한다. 아이들이 아직 어려서 손이 많이 갈 때는 특히 더 그렇다. 아이들을 데려다주고 나면, 당신이 코치가 아닌 이상 나머지는 당신의 몫이 아니다. 그러니 당신은 미뤄둔 일을 처리할 수도 있고, 책을 읽거나 이메일을 쓸 수도 있다. 만약 다른 어린 자녀가 있다면 그 아이에게 집중할 수도 있다.

또는 많은 부모들처럼 아이의 모습을 지켜볼 수도 있다. 특히 경기라면 더 그렇다. 경기장 밖에서 아이를 응원하거나 아이가 다른 친구로부터 지시를 받는(또는 거부하는) 모습을 흐뭇하게 지켜볼 수도 있다. 아이가 세상에서 한 인간으로서, 학급이나 그룹의 일부로서, 또는 당신을 필요로 하지 않는 팀의 일원으로서 존재하는 모습을 지켜보는 건 뿌듯한 일이다. 운동이 끝나면 그 감사한 마음을 아이에게 전해주는 것도 좋다.

"네가 운동하는 모습 보니까 정말 좋더라."

"오늘 수업 내용이 어려워 보이던데 재미있게 잘하더라."

바로 거기서 멈춰라. 연구 결과에 따르면 그래야 당신과 아이 모두가 더 행복해진다. 경쟁에는 자연스럽게 압박감이 따르게 마련이지만 부모들만 가세하지 않는다면 아이들은 훨씬 즐겁게 운동할 수 있다. 브루스 E. 브라운Bruce E. Brown은 35년이 넘는 세월 동안 청소년

스포츠 코치로 일했으며, 지금은 롭 밀러Rob Miller와 함께 코치 컨설팅 회사를 운영하고 있다. 그는 수백 명의 어린 운동선수에게 '경기를 할 때 무엇이 가장 싫은가?'라는 질문을 던졌다고 한다. 학생들에게서 돌아온 답변은 놀라웠다. 많은 아이가 '부모님과 차를 타고 집으로 돌아오는 길'을 꼽은 것이다.

왜 그럴까? 부모들이 조언을 하기 때문이다. 평가를 내리기 때문이다. '건설적인 비판'을 하기 때문이다. 그런 말을 들으면 경기는 순식간에 즐거운 시간이 아닌 실망스러운 시간으로 바뀌어버리고, 아이는 자신의 가치가 마치 운동 실력에 달려 있는 듯한 느낌을 받는다. 아이는 패배로부터 다시 일어나거나 승리감을 만끽하기가 더 이상 어려워지고, 심지어 경기를 또 한 번 치르거나, 다른 팀에 지원하거나, 다음 시즌에 등록하는 일은 더 어렵다고 느끼게 된다.

부모들에게 어린 자녀에게 왜 특별활동을 시키게 되었는지를 물으면 돌아오는 답은 온통 옳은 말뿐이다. 우리는 아이들이 뭔가 새로운 것을 배우고 탐구하고 연습을 통해 발전할 기회를 가져보고, 친구들과 함께 운동하고 춤추고 노래하고, 다른 사람들 앞에 서서 연주하고 공연하고 혼자서 무언가에 도전해보기를 바란다.

하지만 우리는 아이가 자라면서 특별활동의 진정한 목적이 자녀의 성장과 배움, 집단의 일원으로서 살아가는 법을 배우는 데 있다는 사실을 까맣게 잊어버리곤 한다. 우리는 중간에 끼어들어서 아이들이 최고의 경험을 하게 해주고 싶고, 아이가 그 경험으로부터 최대한의 결과를 얻기를 바라며 지도하는 방식이나 경기 시간, 팀 배치 등을 평가하려고 든다. 하지만 그런 것들은 당신이 애초에 얻고자 했던 가치와는 전혀 상관이 없다. 당신이 아이의 경험 속으로 뛰어드는 순간, 아이는 중요한 것을 빼앗기고 만다.

당신의 간섭 때문에 자녀와의 관계가 무너지고 있다면 당신도, 아이도 행복해질 수 없음은 당연하다. 모든 아이가 최고의 자리에 오르기 위해 축구나 바이올린을 배우는 것은 아니다. 자신의 실력을 최대한 끌어올리기 위해서도 아니다. 많은 아이가 그저 좋아서 축구를 하고, 좋아서 바이올린을 켠다. 경기, 도전, 음악, 동료애를 즐기기도 한다. 설문조사 결과, 스포츠를 하는 아이들의 90퍼센트는 경기에서 지더라도 운동을 하고 싶다고 답했고,[9] 71퍼센트는 아무도 점수를 세지 않더라도 경기를 하겠다고 답했다. 그리고 37퍼센트는 부모님이 경기를 지켜보지 않았으면 좋겠다고 답했다.

행복한 부모는 특별활동을 통해 아이가 즐거움과 기쁨을 느낄 수 있도록 든든하게 지지해줄 뿐[10] 엄격한 코치나 광적인 팬처럼 행동하지 않는다. 아이가 지금 하고 있는 활동을 왜 좋아하는지 생각해보고, 그 감정을 지지하는 데에만 집중하라. 공연이나 경기가 시작되기 전에 그저 즐기고 오라고 말해주어라. 끝나고 나서도 아빠와 엄마는 정말 즐거웠다고, 너도 즐거웠기를 바란다고 말해주어라.

아이는 당신이 아니다

아이가 당신이 좋아하는 무언가를 그만둔다고 했을 때 허락해주기란 쉽지 않다. 몬타나 주 미줄라에 사는 두 아이의 엄마 도리 길렐스Dori Gilels는 이렇게 말했다.

"제 딸은 열세 살 때 하키를 그만두고 싶다고 말했어요."

길렐스 본인은 물론이고 남편과 아들도 하키를 한다. 두 아이 모두 다섯 살 때 하키를 시작했다.

"우리는 아이가 하키를 그만두지 않기를 진심으로 바랐지만 결국 아이의 용기를 지지해주었어요. 아이가 자신은 우리만큼 하키를 사랑하지 않는다고 말했거든요."

일리노이 주 시카고에 사는 두 아이의 아빠 닐 로이드Neil Lloyd는 평생 음악가로 살았다(낮에는 변호사로 일하지만). 그의 아이들은 이제 열일곱 살, 열다섯 살이 되었는데, 이른 나이에 음악 교습을 받기 시작했지 만 결코 음악을 사랑하지 않았다. 로이드의 딸은 열세 살 때 바이올린을 그만두었고, 아들은 학교에서 최소한의 지식만을 배울 뿐이다. 그는 "음악가로서는 정말 마음이 아팠죠. '조금만 더 열심히 해보면 평생 하고 싶어질 거야'라며 아이들을 설득하기도 했어요"라고 말했다. 하지만 이제 음악에 대한 그의 열정을 아이들과 공유하기 어려울 것 같다. 다만 그의 딸은 얼마 전부터 아프리카 드럼 연주단에 다니기 시작했다고 한다. 그는 이렇게 말했다.

"어떻게 될지 두고 봐야죠."

가족의 가치를 지켜라

당신의 가족에게 중요한 가치의 스펙트럼 가운데 아이의 특별활동은 어디쯤에 자리하고 있는가? 특별활동이 가족 행사나 전통, 종교 활동 및 기타 중요한 가치들과 충돌할 경우, 당신은 어떤 선택을 할 것인가?

우리 부부와 아주 가까운 지인 부부가 있다. 그들의 네 아들 중 두 아들이 우리 첫째 아들과 같은 하키팀에서 활동했다. 그들은 기독교 관습인 안식일을 지키기 위해 금요일 해가 진 다음부터 토요일 해가 질 때까지 조용하게 가족끼리 시간을 보냈다. 그런데 바로 그 24시간이 하필 하키 경기가 자주 열리는 시간이라 아이들이 클수록 그 결심을 지키는 것이 점점 어려워졌다.

가족의 전통 때문에 아이들이 실력 없는 팀에 배정되거나 출전 선수 명단 중 가장 마지막으로 호명될지도 모르는 상황이었다. 실제로도 그런 일들이 있었다. 한 아이는 코치의 지시로 프리 시즌과 포스트 시즌 토너먼트 대회에서 제외된 적이 있었고, 또 어떤 코치는 일정을 조정해주기는 했지만 짜증난다는 티를 팍팍 내기도 했다. 물론 가끔은 괜찮을 때도 있었다. 얼마 후 그의 가족은 뉴햄프셔 주로 이사했고, 두 아들은 새로운 고등학교 하키 대표팀에 지원했다.

엄마인 레베카 고프Rebecca Goff의 말에 따르면 아들 매튜는 팀 배치 결정이 내려지기 전에 1학년인 동생을 데리고 코치를 찾아갔다고 한다. 토요일 경기에는 참여할 수 없다고 말하기 위해서였다. 현재 다트머스 대학에 다니는 매튜는 이렇게 말했다.

"최대한 공손하게 말씀드리려고 노력했어요. 우리가 팀에 들어가지 못할 가능성이 아주 높다는 것을 저도, 동생도 알고 있었거든요."

하지만 코치(지금은 내 첫째 아들의 코치이기도 하다)는 두 아이 모두 선발했고,

그 후 모든 홈경기 시간을 토요일 해가 진 이후로 바꾸었다(고등학교의 경우, 저녁 때 열리는 경기도 많으므로 아주 드문 일은 아니다). 고프는 말했다.

"코치님은 다음 해에는 홈경기를 토요일 저녁으로 옮겨주었고, 심지어 원정 경기를 주최하는 상대편 코치에게도 경기를 토요일 저녁 시간으로 잡아달라고 부탁했어요. 그런 관행은 2학년 때 대표팀에 선발된 막내아들에게까지 이어지고 있죠."

많은 지역에서 아이들의 특별활동이 다른 모든 것보다 우선시되어야 한다는 인식이 팽배해 있다. 중요한 경기나 대회는 꼭 금요일에 잡힌다. 그러면 아이들은 학교를 결석해야 하고, 부모들은 휴가를 써야 한다. 선수 선발과 오디션 일정에는 '예외는 없다'라는 단서가 붙는다. 가족 모임이 있든, 바트미츠바(Bat Mitzvah, 유대교의 성인식)가 예정되어 있든 일정을 맞추지 못하면 참석할 수 있는 다른 아이가 그 자리를 꿰차게 된다. 운동선수들에게는 봄방학도 없다. 학교에서 봄방학을 지키라고 아무리 권해도 변하는 것은 없다.

하지만 아무리 상황이 그렇더라도 부모와 자녀들은 나름대로의 선택을 할 수 있고, 그 선택이 늘 주변 사람들과 똑같아야만 하는 것은 아니다. 자기만의 길을 가라는 마음의 여유를 갖기 위한 원칙이기도 하지만 그 자체의 의미도 매우 중요하다. 만약 아이의 특별활동이 다른 중요한 가치를 침범한다면 바로 목소리를 높여야 한다. 당신이 밤늦게까지 이어지는 연습에 거부 의사를 표하면 다른 사람들도 동조해 많은 것이 바뀔 수도 있다. 또는 당신의 결정이 별다른 비판 없이 받아들여질 수도 있다. 물론 당신의 아이나 가족이 그 활동에서 배제될 가능성도 분명히 있다.

그러나 당신과 가족들에게 맞는 결정을 내렸다면 결과가 어떻든 상관할 필요는 없다. 고프의 세 아들은 모두 훌륭한 대학에 입학했으며, 고등학교에 다니는 막내아들도 아주 뛰어난 학생이다. 그보다 더 중요한 것은, 그들은 아주 끈끈하고 유대감 강한 가족이며, 아이들 모두 자신들이 중요하게 여기는 가치가 삶에 어떤 영향을 미칠 것인가를 스스로 선택할 줄 아는 훌륭한 청년으로 자랐다는 사실이다. 당신의 아이도 곧 이런 선택을 마주하게 될 것이다. 매튜는 내게 이런 내용의 이메일을 보냈다.

> 사람들은 제게 어떻게 하면 일주일에 24시간을 쉬면서도 할 일을 다 해내고 스트레스도 받지 않느냐고 물어봐요. 하지만 제가 애초에 분별력을 잃지 않고 모든 일을 해낼 수 있는 것은 매주 있는 안식일 덕분이에요.

그렇다면 매튜를 팀에서 배제시켰던 코치는 어떻게 됐을까? 고프는 아직도 그와 연락을 하고 있다며 이렇게 말했다.

"몇 년 후에 연락이 왔어요. 이제는 우리 가족의 신념과 가치를 이해한다고 하더군요."

특별활동은 특별활동일 뿐이다

현대의 유복한 가정에서 태어난 아이가 누릴 수 있는 한 가지 행운은 온갖 재미있는 활동을 경험할 수 있다는 것이다. 우리 어른들은 대부분 하지 못하는 활동이다. 내 생각에 그것은 크나큰 실수다(이 장의 마지막인 '당신만의 취미를 찾아라' 부분을 읽어보라). 하지만 상황이 그런 걸 어쩌겠는가. 어른들은 아이를 차에 태워 이리저리 데리고 다니고, 어딘가에 돈을 지불한다. 그러면 아이는 달려가서 점프를 하고, 드럼을 배우고, 무대에서 노래를 부른다. 부모는 그 모습을 보며 박수를 치고 응원한다. 운이 좋으면 모두가 즐거운 시간을 보낸다. 그리고 집으로 돌아간다.

그러나 일이 늘 그렇게 돌아가지는 않는다. 우리가 특별활동을 너무 진지하게 받아들이면 재미는 금세 사라져버린다. 아이가 가고 싶어 하는 곳에 데려다주는 게 아니라 무언가를 꼭 해야만 하는 곳으로 끌고 다니고 있다면 그 누구도 결코 행복하지 않을 것이다.

대부분의 아이에게 특별활동은 대학으로 가는 티켓이 되지 못한다. 스포츠의 경우, 《가장 비싼 게임The Most Expensive Game in Town》의 저자 마크 하이만Mark Hyman이 말했듯 자녀가 대학 졸업장을 받기를 바란다면 쿼터백 코치가 아니라 생물학 과외 선생에게 투자하는 것이 낫다.

대부분의 스포츠 종목에서 10퍼센트 미만의 아이만이 대학에 가서도 같은 운동을 계속한다. 스포츠와 관련된 장학금을 받는 아이는 그 10퍼센트에서도 단 3퍼센트에 불과하다. 프로 선수가 될 확률은 훨씬 더 낮다. 하지만 놀랍게도 운동을 하는 고등학생 자녀를 둔 부모의 26퍼센트가 아이가 언젠가는 프로 선수가 되기를 희망한다. 그 비율은 교육 수준이나 소득 수준이 낮은 부모의 경우, 훨씬 더 큰 것으로 나타났다. 즉, 고졸 이하의 학력을 가진 부모의 44퍼센트, 가계 수입 연 5만 달러 미만인 부모의 39퍼센트가 자녀들이 프로 선수로서 더 큰 무대에서 활동하기를 꿈꾼다. 그리고 그런 꿈에 엄청난 돈과 시간을 쏟아붓는다.

하지만 모든 특별활동은 그저 행복한 삶의 한 조각일 뿐이다. 물론 우리는 아이들이 자신이 속한 팀이나 맡은 역할에 책임감을 갖기를 바란다. 또한 아이들이 특별활동을 통해 다른 사람과 협력하는 법, 실패를 이겨내는 법, 발전하기 위해 열심히 노력하는 법을 배우기를 바란다. 하지만 축구 학원이니 협회니 하는 곳들에서 이번 경기의 중요성을 얼마나 부풀리든 개의치 않고, 아이들이 가장 좋아하는 취미를 그저 그 자체로 받아들여야만 부모들도 더 행복할 수 있다. 다시 말해 아이들과 이야기를 나눌 때도 특별활동을 하나의 놀이처럼 취급하고, 혹시라도 결과가 좋지 않을까봐 전전긍긍하지 말아야 한다. 아이들의 공연이 자주 열리지 않는다면 매번 찾아가 응원해줄 수도 있지만, 너무 자주 열린다면 매번 가지 못해도 괜찮다.

어른들이 삶에서 균형 잡힌 시각을 유지할 때 아이들도 그런 자세를 배울 수 있고, 그래야 모두가 더 행복해질 수 있다. 어쩌면 우리 아이들에게도 대학 입학 원서를 채우기 위한 특별활동이 필요할지도 모른다. 하지만 고등학교 기간 내내 자발적으로 행복하게 학교 어항의 물고기들을 돌보는 것이 토론 동아리에서 끔찍한 시간을 보내는 것보다는 훨씬 낫다. 당신 자신과 아이에게 이렇게 물어보아라.

"단지 즐거움을 위해서라면 이 활동을 계속하겠는가? 이 정도로 많이 하겠는가? 이만큼 많은 돈과 시간을 투자하겠는가?"

그 답이 '아니오'라면 다시 생각해봐야 한다.

기쁘게 받아들여라. 그리고 당신만의 재미를 찾아라

유달리 지루한 어느 날, 메리 올리버Mary Oliver가 쓴 시의 한 구절 '당신은 하나뿐인 당신의 거칠고 소중한 삶을 어디에 쓰고자 하는가?'를 읽고 미칠 것 같은 기분이 들지 않을 사람이 과연 몇이나 될까? 영감을 자극하는 그림과 함께 매력적인 글씨체로 쓰인 구절은 주말 내내 아이를 경기장에, 대회장에, 공연장에 데려다주느라 온 지역을 순회하는 당신을 비웃기라도 하는 듯 이렇게 묻는다.

'당신은 삶을 어디에 쓰고자 하는가?'

그러자 당신의 일부가 이렇게 되묻는다.

'이게 맞는 건가?'

이렇게 대답하면 어떨까?

'맞아.'

그렇다. 바로 이것이다. 생각해보라. 당신은 정말로 다른 무언가를 원하는가? 당신의 아이가 지금 하고 있는 이 활동을 선택하지 않았기를 정말로 바라는가? 아이가 그렇게나 좋아하는데도? 아이에게 너무나 중요한 날, 아이 곁에 당신이 아닌 다른 누군가가 있기를 바라는가? 지금 당신이 있는 곳이 새벽 5시, 결승전을 치르기 위해 달려가는 자동차 안이라 할지라도, 바로 거기가 당신이 진정으로 있고자 하는 곳이 아닌가?

물론 가능하면 카풀을 할 수도 있고, 굳이 모든 경기를 쫓아다닐 필요도 없다. 하지만 기왕 그렇게 하고 있다면 최대한 기쁘게 받아들여라. 아이와 함께 차를 타고 가는 그 시간을, 아이가 행복해하고 즐거워하는 모습을 바라보는 기쁨을 감사히 받아들여라. 청소년 도서 《축구하는 소녀들Soccer Sisters》 시리즈의 저자 안드레아 몬탈바노Andrea Montalbano는 이렇게 말했다.

"이 시간은 정말 빨리 지나갑니다."

몬탈바노는 대학 시절 축구 선수였고, 현재 두 자녀 역시 매사추세츠 주에서 축구를 하고 있다.

"얼마 전에 뉴저지 주에서 열린 토너먼트 경기장에 도착했을 때 딸아이를 붙잡고 주차장에서 사진을 찍었어요. 제 어머니와는 더 이상 이런 사진을 찍을 수 없잖아요. 이 순간은 언젠가 지나갈 테니 소중하게 간직해야죠. 제게 지금 여기보다 더 좋은 곳은 없답니다."

고된 시간들에 대해 생각하기보다는 당신이 이것을 좋아하는 이유에 대해 생각하라. 《과테말라 엄마의 비행Flight of the Quetzal Mama》의 저자 록산느 오캄포Roxanne Ocampo는 어린 아들을 매주 토요일마다 왕복 세 시간 정도 걸리는 지역에서 열리는 토론 프로그램에 등록시키기로 결정했다. 왜 그런 결정을 했을까?

"당연히 불편한 점은 있죠. 하지만 아들의 미래를 위한 투자이니 만족해요."

그의 가족은 높은 수준의 학업 성취를 가장 중요한 목표로 삼기로 다 함께 합의했기 때문에 그녀가 적극적으로 나서서 추진했다고 한다.

일단 벌어진 일이라면 당신이 재미있게 할 수 있는 방법을 찾아라. 나는 하키 경기가 진행되는 동안 뜨개질을 하는데, 아이가 좋아하는 일을 하는 동안 나 역시 좋아하는 일을 할 수 있어서 정말 좋다. 또한 전국 곳곳을 가게 되면 나의 시간을 가치 있게 보낼 수 있도록 여행 계획을 짠다. 팀 단체 식사에 참석하는 대신 아이와 함께 맛있다고 소문이 난 식당에 가보기도 하고, 그 지역 서점에서 시간을 보내기도 한다. 만약 그 지역에 좋은 마트가 있으면 잠시 들르기도 한다. 시간표를 정하는 것도, 라디오 채널과 먹을거리를 정하는 것도 나다. 그 결과, 하키 시즌은 모두가 즐거운 시간을 보내는 여행으로 채워지고 있고, 시즌이 끝나면 나는 그 여행이 그리워진다.

당신만의 취미를 찾아라

이렇게 생각해보자. 특별활동이 왜 아이들만의 전유물이어야 하는가? 주변을 둘러보면 성인을 위한 연주 동호회, 공예교실, 팀 스포츠 리그도 많다. 서핑 수업, 미술 수업, 피아노 수업을 들을 수도 있다. 베이비시터를 구하기도 힘들고 배우자에게 부탁할 수도 없어서 할 수 없다고? 그러면 집에서 혼자 할 수 있는 온라인 동호회나 강좌도 있다. 온라인 동호회 중심으로 형성된 오프라인 모임도 아주 많다. 그밖에 닭을 키워도 좋고, 양봉을 해도 좋다. 당신의 아이가 열정을 쏟아부을 만한 일을 찾았는지 걱정하기 전에 당신부터 찾아보면 어떨까?

자녀의 활동에만 온 시간을 쏟고 당신 자신에게는 인색하게 굴면 행복은 줄어들 수밖에 없다. 내가 진행한 연구 결과에 따르면, 아이가 생기기 전부터 자신만의 취미나 활동을 꾸준히 즐겨온 부모들이 삶에 훨씬 더 만족했고, 양육에 대한 만족감 역시 더 높았다. 캘리포니아 주에서 열아홉 살 세쌍둥이 딸과 스물한 살 아들을 키우고 있는 제이미 윌슨Jamie Wilson은 이렇게 말했다.

"제 딸들 중 한 아이는 수영 선수예요. 그런데 아이의 코치님이 고급자 팀을 모으시더라고요."

고등학교 때까지 수영 선수로 활동했던 윌슨은 그 팀에 합류했고, 그로부터 6개월 후인 인터뷰 당시에 바다 수영 자선행사를 준비하고 있었다. 그게 벌써 4년 전 일이고, 윌슨은 지금도 수영을 그만두지 않았다. 그동안 전국 수영 대회 출전 자격을 땄고, 같은 흥미와 열정을 공유하는 다른 사람들과 팀을 만들어 활동하기도 했다. 윌슨은 이렇게 말했다.

"너무 재밌어요. 수영에 완전히 중독됐다니까요. 아이가 자랄수록 자신만의 것이 필요해요. 이미 많이 커서 뭐든지 스스로 할 수 있는 아이에게 여전히 많은 시간을 쏟고 있다면 그건 돕는 게 아니라 오히려 방해하는 거예요."

청소년인 자녀의 수영 대회를 위해 온갖 계획을 짜고 대신 가방을 챙겨주지 않기 위한 최고의 방법은 당신의 수영 대회를 위해 진작 집을 떠나는 것이다.

예전에 열정적으로 하던 취미활동을 다시 시작해보는 것이 가장 쉽고 좋은 선택이라고 느껴지겠지만 뭔가 새로운 일을 찾아보는 것도 좋다. 새로운 것을 배우고 발전시키다 보면 과거의 열정에 다시 불이 붙을 수도 있기 때문이다. 우리는 이제 성인이다. 흥미로워 보이는 취미나 운동을 마음껏 고를 수 있다. 그러니 어렸을 때부터 꿈꿔오던 것을 선택해도 좋고, 원한다면 거기에 아이들을 데리고 가도 좋다. 아이의 활동에 쫓아다니는 것이 아니라 당신이 하는 활동에 아이를 데리고 가는 것 역시 삶의 만족도를 높이는 효과가 있다. 나는 어려서부터 돈을 모아 동네 공원에서 승마 체험을 하던 아이였다. 나는 내가 동경하던 승마교실에 큰 아이들을 등록시켰고, 그러면서 나도 함께 승마를 배우기 시작했다. 그리고 앞서 이야기했듯 지금은 집에서 말을 키우고 있으며, 아이들도 농장에서 의무적으로 일을 한다.

물론 당신의 모험에 아이들을 반드시 데려가야만 하는 것은 아니다. 당신의 취미는 너무나도 생소하고 시시해서 오로지 당신만 좋아할 수도 있다. 윌슨은 수영에 다시 흥미를 붙이기 전에 기타를 배운 적이 있다고 한다. 아이들이 아주 어릴 때였다.

"그때는 아이들과 함께 집에만 있었어요. 물론 그것도 좋았어요."
하지만 에너지가 넘치는 윌슨에게는 다른 무언가가 더 필요했다. 주변의 부모들이 유치원생 자녀들을 바이올린 교실에 데려다주는 동안 윌슨은 본인의 기타 수업 일정을 잡았다. 그로 인해 어쩔 수 없이 베이비시터를 구하게 됐고, 기타를 더 잘 치고 싶다는 마음에도 불이 붙었다. 7~8년 동안 매일 밤마다 기타 연습을 한 윌슨은 마침내 스스로 곡을 작곡하고 연주할 수 있게 되었다. 그녀는 이렇게 말했다.

"아이들은 저를 필요로 했지만 저의 전부를, 제 시간의 전부를 필요로 하지는 않았어요."

자녀를 진정한 어른으로 키우고 싶다면 아이가 바라보는 어른으로서의 삶도 좋아 보여야 한다. 그러니 우리만의 취미를 갖는 것은 우리 자신을 위한 일이기도 하지만 아이들을 위한 일이기도 하다. 더 이상 미루지 마라. 재미있는 것을 찾아 지금 당장 시작하라.

혹시 그럴 만한 시간이 없을 것 같은가? 임상 심리학자이자 저술가인 매들린 러빈Madeline Levine은 자신의 저서 《내 아이를 위한 심리코칭》을 통해 이렇게 외쳤다.[11]

> 당신의 삶을, 재미를, 우정을, 직업을 기꺼이 포기하고 매일같이 관중석에 앉아서 경기를 지켜보는 수동적인 모습을 아이에게 보여주고 싶은가? 친구나 배우자와 함께 보내는 시간 하나 없이 매일 저녁 아이 옆에 붙어 앉아 숙제를 도와주고 아이를 감시하고 싶은가? 선행학습과 과외에 돈이란 돈은 다 써버리고 가족끼리 휴가는커녕 주말에 남편과 데이트 한 번 하지 못하는 삶을 원하는가? 당신이 그런 삶을 산다면… 아이는 하늘의 달과 별이 자신을 중심으로 돌아간다고 믿게 될 것이다. 가족을 부양하고(때로는 나이 드신 부모님까지도) 보살피는 막중한 책임을 지고 있는 어른들의 욕구보다 열두 살짜리 아이의 축구 경기나 열여섯 살짜리 아이의 수학 시험이 훨씬 중요하다고 여기게 될 것이다.

5장

숙제: 내 것이 아니어야 더 재미있다

✻✻

우리 가족에게 숙제의 고통이 시작된 것은 초등학교 2학년이 된 첫째 아들이 학교를 옮기면서부터였다. 이전 학교에서는 숙제가 전혀 없었는데 새 학교는 달랐다. 한 장짜리 수학 문제를 일주일에 서너 번, 받아쓰기 쪽지 시험 자료를 일주일에 한 번 정도 내주었다. 미국 소아과 학회에 따르면 초등학교 1학년생의 숙제 시간은 하루 10분을 넘어가서는 안 되며, 학년이 올라갈수록 그 시간을 10분씩 늘려나가는 것이 좋다고 한다. 아들의 학교에서 내주는 숙제는 10분 내에 쉽게 끝낼 수 있는 분량이었다.

하지만 아이는 그러지 못했다. 아니, 못했다기보다는… 안 했다. 책상에 앉아 연필을 돌리고, 의자를 다리 두 개로 비스듬히 세워 흔들흔들하며 균형을 잡고, 창가에서 둥실둥실 떠다니며 햇살에 반짝이는 먼지를 멍하니 바라보았다. 아이는 불평도 하지 않았고, 그리 짜증스러워 보이지도 않았다. 아이는 그저 연필을 쥐고 책상 앞에 앉아 딴짓을 했다. 잠시 자리를 비웠다 돌아오면 아이는 책상 의자 아래에 누워 연필을 비행기 삼아 붕붕 날리고 있었다. 내가 붙잡고 앉아 같이 숙제를 해보기도 했지만, 그럴 때면 아이는 숙제와는 관련 없는 잡담을 끊임없이 해댔다. 연필에 대해서, 먼지에 대해서, 창밖 풍경에 대해서, 그리고 우리나라 정치 상황에 대해서 이러쿵 저러쿵…….

왠지 귀엽다고? 그렇다. 우리 아이는 고등학교에 간 지금도 여전히 귀엽다. 하지만 그 귀여움이 숙제를 대신 해주지는 못했고, 숙제는 우리를 불행하게 만들 뿐이었다. 우리는 아이가 주어진 일에 집중할 수 있도록 온갖 방법을 동원했다. 선생님과 상담을 해보기도 하고, 타이머를 이용해보기도 하고, 숙제 양을 조절해보기도 했다. 하지만 아이는 그다지 바뀌지 않았다. 3학년이 되자 숙제는 조금 더 늘어났고, 아이가 숙제와 함께 보내는 시간도 늘어났다. 숙제를 하면서 보내는 시간이 아니라 그냥 숙제와 함께 보내는 시간이었다. 그 시간 중 최소 절반 이상은 도저히 숙제를 한다고 말할 수 없었기 때문이다. 복장이 터질 것 같았다. 어렵지도 않고 몇 개 되지도 않는 수학 문제는 그냥 빨리 풀어버리면 되고, 받아쓰기 숙제라고 해봐야 그냥 보고 따라 쓰기만 하면 되는데, 도대체 왜 안 하는 거지? 얼른 해치워버리면 얼마나 좋아?

내 주변의 다른 부모들도 숙제 때문에 다양한 스트레스를 받고 있었다. 이만하면 됐다고 아무리 말해도 밤 12시가 되도록 그림 숙제를 끝내지 못하는 완벽주의자 아이, 나눗셈 때문에 짜증난다며 울고불고 난리를 치는 아이, 반이 달라 숙제도 완전히 다른 쌍둥이 형제, 매일 숙제 때문에 망쳐버리는 저녁 식사 시간, 첫째 아이의 숙제를 도와줘야 하는데 바짓가랑이를 붙잡고 늘어지는 막내 때문에 스트레스를 받는 부모도 있었다.

심지어 이런 일도 있었다. 어느 날 딸의 같은 반 친구 엄마에게서 전화가 왔다. 우리 아이를 자신의 집에 초대하기 위해서였다. 나는 “숙제부터 끝내고 갈게”라고 대답했다. 그러자 그 엄마는 “무슨 숙제?”라고 물었다. 알고 보니 그 집 아이는 단 한 번도 엄마에게 숙제가 있다는 말을 한 적이 없었다고 한다.

이 모든 일이 쌓이고 쌓여 부모들에게 엄청난 스트레스 요인이 되고 있었다. 숙제할 시간에 연필을 돌리던 첫째 아들은 나중에 보니 동생들에 비해 아무것도 아니었다. 모두가 숙제를 힘들어했다. 물론 세상 어딘가에는 집에 오자마자 숙제부터 끝내고 책가방에 제대로 챙겨놓기까지 하는 아이도 있을 것이고, 애초에 학교에서 숙제를 전혀 내주지 않는 행운아도 있을 것이다. 당신의 자녀가 그렇다면 이 장은 그냥 넘어가도 좋다. 나중에 필요할 때 읽어봐도 충분하다. 숙제로 인한 고통을 모두가 겪고 있지는 않다. 하지만 이 고통은 일단 생기고 나면 감당하기 어렵다고 느껴진다. 부모들은 선생님이 숙제에 대해 이러쿵저러쿵 불평을 해서 너무 힘들다고 토로한다. “아이가 숙제를 해오지 않았어요”, “더 잘할 수 있었는데 너무 대충 했어요” 등. 하지만 부모들이라고 불평을 하지 않겠는가. “숙제 때문에 스트레스 받아요”, “숙제가 놀이 시간이나 가족과 함께하는 시간을 잡아먹어요”, “아이들이 숙제 때문에 너무 걱정을 해요”, “도와달라고 해서 도와주면 ‘그렇게 하는 거 아니잖아!’라며 짜증을 내요” 등.

이처럼 숙제 때문에 많은 가족이 고통받고 있다. 이들을 구원해 줄 방법은 진정 없는 것일까? 부모, 당사자인 학생, 형제자매들은 물론이고 교사들마저도 "숙제는 짜증난다"라고 입을 모으고 있으니 말이다.

무엇이 문제인가

우리가 학생이던 시절에는 부모들이 자녀의 숙제 때문에 괴로워하는 일이 거의 없었다. 아마 숙제가 있는지조차 잘 몰랐을 것이다. 그들의 고등학교 생활은 우리와는 완전히 달랐다. 대부분의 여학생은 주요 과목에서 뛰어난 성적을 거두고 대학에 가야 한다는 기대를 아예 받지 않았다. 당시 미국 고등학교 교육의 진화 속도는 너무나 빨랐으므로, 부유한 일부 가정을 제외하면 그들의 부모(즉, 우리의 조부모)는 집안에서 처음으로 고등학교에 다닌 세대였고, 졸업을 하지 못하는 경우도 허다했다. 즉, 1910년에는 미국 국민의 단 9퍼센트만이 고등학교를 졸업했지만 1940년이 되자 그 비율은 50퍼센트로 급증했다.[1]

게다가 이러한 중등 교육의 보편화는 미국만의 독특한 현상이었다. 따라서 이민자 출신 부모들은 미국의 교육 체계에 대한 경험이 더 적었다. 미국 학생들에게는 이미 일상이 되어버린 학교 수업과 특별활동, 숙제가 그들에게는 너무나 생소했다. 대학 입시 과정은 더 말할 것도 없었다. 결국 지난 몇 세기 동안 우리의 부모 세대에게는 자녀의 일거수일투족을 감시할 만한 여유 자체가 없었다. 아이들을 키우며 완전히 새로운 교육 환경에 적응하느라 고군분투하거나, 그저 한 걸음 뒤에서 아이들을 지켜볼 뿐이었다. 숙제나 학교 교육 전반에 끊임없이 관여하며 아이 주변을 맴돈다는 건 상상도 못할 일이었다.

하지만 20세기 말에 학교를 마친 우리 세대가 보기에 자녀들의 학교생활은 우리 때와 크게 다르지 않다. 남학생과 여학생이 최소한 명목상으로라도 평등한 교육을 받고, 많은 경우 대학 입학이 교육의 최종 목표가 된다. 유치원부터 시작되는 자녀들의 교육 과정이 상당히 친숙한 우리 세대는 아이들에게 도움이 되기를 바라는 마음에 자꾸 개입하게 된다. 하지만 이상하게도 많은 경우, 그런 개입은 전혀 도움이 되지 않는다.

중상류층 부모들이 아이들의 시간표를 온갖 특별활동으로 채우는 바람에 아이들 개개인은 물론이고 사회적으로도 교육에 대한 기준 자체가 높아져버리고 말았다. 그 때문에 우리 부모 세대와는 달리 우리는 걱정거리가 한참 늘어났다. 아이가 바이올린과 축구, 수학을 끝내고 나서 남는 짧은 시간 동안 숙제를 마칠 수 있을까? (아, 생각만 해도 괴롭다!) 특히 부유한 지역에 위치한 학교들은 부모들의 성화에 못 이겨 더욱 힘든 교과 과정을 소화하게 되었다. 유치원은 더 이상 놀이만을 위한 기관이 아니게 되었으며, 저학년 학생들의 시간표에서 음악 시간, 미술 시간, 쉬는 시간이 급격히 줄어들고 있다. 고등학교에서는 사진 찍기나 금속공예 등의 활동이 대학 입학 사정관의 눈길을 사로잡을 수 있을 만한 다른 학과목들에 밀려 사라지고 있으며,[2] 그런 학과목들은 보통 숙제를 더 많이 내준다.

그러니 우리 세대에 비해 요즘 아이들이 더 많은 숙제에 시달리는 것 같다는 느낌이 든다면 아마 틀리지 않을 것이다. 전국적으로 숙제의 양이 엄청나게 늘어났다는 정확한 근거 자료는 없지만, 두 집단의 아이들에 관한 자료를 살펴본 결과, 숙제가 상당히 늘어났음을 추측할 수 있었다.[3] 먼저 열 살 아동의 경우, 숙제가 전혀 없던 과거와 달리 지금은 조금이라도 숙제가 있다. 고등학생의 경우는 전국 평균 숙제 시간이 하루 두 시간 이하로, 몇 십 년 동안 비슷하게 유지되었으나 학업 성취도(및 소득 수준)가 높은 학교에서는 숙제 시간이 세 시간 이상으로 늘어났다(여기서 한 가지 지적하자면, 숙제 그 자체는 학생들의 성적과 별다른 연관성이 없다고 한다).

이처럼 일견 작아 보이는 변화는 많은 가정에 큰 변화를 몰고 왔다. 만약 당신이 열 살 이하의 자녀를 두고 있고, 아이가 늦은 저녁 두더지에 관한 흥미로운 사실 네 가지를 찾아오라는 숙제를 들고 왔다고 생각해보라. (더 큰 아이가 있다면 이미 경험해봤겠지만) 숙제가 '전혀' 없는 것과 '조금' 있는 것은 '상당한' 차이, 그 이상이다. 어떤 아이들은 숙제를 세상이 끝나기라도 한 것처럼 받아들인다. 마음만 먹으면 금방 끝낼 수 있는 수학 문제 몇 개를 못 하겠다고 고래고래 소리를 질러대며 바닥을 뒹구는 아이를 보고 있으면 당신 역시도 세상이 완전히 끝장난 것만 같은 기분이 들 것이다.

숙제가 없으면 아무 문제가 없다. 반면 '조금'이라도 있으면 집 안의 역학관계는 순식간에 변해버린다. 부모는 감독이 되고, 저녁 시간은 스트레스로 가득한 힘겨루기의 장이 된다. 집에서 보내는 시간은 원래 자유 시간이었는데, 이제는 집에서도 해야 할 일이 생겨버렸다. 상상해보라. 아이가 방과 후 특별활동을 마치고 집에 돌아 온 시각은 저녁 6시. 이제 저녁 식사를 차려서 먹어야 하는데 아이 가 숙제를 들이민다.

'조니 애플시드(Johnny Appleseed, 18세기 미국 전역에 사과나무를 보급한 묘목상-옮긴이)의 이야기를 읽고 느낀 점을 부모님과 함께 토론해보시오.'

앞서 미국 고등학생들의 하루 숙제 시간이 평균 두 시간이라고 했지만, 사실 여기에는 종 모양 곡선의 양 끝이 포함되어 있다. 다시 말해 숙제를 전혀 하지 않거나 아주 조금 하는 아이들도 있고, 엄청 많이 하는 아이들도 있다는 뜻이다. 캘리포니아 주 중산층 지역의 학업 성취도가 높은 고등학교 열 곳에 재학 중인 4,317명의 학생에게 '숙제가 자신의 삶에 어떤 영향을 미치는가'에 대해 물었다. 아이들은 "매일 평균 세 시간 이상을 숙제하는 데 쓰느라 너무 힘들어요"라고 답했다. 그리고 "쉬는 시간이 아예 없어요"라는 말을 덧붙였다. 세 시간 이상 걸리는 숙제는 두 시간과는 또 천지 차이다(심지어 그 세 시간도 평균이다. 초등학교 2학년 때는 연필을 돌리느라 숙제는 뒷전이었고 이제는 고등학교 2학년이 된 나의 첫째 아들처럼 어떤 날은 네 시간, 다섯 시간씩 숙제를 해야 한다는 뜻이다).

숙제가 조금이든, 조금 많든, 엄청 많든 아이들이 숙제 때문에 스트레스를 받으면 부모인 우리도 스트레스를 받을 수밖에 없다. 숙제 때문에 받는 스트레스에 관해 부모들을 대상으로 진행한 한 소규모 연구 결과, 부모들은 아이들의 숙제를 도와줄 수 없을 때, 아이가 숙제하는 것을 싫어할 때, 숙제 때문에 부모와 자녀, 혹은 부부 사이에 말다툼이 벌어졌을 때 가장 많은 스트레스를 받는다고 답했다.[4]

내가 진행한 개인 연구에서도 부모들은 양육의 4대 스트레스 원인 중 하나로 숙제를 꼽았으며, 설문조사 결과 역시 유사했다. 숙제가 많을수록 부모로서 느끼는 만족감이 조금씩 줄어들며, 숙제 때문에 아이들과 정기적으로 말다툼을 벌일 때는 만족감의 하락 폭이 더욱 컸다. 자녀들이 어릴수록 숙제가 많으면 부모로서 무능하다고 느끼기 쉬웠다(숙제 때문에 아이와 매번 싸울 때는 특히 더 그랬다). 숙제가 많을수록 상황을 원하는 대로 통제하기가 어렵고, 그 결과 행복함도 떨어진 것이다.

많은 부모에게 숙제는 학교와 직장이 끝나고 아이들을 만난 뒤 처음으로 다투게 되는 지점이자, 잠자리로 향하기 전 마지막으로 다투게 되는 지점이기도 하다. 우리는 자꾸만 궁금해진다. 숙제가 하나라도 있나? 얼마나 많지? 도대체 언제 하려고 그러지? 저녁 식사 전까지 끝낼 수 있을까? 저녁 식사 후에 해야 하나? 마감 기한은 언제일까? 언제 시작한 걸까? 얼마나 걸릴까?

아무리 숙제에서 손을 뗀 부모라 해도 조만간 가족 행사가 예정되어 있다면 숙제가 얼마나 있고, 언제 제출해야 하며, 얼마나 오래 걸릴지 어느 정도는 알아둬야 한다. 다시 말해 자녀의 숙제를 완벽하게 파악하지 못하면 우리는 그 어떤 것도 계획할 수 없고, 그 어떤 것도 시작할 수 없으며, 그 어떤 약속도 잡을 수 없다.

숙제를 넘어 행복으로 가는 길

행복한 가정으로 가는 길에서 숙제라는 장벽을 넘어서기란 쉽지 않다. 바꿀 수 있는 문제라 해도 막상 바꾸기가 쉽지 않고, 바꿀 수 없는 문제는 특히 감내하기 힘들기 때문이다. 먼저 숙제와 관련하여 가장 중요한 세 가지 잠재적 문제 지점에 대해 생각해보자.

첫 번째는 부모로서 당신이 숙제를 대하는 태도다. 논란의 여지는 있지만 가장 바꾸기 쉬운 문제다. 많은 부모가 숙제의 결과와 점수만을 중요시한다. 하지만 집에서 어떤 결과물이 나가느냐는 사실 그다지 중요하지 않다. 정작 중요한 것은 숙제가 집으로 들어온 다음 어떤 일이 벌어지느냐다. 부모가 숙제에 지나치게 개입하면 불행이 찾아오게 마련이다.

두 번째는 아이들이 숙제를 대하는 태도다. 부모가 숙제에 대해 잘못된 접근법을 취해왔다면 그건 아이들의 태도와도 깊이 얽혀 있을 것이다. 하지만 둘은 엄연히 다른 문제이고, 또 달라야 한다. 아이가 숙제를 긍정적이고 생산적인 방향으로 스스로 해낼 수 있도록 가르치는 것은 부모로서 당신이 해야 할 일이다.

하지만 당신이 앞서 두 가지 문제에서 열반의 경지에 들었다 하더라도 또 다른 장애물이 있을 수 있다. 그것은 바로 숙제 그 자체다. 학교에서 내주는 숙제가 당신의 가족에게 여러 가지 이유로 맞지 않는 경우다. 숙제가 너무 많을 수도 있고, 너무 적을 수도 있다 (학습 장애를 가진 아이들과 통합 수업이 운영되는 경우 흔히 생기는 일이다). 또한 숙제가 지금 당신의 아이에게 그냥 맞지 않을 수도 있다. 만약 당신의 가정이 이런 경우에 해당된다면 남은 선택지는 분명하다. 바꾸기 어렵다는 걸 알면서도 바꾸기 위해 노력하거나, 남은 학년 동안, 또는 그 이상의 기간 동안 그 상황을 견디며 살거나.

숙제를 대하는 우리의 태도

숙제에 관해 당신이 행복해질 수 있는 가장 간단한 선택지가 하나 있다. 그것은 바로 태도를 바꾸는 것이다. 너무 냉정해질 필요도 없이, 아주 단순한 진실만 기억하면 된다.

'나의 숙제가 아니다.'

당신은 숙제에서 완전히 손을 뗄 수 있고, 그건 지극히 정당한 일이다. 아이가 숙제를 꺼내들면 그 순간 방문을 열고 나가면서 엄마와 아빠는 이제 도와줄 수 없다고 말하면 된다. 만약 그 후 아이가 매번 숙제를 하지 못해 선생님이 불만을 표한다면, 이렇게 말하라. "숙제를 안 한 아이에게 어떤 벌을 주시더라도 전적으로 지지합니다. 앞으로도 저는 다른 일들에 더 관심을 쏟을 생각입니다." 물론 당신이 그러지 않을 것임을 잘 안다. 다만 그럴 수도 있다는 거다(설령 정말로 손을 뗀다 해도, 아이가 당신이 집에 있을 때 숙제를 한다면 숙제 때문에 펼쳐지는 그 극적인 드라마로부터 완전히 자유로울 수는 없을 것이다). 그 가능성에 대해 생각해보는 것만으로도 우리는 새로운 깨달음을 얻을 수 있다. 원칙적으로 당신은 자녀의 숙제 때문에 불행해지지 않아야 한다. 정말 어려운 일이지만, 아이들은 실망하고 괴로워하겠지만, 숙제가 말도 안 되고 불공평해 보일 수도 있지만 아이들이 행복하지 않을 때도 당신은 행복할 수 있다. 아이들이 역경을 헤쳐 나갈 수 있도록 도우면서도 당신은 똑같은 스트레스에 시달리지 않을 수 있다.

불가능할 것 같은가? 안심하라. 당신은 혼자가 아니다. 뉴욕 주 맨해튼에 있는 스튜디오 스쿨Studio School의 교장 재닛 로터Jannet Rotter

는 45년 동안 교직생활을 하며 숙제가 진화하는 과정을 지켜봤다. 그녀는 이렇게 말했다.

"숙제는 이제 가장 중요한 목표가 되어버렸습니다. 때로는 학교생활 그 자체보다도 중요시되죠. 어쩌면 당신도 '이거 어쩌지? 이번 주말에 못 만날 것 같아. 숙제가 너무 많아서 말이야'라고 말하는 부모들을 만나봤을 것입니다."

그리고 "숙제는 원래 학생과 학교 사이의 일이었습니다. 하지만 이제는 숙제를 함께 해달라고 부모를 압박하는 교사도 많습니다"라고 덧붙였다.

예상했겠지만 로터는 그런 방식을 쓰지 않는다. 스튜디오 스쿨에서는 학교생활이나 숙제에 대한 책임이 전적으로 아이에게 있다. 아파서 결석할 때 학교에 전화를 거는 일부터 필요한 준비물을 챙기고 부모에게 도움을 구하는 일까지 모든 것을 아이들이 스스로 해야 한다. 학교는 부모가 매일 저녁 아이들의 문제에 관여하기를 기대하지 않으며, 오히려 아이들을 방해하지 말아달라고 부탁한다.

로터의 말을 더 들어보자.

"많은 부모님들이 이런 변화에 적응하기 힘들어합니다. 숙제를 하지 못했을 때 어떤 일이 벌어질지를 너무 걱정하시거든요. 아이에게 심각한 문제가 생길 거야, 선생님이 화를 내실 거야, 나에게도 화를 내시려나? 나를 나쁜 부모라고 생각하면 어쩌지?"

하지만 로터는 이런 생각들을 떨쳐내야 한다며 "숙제는 선생님이 없는 상황에서 다른 누군가의 지시 없이도 스스로 공부하는 법을 가르치기 위한 하나의 수단입니다"라고 말했다. 그러므로 부모는 매번 숙제가 있다는 사실을 알려주는 '숙제 경찰'이 되지 말고, 아이가 스스로 기억하려면 어떻게 해야 할지를 함께 고민해야 한다.

"아이들은 숙제를 통해 하기 싫은 일이 있을 때는 어떻게 해야 하는지, 당장의 즐거움을 어떻게 포기해야 하는지를 배웁니다. 배우는 법을 배우는 것이죠. 그럴 때 가만히 지켜봐주는 것이 정말 중요합니다."

로터가 말하는 부모로서 우리의 역할은 '세상이 숙제를 중심으로 돌아가지는 않으며, 삶에 더 많은 가치가 있음을 가르치는 것'이다. 우리는 숙제를 제대로 했는지의 여부에 과도한 가치를 부여하지 말아야 한다.

우리는 숙제의 진정한 목표를 혼동하고 있다. 우리가 진정으로 바라는 것이 당장 주어진 '목표 달성'과 '성공'일까? 그렇지 않다. 정말 그게 목표였다면 부모들이 숙제를 전부 대신 해주면 될 일이다.

숙제의 진짜 목표는 아이들이 목표를 달성하고 성공하는 방법을 배우는 것이다. 농구를 생각해보자. 경기의 목표가 단지 골대에 골을 넣는 것만은 아니다. 만약 그게 목표라면 사다리를 타고 올라가 골대를 아래쪽에다 옮겨 단 다음 다 같이 아이스크림이나 먹으러 가면 된다. 농구 경기를 하는 진정한 목표는 선수로서 골대에 골을 잘 넣는 법을 배우고, 자신이 팀에서 어떤 위치에 있는지, 규칙은 어떻게 따라야 하는지, 궁극적으로는 내가 진짜 하고 싶은 일이 농구가 맞는지를 알아내는 것이다. 그런 것들이 없다면 그건 더 이상 농구라고 할 수 없다.

우리가 아이들의 학교생활과 숙제에 지나치게 감정적으로 결부

되어 있으면 우리 자신은 물론이고 아이들도 고통받는다. 더 이상 가족도, 인간관계도, 우리의 정체성도 중요치 않아지고, 그저 이 수필이 무슨 내용인지, 어떤 점수를 받을 것인지만 중요해진다. 그리고 대부분의 부모는 모두를 불행하게 만드는 이 압박이 외부에서 주어진다고 믿는다. 학교 때문에, 사회 때문에, 대학 입시 때문에 우리가 불행해졌다고 믿는 것이다.

하지만 아이들에게 물어보면 전혀 다른 대답이 나온다. 앞서 언급한 학업 성취도가 높은 고등학교 열 곳에 재학 중인 4,317명의 학생에게 숙제와 스트레스에 관해 자유롭게 답해달라고 요청했다. 그러자 많은 아이가 "숙제를 너무 많이 내주는 건 학교이지만 진짜 압박은 부모님으로부터 온다"라고 답했다. 숙제를 제대로 하지 못하면 좋은 점수를 받을 수 없고, 결국 성공할 수도 없을 거라는 끊임없는 잔소리가 아이들을 괴롭히고 있었다.

제시카 울프Jessica Wolf도 한때는 그런 부모였다. 고등학교 2학년과 대학교 4학년 두 자녀를 둔 엄마이자 뉴저지 주 몽클레어에서 대학 글쓰기 강사로 일하는 울프는 대학 입시를 준비하는 많은 아이를 봐왔다. 첫째 아들이 고등학생이던 시절에 아들과의 관계에서 어려움을 겪은 그녀는 둘째 아들이 고등학생이 되자 의식적으로 자신의 광적인 집착을 잠재우려고 노력했다. 부모가 자녀의 성적을 매일 확인할 수 있는 성적 확인 사이트도 일부러 보지 않았다. 아들에게는 성적은 보여주고 싶을 때만 보여줘도 된다고, 다만 도움이 필요하면 언제든 말하라고 당부했다.

울프는 "정말 힘든 일이죠"라고 말했다. 그녀가 사는 지역은 부모들이 학교 일을 뒷짐 지고 지켜보는 분위기가 아니었기 때문이다. 그녀는 이렇게 말했다.

"몇 년 전에 아들의 같은 반 친구 엄마들과 식사를 했어요. 그런데 저녁 8시 30분이 되자 모두 자리를 박차고 일어나더군요. 한 엄마가 이렇게 말했어요. '이제 집에 가야 해요. 내일이 숙제를 제출하는 날이라 봐줘야 하거든요.' 그러자 모두 동조했어요. 한 엄마는 '결국은 제가 다 하게 될 거예요'라고까지 말하더군요."

그리고 "어떤 부모들은 자녀에게 오로지 그런 이야기만 하고, 그런 걱정만 합니다. 숙제가 아이보다 더 중요한 것처럼 행동하죠." 라고 덧붙였다.

스탠퍼드 대학 교육학 부교수이자 앞서 언급한 설문조사를 이끌었던 데니스 포프Denise Pope에 따르면 그런 부모들은 울프가 묘사한 것과 같이 '동료 부모의 압력'에 빠지기 쉽다. 하지만 우리는 반기를 들어야 한다. 아이에게 잔소리를 하는 데 쓰는 시간에 삶의 다른 측면에 대해 이야기를 나누고, 아이에게 이성적인 목소리가 되어주어야 한다. 아이가 완벽주의자이거나 용기를 잃었을 때는 물론이고, 겉으로 보기에는 꽤 괜찮아 보이더라도 마찬가지다.

성적은 영원하지 않다. 성공은 영원하지 않다. 실패는 영원하지 않다. 어떤 사람들은 고등학교부터 대학, 대학원까지의 과정을 쉬지 않고 달려간다. 그러나 다른 길은 존재한다. 삶에서 단 한 가지 길만을 강조하지 마라. 아이가 이미 사회적으로 인정받는 '성공'을 향해 열심히 달려 나가고 있다 하더라도 행복으로 향하는 길은 다양하다는 사실을 반드시 알려주어야 한다.

당신의 자녀가 숙제하는 법

주방에서 저녁 식사 준비를 하는데 아이가 바짓가랑이를 붙잡고 늘어지며 "나 못해! 도와줘!"라고 울부짖는 상황에서 행복해지기란 대단히 힘들다. 그 기분, 나도 잘 안다.

사람들은 우리가 바꿀 수 있는 유일한 사람은 바로 '우리 자신'이라고 말한다. 하지만 이런 경우, 우리가 가르치고 바꿀 사람은 아이다. 단, 숙제하는 법 그 자체(예를 들어 계산하는 법, 문단 내용 요약하는 법 등)가 아니라, 매번 도와주지 않아도 스스로 하는 법을 가르쳐야 한다.

우선 숙제의 목적을 분명히 해야 한다. '좋은 결과물 만들어내기'가 아니라 '아이 스스로 좋은 결과물 만들어내기'를 목표로 삼아라. 아마 어려울 것이다(아이가 도와달라고 애걸복걸할 때는 더더욱. 이때 아이가 말하는 도움이란 다른 사람이 숙제를 전부 대신 해주는 것이다). "너도 할 수 있어"라고 말하면서 시간이 걸리더라도, 결과가 완벽과는 거리가 멀어도 스스로 할 수 있도록 지켜보는 것보다 그냥 도와주고 빨리 끝내버리는 편이 훨씬 쉽기 때문이다. 하지만 기억하라. 당장 편한 길을 택하면 나중에 후회하게 된다.

아이는 숙제에 대한 책임이 자기 자신에게 있다는 사실을 깨달아야 한다. 그래야 "어머! 너 오늘 숙제가 하나도 없구나!"라는 기쁨의 탄성이 터져 나오지 않는 날에도 당신은 훨씬 더 편안하고 행복할 수 있다. 엄청난 잔소리로 아이를 책상 앞에 앉히는 일부터 숙제를 끝까지 했는지, 제대로 했는지, 숙제를 잘 챙겨 학교 갈 준비까지 해두었는지 확인하는 그 모든 일이 당신의 책임이 되어버리면, 다시 말해 부모가 숙제에 깊이 관여할 것이라는 기대가 있으면 아이는 숙제를 둘러싼 모든 부정적인 에너지를 당신에게로 쏟아낼 것이다.

숙제를 해야 한다는 상황 자체가 갑자기 당신 탓이 되어버린다. 숙제가 어려운 것도, 제대로 하지 못하는 것도, 다 하지 못하거나 깜빡 잊어버린 것도 전부 당신 탓이 된다. 아이는 숙제를 하는 과정에서 거의, 아니 어쩌면 아무것도 배우지 못하며, 심지어 비난받는 건 당신 몫이다. 이런 일이 반복되면 당장 불행해지는 것은 물론이고, 나중에는 더 큰 문제로 이어질 수 있다. 지금이라도 늦지 않았다. 숙제를 할 때 누가 운전대를 잡아야 하는지부터 바로잡아야 한다. 아이들에게 다음과 같은 메시지를 전해주자.

- 너는 배우고 있어. 배우는 동안에는 실수해도 괜찮아. 그러면서 성장하는 거야.
- 지금 최선을 다하는 게 길게 보면 더 편한 길이야.
- 그렇다고 해서 완벽해야 한다는 뜻은 아니야.
- 최선을 다하면 그걸로 충분해.

만약 지금까지 아이의 옆자리에 앉아 숙제를 도와주고 있다면 이렇게 말해보라.

"너도 이제 2학년/5학년/고등학교 1학년이 되었으니 혼자 해보렴. 엄마는 근처에 있을게. 도움이 필요하면 불러."

우리가 아이의 능력과 역량에 대한 기대와 믿음을 가지고 있다는 것을 알려줘야 한다. 헤임스는 이렇게 말했다.[5]

"아이들이 도움을 요청하면 관심을 보여주세요. 문제의 의미를 파악하도록 도와주거나 필요한 재료를 구해다주는 정도는 괜찮습니다. 하지만 아이가 '난 못해. 전혀 모르겠어'라고 말하며 당신에게만 의존하려고 하면, '아니, 할 수 있어. 이건 선생님이 너에게 내주신 숙제야. 선생님도 네가 할 수 있을 거라고 생각하신 거지. 엄마도 그렇게 생각해'라고 말해줘야 합니다."

매일 해야 하는 자잘한 숙제뿐 아니라, 많은 부모로 하여금 비장하게 글루건을 뽑아들게 만드는 프로젝트성 과제들도 마찬가지다. 물론, 스스로 프로젝트성 과제를 완수하는 방법을 가르치겠다며 초등학교 2학년짜리에게 혼자 '펭귄들의 짝짓기'를 인터넷으로 검색하게 해서는 안 된다(이건 정말 좋지 않은 생각이다). 과제 계획을 세우는 일을 돕거나 발표 잘하는 기술을 가르쳐주거나 문제 해결을 도와주는 정도는 괜찮다. 예를 들어, 아이가 디즈니랜드에 있는 거대한 지구 모형을 지점토로 만들었는데 완성하고 보니 빨대로 만든 받침대가 너무 약해 무너지려고 할 때는 조금 도와줘도 괜찮다. 우리의 목표는 도와주기와 직접 하기 사이에서 적절한 선을 찾는 것이다. 우리는 학생회장 선거 포스터 만들기든, 복잡한 나눗셈이든 학교와 관련된 모든 일에 굳건히 응원자의 자리에 머물러야 한다.

이 모든 과정이 꼭 빠르게 진행될 필요는 없다. 그런 변화를 만드는 것이 아이에게나, 부모에게나 얼마나 어려운 도전인지 나도 잘 알고 있다. 내 딸도 학교생활을 힘들어 했다. 수학과 받아쓰기 성적이 객관적으로 너무 좋지 않았기 때문에 아무리 최선을 다해도 스스로 만족하지 못했다. 게다가 아이는 성실했고, 주어진 일을 제대로 해내고 싶은 마음이 커 누구라도 도와주기를 바랐다. 하지만 우리는 "혼자서는 못하겠어요"라며 떼쓰는 아이를 몇 년 동안이나 버텨냈다. 과외 교사나 방과 후 보충 수업 등 다양한 형태로 도움의 손길을 보태주기는 했지만 직접 도와주지는 않았다. 한때는 도와준 적도 있었지만 그래봐야 부모는 억지로 책상에 앉혀 열심히 하라고 강요하는 나쁜 사람이 되거나, 자신의 숙제를 해결해주는 '봉'이 될 뿐이었다.

만약 6학년 아이가 부모 도움 없이 수학 숙제를 하기로 한 첫날, 숙제하는 데 세 시간이 걸린다면 어떻게 할까? 그래도 기다려라. 처음에는 세 시간 걸리던 것이 다음 주에는 두 시간이 되고, 그 다음 주에는 한 시간 반으로 줄어들 것이다. 아무리 기다려도 계속 제자리라면(당신의 도움 없이는 아이가 너무나도 힘들어한다면) 당신과 자녀는 빨리 얻을수록 이득인, 가치 있는 교훈 하나를 얻은 셈이다. 바로, 지금 상황에 뭔가 문제가 있다는 것이다. 숙제 자체가 문제일 수도 있고, 어쩌면 아이에게 추가적인 학습 보조가 필요한지도 모르며(이때, 아이가 수업을 제대로 이해하고 있는지 아닌지를 알 수 없게 만들어버리는 식의 도움은 안 된다), 아이가 자신에게 맞지 않는 수업을 듣고 있을지도 모른다. 부모나 언니와 오빠가 늘 우등반에 있었다는 이유만으로 아이의 능력에 맞지 않는 수업을 계속 듣게 하기보다는 수준에 맞는 수업을 선택해 거기서 잘하게 하는 것이 훨씬 바람직하다.

대부분의 아이는 약간만 도와주고 물러설 수 있지만, 그게 불가능한 아이도 있다. 내 딸은 부모가 도와줄 기색을 아주 조금이라도 보이기만 하면, 예를 들어 맞춤법 하나라도 알려주려고 하면 그동안의 모든 노력을 수포로 돌려놓곤 했다. 아빠나 엄마가 옆에 붙어서 도와주지 않으면 아무것도 하지 않겠다고 징징거렸다.

결국 우리는 도와달라는 딸의 부탁을 철저히 거절할 수밖에 없었다(누군가가 그런 모습을 봤다면 아마 우리가 미쳤거나 잔인하거나 둘 중 하나라고 생각했을 것이다). 만약 비슷한 상황에 처해 있다면 당신도 아이들의 숙제에서 절대적으로 손을 떼기까지 어느 정도 시간이 걸릴 것이다(그 '어느 정도 시간'은 몇 년이 될 수 도 있다).

그래도 괜찮다. 완성하지 못했거나 틀린 숙제를 손에 들고 학교에 가도 괜찮다. 아니, 사실 그게 맞다. PS 290 맨해튼 초등학교 교장 도린 에스포지토Doreen Esposito에 따르면, 오늘날 숙제는 평가 도구로써의 역할을 제대로 해내지 못하고 있다.

"숙제를 학부모가 대신 해주거나 과외 교사들이 도와주는 경우가 많습니다."

하지만 교사들은 어른의 도움이 없을 때 아이들의 수준이 어느 정도인지를 제대로 파악해야 한다. 그리고 이를 위해 당신이 할 일은 아이 혼자 숙제를 하도록 놔두는 것이다. 그러니 숙제에서 틀린 부분을 우연히 발견하더라도 내버려두어라. 눈에 거슬린다고 해서 매번 말할 필요는 없다.

숙제에 점수가 매겨지고, 그 점수가 중요하다면 어떻게 해야 할까? 곤란한 문제가 아닐 수 없다. 하지만 미국 대부분의 지역에서 중학교 3학년까지의 성적은 나중에 아무런 영향을 미치지 않는다. 그러므로 대부분의 부모는 숙제가 실패로 끝난다 해도 결과 자체에신경 쓸 필요가 없다.

그런데 만약 숙제 점수가 정말로 중요하다면, 예를 들어 점수에 따라 진학하는 중학교가 달라지거나 기타 여러 가지 이유로 결과가 달라진다면 아마 상황이 다르게 보일 것이다. 안타깝지만 당신은 숙제를 둘러싼 잘못된 문화와 그런 문화를 더욱 강화하는 부모들의 행태가 교차하는 바로 그 지점에 서 있다. 어쨌든 대부분의 부모는 적어도 고등학교 이전까지는 아이의 실수가 불러오는 장기적인 파급 효과를 고민할 필요가 없다. 그리고 고등학교는 대학에 들어가기 직전 단계로, 아이들의 능력이 성인과 상당히 가까워지므로 부모가 숙제에 관여할 필요가 더욱 없어진다(그걸 지켜보기가 꼭 더 쉬운 것은 아니지만).

결국 이 모든 것을 감안할 때 아이들은 숙제를 스스로 해야 한다. 먼 훗날 뒤를 돌아봤을 때 숙제와 관련하여 당신이 아이에게 주는 가르침(말뿐 아니라 행동으로도)은 다음 네 가지 원칙에 부합해야 한다. 배우는 과정에서 실수를 한다, 최선을 다한다, 최선을 다했을 때 완벽하지 않더라도 충격받지 않는다. 최선을 다한 것만으로 충분하다는 걸 안다.

가끔은 생각보다 너무 많이 도와주고 있는 자신의 모습을 발견하게 될 것이다. 그렇다고 해도 너무 자책하지는 마라. 물론 숙제의 수렁으로 점점 더 빠져들어서도 안 된다. 할 수만 있다면 아이와 함께 당신이 왜 지나치게 개입하게 됐는지, 어떻게 하면 바꿀 수 있을지에 대해 대화를 나누어보라.

아이들은 변할 수 있다

아무리 노력해도 당신이 자녀의 숙제로부터 금방 벗어나게 될 가능성은 적다. 가장 효율적이고 효과적으로 최선의 결과를 내는 법을 가르치는 것은 여전히 당신의 몫이기 때문이다. 그렇다면 아이들이 그 목표를 향해 나아가기 위해 부모는 어떤 도움을 줄 수 있을까? 우선 아이가 의식적으로 언제 숙제할지를 결정하게 하라. '아무 때나'는 안 된다. '언제, 어디에서'는 도움을 주되, '어떻게'는 스스로 결정하게 하라. "숙제 언제까지 끝낼 계획이니?"라고 물어보면서 슬쩍 정보를 흘려라.

"4시부터 5시까지는 축구 경기가 있고, 저녁 식사 때는 옆집 가족이 오기로 했어."

이런 결정은 특히 한 해가 시작될 때 아이들 스스로 내리도록 도와주는 것이 좋다.

"작년에 선생님께서 네 수학 숙제 글씨를 알아볼 수 없다고 말씀하셨잖아. 우리 어떻게 하면 더 깔끔하게 글씨를 쓸 수 있을지 생각해볼까?"

"지난주에는 축구 경기를 시작하기 전까지 숙제를 끝내지 못해 힘들었지? 이번 주에는 다른 방법을 찾아볼까?"

나는 아이들에게 미래의 자신에게 남기는 메시지를 녹음해보라고도 한다. 예를 들어, "잠자리에 들어야 할 시간까지 수학 문제를 미루지 마!"처럼 말이다.

그런 다음에는 아이들 스스로 방법을 찾게 하라. 그리고 결과를 평가하지 마라. 부모들은 너무 쉽게 아이를 자의적으로 분류하곤 한다. 숙제를 체계적으로 하는 아이, 게으른 아이, 열심히 하는 아이 등. 하지만 그런 평가가 언제나 들어맞지는 않는다. 늘 체계적으로 하던 아이도 가끔은 중요한 것을 잊어버리고, 매번 A를 받던 아이도 때로는 실패할 수 있으며, 게으른 아이가 갑자기 숙제에 흥미를 갖게 될 수도 있다. 그런 선입견이 없다면 아이들은 상황을 다른 눈으로 보는 법, 지금까지 많은 실수를 했더라도 털고 일어나는 법, 새로운 수업이나 프로젝트에 흥미 갖는 법을 더 쉽게 깨달을 수 있다.

사람은 누구나 변한다. 아이들은 더 그렇다. 아이들은 자란다. 그리고 발전한다. 그러므로 수학이나 알파벳뿐 아니라 다양한 것을 배워야 한다. 아이들은 지금 책상 앞에 앉는 법, 힘든 일을 하는 법, 하기 싫은 일을 하는 법, 계획을 세우는 법, 생각하고 다시 해보는 법을 배우고 있다.

그런 것들을 배우는 데 숙제도 중요한 역할을 한다. 그렇다고 해서 우리가 꼭 숙제를 좋아해야 한다는 뜻은 아니다. 다만 아이들의 배움에 방해가 되어서는 안 된다.

숙제 그 자체

때로는 정말로 숙제 자체에 문제가 있는 경우도 있다. 그럴 때는 일이 생각보다 쉽게 해결된다. 우리 큰아들이 초등학교 3학년일 때

학교에서 온라인 숙제 프로그램을 시범적으로 운영한 적이 있다. 그 시나리오에는 많은 문제점이 있었지만(당시 대단히 미심쩍었던 우리 시골 지역의 인터넷 연결 상태, 키보드를 한 번 만지게만 해줘도 특별 대우라며 질투하는 동생들과의 다툼 등) 가장 큰 문제는 아이가 타이핑을 할 줄 모른다는 사실이었다. 숙제를 하는 데 매일 엄청난 시간이 걸렸다. 우리는 언젠가 문제가 해결될 것이라는 희망을 갖고 한참을 기다렸다. 하지만 아이가 독수리 타법으로 맞춤법과 어휘, 문장 등을 타이핑하느라 긴긴 밤을 보낸 뒤에 나는 결국 선생님에게 연락을 했다. 내 이야기를 들은 선생님은 놀라며 이렇게 말씀하셨다.

"타이핑은 어머님이 대신 해주셔도 되는 거였어요."

"하지만 숙제가 문장을 타이핑하는 거 아닌가요? 그게 전부인 걸로 아는데요."

"맞아요. 그래도 타이핑은 어머님이 해주셔도 돼요."

"숙제가 주어진 문장을 타이핑하는 건데 제가 해도 된다면 그건 누구의 숙제인 거죠?"

내 말에 선생님도 웃으셨다. 그 후 더 이상 그런 숙제가 나오지 않았고, 온라인 숙제 프로그램도 겨우 몇 주 만에 취소되었다. 그 나이대 아이들에게 온라인 숙제는 전혀 효과적이지 않았다. 부모와 교사들이 함께 고생한 끝에 알아낸 사실이었다.

하지만 문제가 그렇게 단순한 경우는 드물다. 그러니 일반적으로는 숙제의 양이 줄어들기를 바라든, 늘어나기를 바라든, 아니면 내용이 달라지기를 바라든 일단 문제가 분명하게 드러날 수 있도록 약간 시간을 두는 것이 좋다. 부모가 너무 일찍부터 나서는 것은 좋은 생각이 아니다. 뭔가 새로운 것이 이제 막 시작되었을 때는 더더욱 그렇다(이런 과정을 통해 당신과 아이는 숙제에 대한 관점을 조금 바꿀 수도 있다. 숙제는 숙제일 뿐, 죽고 사는 문제가 아니라는 것을 깨달아야 한다).

하지만 어느 정도 시간이 흘렀는데도 숙제에 전반적으로 문제가 있다고 느껴진다면 어떻게 해야 할까? 또는 특정 숙제 하나가, 수업 하나가, 선생님 한 분이 아이를(그리고 당신을) 완전히 곤란하게 만들고 있다면? 때로는 즉각적으로, 때로는 장기적으로 약간의 변화를 도모해보는 것도 괜찮다. 아이가 어느 정도 컸다면 스스로 변화를 요구할 수도 있을 것이다. 그리고 그 결과, 모두가 행복해질 수도 있을 것이다. 하지만 그러기 위해서는 우선 숙제가 정말로 무엇인지, 숙제의 목적은 무엇이며, 바꿀 만한 힘이 누구에게 있는지부터 정확히 알아야 한다.

이 숙제의 정체는 무엇인가

부모로서 우리가 해야 할 첫 번째 일은 숙제로 인해 아이가 어떤 경험을 하게 되는지를 현실적으로 평가하는 것이다. 예를 들어 64개의 수학 문제를 풀어오라는 숙제가 있다고 가정해보자. 64개라니, 그게 말이 되나? 하지만 아이와 똑같이 패닉 상태에 빠지기 전에 같은 반 친구에게 연락해 숙제가 이게 맞는지부터 확인하게 하라(숙제가 실은 짝수 번호 문제만 풀기였다는 사실을 우리는 엄청난 폭풍을 겪고 난 후에야 알게 되었다). 하루 만에 다섯 장짜리 보고서를 써오라는 숙제가 있다면 그건 정말 말이 안 되는 일이다. 하지만 먼저 확인해봐야 한다. 선생님이 정말 그 숙제를 오늘 오후에 내주셨을까? 아이들은 실수를 한다. 할 일을 질질 끌기도 하고, 자신이 좀 더 좋아보이도록 진실을 왜곡하기도 한다.[6]

자녀의 숙제를 평가할 때 또 한 가지 생각해볼 것이 있다. 당신이 (또는 아이 스스로가) 생각하는 것보다 아이가 실제로 더 잘할 수 있지는 않을까? 언뜻 보기에는 내일까지 풀어가야 하는 수학 문제가 엄청나게 많아 보일지 몰라도 학교에서 계산 연습을 열심히 해온 아이는 한 문제를 2분 만에 풀어낼 수도 있다. 사실 이게 수학 교육의 목표가 아니던가. 또한 더 복잡한 문제라도 아이의 능력 범위 내에 있을 수도 있다. 학교에서 배운 내용을 최대한 응용한다면 분명히 해낼 수 있는 수준, 다시 말해 당신이 아니라 아이의 나이와 경험만으로도 충분히 할 수 있는 수준일 수도 있다.

우리 집 막내 둘이 4학년일 때 위인전을 읽고 5분 길이의 발표를 준비하라는 숙제가 나온 적이 있다. 작성한 글을 그대로 읽는 것도 아니고, 해당 인물로 변장한 뒤 한 개 이상의 소품을 활용해 발표를 해야 했다. 나는 불가능할 거라고 생각했다. 특히나 딸아이는 책을 읽어도 중요한 사실이나 사건을 잘 파악하지 못했다. 우리가 도와줄 수 있는 상황도 아니었다.

그런데 아이들은 잘 해냈다. 사실 아이들은 이 프로젝트를 할 준비가 되어 있었고, 선생님은 그 사실을 알고 있었던 것이다. 매들린 러빈은 이렇게 제안한다.

만약 숙제를 아이 스스로 해내기가 불가능하다고 속단해버리고, 마치 슈퍼 영웅이라도 된 듯이 대신 나서서 해결하고 있다면, 당장 그만두고 상황을 더욱 긴밀하게 살펴보라. 그 숙제는 아이가 수월하게 해낼 수 있는 수준은 아닐지도 모른다. 하지만 하나하나 뜯어서 자세히 살펴보라. 혹시 아이의 능력 범위 안에 있지는 않은가?

아이가 능력치를 최대로 발휘해서 뭔가를 해내면 그건 당신과 아이 모두에게 행복 증폭제가 된다. 내가 딸의 발표 숙제를 도와주었다면 보고서에는 미국 최초의 여성 의사인 엘리자베스 블랙웰Elizabeth Blackwell이 어린 시절 소유했던 조랑말과 말들에 대한 정보가 그렇게까지 많이 들어가진 않았을 것이다. 아마 그녀가 의학계에 남긴 업적에 대한 정보가 조금 더 포함되었으리라. 하지만 그런 건 전혀 중요하지 않다. 숙제에 관한 올바른 질문은 '아이가 나처럼 할 수 있는가'가 아니라 '아이가 어떻게든 해낼 수 있는가'다.

이 숙제의 목적은 무엇인가

'위인전 읽고 발표하기' 과제의 목적은 한 인물에 대한 올바른 지식을 얻는 것이 아니었다. 아이가 글을 통해 정보를 얻고 반 친구들 앞에서 큰 소리로 발표해보는 행위 그 자체가 목적이었다. 많은 경우 숙제의 목적은 매우 단순하다. 저학년 아이들에게 수학 숙제를 내주는 건 연습을 위해서다. 교사들은 단순한 계산이 자동적으로 이루어지기를 바란다. 받아쓰기도 마찬가지다. 예컨대 '낱말 네 번씩 따라 쓰기'처럼 시간만 잡아먹는 것처럼 느껴지는 숙제들도 실은 효과적인 학습 도구다. 학습 의욕을 고취시키는 데는 별로일지 모르지만.

연구 과제나 독후감 쓰기 등의 프로젝트성 숙제를 통해서는(물론 새로운 지식을 습득한다는 의미도 있겠지만) 시간 관리하는 법, 미리 계획 세우는 법, 큰 프로젝트를 작게 쪼개는 법 등을 배울 수 있다. 또한 수업의 원활한 진행이나 집단 토론 준비를 위해 읽기 숙제를 내주는 교사들도 있다.

숙제를 통해 무엇을 달성하고자 하는지를 제대로 이해하는 것은 아이가 특정한 숙제 때문에 어려움을 겪고 있을 때 특히 중요하다. 부모와 교사가 협력해 단기적인 변화를 이끌어낼 수 있기 때문이다. 예를 들어 숙제의 목표가 매일 저녁 일정 시간 동안 책을 읽게 하는 것인데 아이가 시계만 쳐다볼 뿐 아무것도 읽지 않고 있다면, 몇 시간 동안 읽었는지를 따지기보다는 정해진 글을 읽었는지 여부를 체크하게 하는 편이 낫다. 아이가 주어진 시간 안에 수학 문제를 풀 수 있도록 부모가 시간을 재야 하는 숙제가 있는데, 아이가 빠르게 흘러가버리는 타이머 때문에 우왕좌왕하느라 제대로 문제를 풀지 못한다면(내 아이 중 하나도 그렇다) 휴대폰 애플리케이션이나 교육용 카드를 이용해 연습을 하는 편이 나을 수도 있다.

물론 모든 규칙에 예외를 허용해줄 수는 없다. 때로는 정해진 시간 내에 시험을 치러야 하고, 전혀 재미없는 숙제도 해야 한다. 하지만 특히 저학년 아이들이 특정한 숙제에서 곤란을 겪고 있다면 교사들도 기꺼이 부모와 협력하려고 할 것이다. 그리고 바로 그 지점에서 숙제 자체에 변화가 필요한 건 아닌지에 대해서도 생각해볼 수 있다. 때로는 교사들도 숙제가 야기하는 결과에 대해 충분히 고민하지 못하기 때문이다.

누구에게 무엇을 말해야 할까

로스앤젤레스에 사는 우나 핸슨Oona Hanson은 자녀 때문에 선생님과 상담하는 과정에서 숙제 문제에 대한 관심을 갖게 되었고, 결국 교육 심리학 박사학위를 취득해 교육 관리 분야에 종사하고 있다. 그녀에 따르면, 처음으로 교사에게 숙제에 대한 이야기를 꺼낼 때는 의견을 제시하기보다는 관찰에 따른 사실만을 말하는 것이 좋다고 한다. 당신의 자녀만을 위한 것이든 보다 광범위한 변화를 만들어내기 위한 것이든 마찬가지다. 핸슨은 아이에게 어떤 일이 벌어지고 있는지 있는 그대로를 설명해야 한다고 말한다. "아이가 선생님 수업을 좋아하긴 하는데…"라는 식으로 교사를 수세에 몰리게 해서는 안 된다. 당신과 교사 모두가 아이에게 가장 좋은 것을 바란다는 가정에서 출발하고, 그밖에 다른 건 아무것도 추측하지 마라. 핸슨도 유치원에서 매주 나오는 숙제 때문에 아이가 너무 걱정을 하자 선생님과 대화를 나눈 적이 있다. 아이의 상태를 전해 들은 선생님은 아이가 숙제 때문에 걱정하지 않게 해달라고 당부했다. 알고 보니 그 숙제는 한 주가 시작될 때 집으로 뭔가 할 일을 가지고 갔다가 한 주가 끝날 때 결과물을 유치원으로 다시 가지고 오는 데 의의를 둔 것이었다. 선생님은 "아이가 원하는 만큼만 하면 돼요. 많이 해도 좋고, 적게 해도 좋아요"라고 말했다.

혹시 선생님에게 말하기 전에 주변 사람들에게 먼저 의견을 구하는 것이 좋을까? 그렇기도 하고, 아니기도 하다. 축구 교실에서 만난 같은 반 친구의 엄마와 숙제에 대한 대화를 나눠보는 정도는 아주 좋다. 그 날의 숙제가 뭔지 확인하기 위해 아이의 친구나 학부모에게 전화를 거는 것도 괜찮다. 하지만 페이스북에 숙제에 대해 주절주절 늘어놓는 것은 금물이다. 매사추세츠 주 데븐스에서 교사로 재직했던 애니타 페리Anita Perry는 이렇게 말했다.

"부모들이 소셜 미디어에 글을 올리고 댓글을 주고받기 시작하면 어떤 일이든 순식간에 부풀려지고 맙니다. 교사에게 직접 연락했더라면 간단하게 해결되었을 문제가 갑자기 교장 선생님까지 관여해야 하는 엄청난 문제가 되고 말죠."

마찬가지로 당신이 아이들도 함께 있는 식탁에서 숙제에 대한 불평을 늘어놓으면, 굳이 '전송' 버튼을 누르지 않아도 이야기는 교사의 귀에 들어간다. 페리는 이렇게 말을 이어나갔다.

"초등학교 저학년 아이들이 얼마나 솔직하다고요. 다음 날 학교에 가서 이렇게 말할 거예요. '엄마가 그러는데 이 숙제는 완전히 멍청한 짓이라서 할 필요가 없대요'."

로스앤젤레스에서 이제 고등학생이 된 쌍둥이 딸을 키우는 베스 라빈Beth Rabin은 학교에 가는 것을 너무나 좋아했던 초등학교 4학년 딸이 갑자기 숙제 때문에 침울해하자 선생님에게 처음으로 연락을 했다고 한다.

"2주 동안 지켜봤어요. 이 정도면 확실한 근거가 쌓였다는 생각이 들었죠. 그래서 선생님께 어떤 일이 벌어지고 있는지, 얼마나 오래 지속되었는지를 말씀드렸어요."

그녀의 말에 선생님은 아이가 이미 잘하는 분야(어휘)의 숙제를 줄여보면 어떻겠느냐고 제안했다. 그 결과, 숙제에서 가장 어려운 부분이 없어지지는 않았지만 숙제하는 데 걸리는 시간은 확실히 줄어들었다.

때로는 교사들도 학생이 숙제를 하는 데 얼마나 오랜 시간을 들이는지, 숙제 때문에 가족들이 어떤 어려움을 겪는지를 잘 모른다. 당연하겠지만 경험이 많고 가정이 있는 교사들보다는 젊은 교사일수록, 특히나 아직 가정을 꾸리지 않은 교사일수록 더 그렇다. 중학교 1학년 아이들을 가르치는 한 교사는 내게 이메일을 보내 이렇게 고백했다.

> 처음 교직생활을 시작했을 때는 숙제가 학생의 가족들에게 어떤 영향을 미칠지에 대해 한 번도 제대로 생각해본 적이 없어요. 그저 숙제는 매일 내줘야만 한다고 생각했죠. 지난해까지도요. 그러다가 학부모 한 분 덕분에 시각을 바꿀 수 있었어요. 저는 '엄격한 교사라면 이렇게 해야만 해'라는 식의 생각에 매몰되어 있었던 거예요. 매일 숙제를 내주지 않으면 큰 문제가 생기는 줄 알았거든요.

4학년 숙제 사건이 있은 지 몇 년 후, 라빈은 쌍둥이 딸들이 고등학교 심화반의 빽빽한 교과서 내용을 요점 정리하는 숙제 때문에 주말마다 여덟 시간씩을 쓰고 있다는 것을 알게 됐다. 라빈은 지난 번과 마찬가지로 한동안 딸들을 관찰했고, 그 후에 선생님에게 연락했다. 이번에는 어떤 일이 벌어지고 있는지에 대한 설명과 더불어 다음과 같은 질문도 던졌다.

"요점 정리하는 데 시간이 얼마나 걸려야 하나요?"

답은 두 시간이었다. 여덟 시간은 그야말로 문제가 있는 것이었다. 라빈은 말했다.

"감사하게도 선생님이 주변에 수소문을 해주셨어요."

그리고 그 결과, 요점 정리를 두 시간 안에 할 수 있는 아이도 있지만 그렇지 못한 아이도 많다는 사실을 알게 되었다. 라빈의 딸들과 몇몇 친구는 그 숙제를 하는 데 필요한 기술이 부족했던 것이다. 선생님은 학생들에게 요점 정리에 유용한 다양한 학습 전략은 물론이고 시간 관리하는 법까지 가르쳐주셨다.

물론 그런 해결책이 늘 완벽한 결과를 낳는 건 아니지만(라빈의 딸은 아직도 요점 정리 숙제를 하는 데 두 시간 넘게 걸린다) 아이의 스트레스는 충분히 줄어들 것이다. 그러면 더불어 당신의 스트레스도 줄어든다. 라빈의 딸은 지금도 다른 아이들에게는 쉬울 수 있는 무언가를 달성하기 위해 노력하고 있다. 이렇듯 어떤 숙제는 일부 학생에게만 특히 시간이 오래 걸린다. 그런가 하면 집에서 더 오랫동안, 더 열심히 공부하는 것 자체가 목적인 숙제도 있다. 또한 아이는 깨닫지 못하지만 숙제를 너무 많이 하고 있을 수도 있다. 경우에 따라 숙제를 그저 주어진 대로 받아들이고 어떻게든 아이 스스로 해낼 수 있도록 돕는 편이 좋을 수도 있다. 하지만 당신이 나서서 의견을 제시하는 것이 나을 때도 있다.

대부분의 교사는 학부모가 숙제에 대해 의견을 제시하면 받아들인다. 하지만 다 그런 건 아니다. 정해진 커리큘럼에 맞게, 또는 학교나 지역의 교육 방침에 맞게 숙제를 내고 있었다면 애초에 숙제를 조정할 수 없는 경우도 있다. 그럴 때 당신이 향할 두 번째 목적지는 교장, 교감 선생님이나 그보다 높은 책임자가 된다. 에스포지토는 학부모가 의견을 제시해 숙제 관련 방침이 부분적으로 수정되었던 경험을 소개했다.

"논의는 비일관성에 대한 우려에서 시작됐습니다."

몇몇 고학년 담임 교사가 숙제를 상당히 많이 내주었는데, 다른 교사들은 상대적으로 조금만 내주었던 것이다. 교사와 관리자, 학부모들이 모두 모인 리더십 회의에서 교육 분야에 경험이 있는 한 학부모가 숙제에 관한 실제 연구 결과를 제시하며 문제를 제기했고, 거기에는 반론의 여지가 없었다고 한다.

"그 아버님의 말씀은 제 경험과도 일치했습니다. 우리 학교에서 내주는 숙제 중에는 별다른 목적이 없는 것도 많았는데, 그럼에도 부모와 아이들은 늘 그 숙제 때문에 다퉈야 했지요."

숙제 때문에 부모들이 행복하지 않았다면 교사들도 마찬가지였을 것이다. 에스포지토는 이런 말도 했다.

"숙제는 교사들을 바쁘게만 할 뿐, 쓸모없는 일입니다. 숙제 검사를 하는 데는 상당한 시간과 노력이 들지만 아주 통제된 환경에서 시키지 않고서야 숙제를 통해 아이들의 실제 능력을 파악하기란 대단히 어렵기 때문입니다."

2016년, PS 290 맨해튼 초등학교는 '숙제'를 폐지하고 '가정 기반 학습'을 신설했다. 이는 학생들이 스스로 학습 능력을 향상시키거나 깊이 있는 지식을 얻기 위해 교사와의 상담을 통해 직접 설계한 프로젝트, 연습, 기타 커리큘럼 등을 의미한다. 에스포지토는 교사들이 가정 기반 학습을 통해 발전시키고자 하는 가치로, 창의력과 호기심, 인내심, 독립심, 문제해결능력, 책임감, 협동심, 자기주도력을 꼽았다.

"가정 기반 학습을 통해 아이들은 가정에서도 학습 내용을 돌아보고 스스로 학습 목표를 세울 수 있습니다."

하지만 그 정도로 큰 변화를 불러오기는 결코 쉽지 않으며, 일이 그렇게 빨리 진행되지도 않는다. 어쩌면 당장은 당신의 행동이 아무 반향도 일으키지 못하는 것처럼 느껴질 수 있다. 하지만 이것을 기억해야 한다. 때때로 변화는 점진적이며, 직접 목격하지는 못한다 할지라도 우리는 그 변화에 기여하고 있다. 앞서 언급한 학부모가 숙제에 대한 연구 자료를 제시한 건 자신의 딸이 특히 힘들었던 5학년을 이미 마친 뒤였으며, 새로운 프로그램이 적용되었을 때 그 아이는 이미 졸업한 뒤였다.

그리고 때로는 할 수 있는 모든 방법을 동원해봤지만 여전히 숙제 때문에 온 가족이 견딜 수 없을 정도로 불행한 경우도 있다. 뉴욕 시에 사는 엄마 줄리 스켈포Julie Scelfo는 공립학교에 다니는 4년 내내 숙제 때문에 괴로워하는 아들을 보다가 결국 다른 교육 철학을 표방하는 학교로 아이를 전학시켰다. 첫 학교에서는 매일 학부모가 문법이나 맞춤법 등을 가르쳐주며 숙제를 도와야만 했고, 유치원에서부터 시작된 숙제는 해가 갈수록 점점 더 늘어나기만 했다. 아이의 교육에 부모가 큰 역할을 차지하는 것을 아주 반가워하는 부모도 있겠지만 스켈포 가족은 그러지 못했다. 스켈포는 이렇게 말했다.

"저는 직장에 다니고 있었고, 아이가 셋이었어요. 아이와 함께 해보려고 노력도 해봤고, 인내심을 가지려고도 했어요. 하지만 항상 그러지 못했죠."

아들이 3학년이 되었을 때, 스켈포는 우연히 부모의 도움이 필요해 보이는 숙제를 가지고 혼자 씨름하는 아이의 모습을 보았다.

"아이가 자기 머리를 때리면서 '아, 난 진짜 멍청해'라고 말하더군요. 뒤통수를 맞은 기분이었어요. '내가 아이에게 무슨 짓을 하고 있는 거지?'라는 생각이 들었죠."

새 학교에서는 숙제에 대한 기대가 이전 학교와는 완전히 달랐고, 스켈포 가족의 생활 방식과도 훨씬 잘 맞았다.

"이 학교는 아이들에게 책임감을 길러주는 데에 무척 신경을 써요. 결석이나 지각을 하게 되면 아이가 직접 선생님께 전화를 걸어야 해요. 학교에서는 아이가 부탁하기 전에는 숙제를 도와주지 말라고 당부해요. '너 숙제했니?'라는 말도, '언제 할 건데?'라는 말도 하지 말라고 하셨죠. 숙제에 대해서는 아예 신경 쓸 필요가 없어졌어요."

아이들의 학교와 숙제는 가족 전체의 행복에 큰 영향을 미친다. 그걸 바꾸기 위해 시간과 노력을 투자할 수 있다면(절대로 쉬운 일은 아니다)

교실이나 학교에서 큰 변화를 만드는 방법을 먼저 찾아봐야 할지도 모른다.

누가 말해야 할까

지금까지는 '부모가 아이 대신 어떻게 목소리를 낼 것인가'에 논의의 초점을 맞추었다. 그러나 머지않아 아이들 스스로가 자기목소리를 내야 하는 시점이 분명 찾아온다. 그럴 때 선택할 수 있는 전통적인 전략은 아이가 선생님께 직접 가서 말씀드리는 것이다. 하지만 아직 어른들에게 마음을 열지 못한, 어리고 순진하고 열정적인 아이들에게 그건 굉장히 어려운 일이다. 그런 아이들에게도 활짝 열려 있는 다른 방법들이 있다.

내 첫째 아들은 중학교 3학년 때 네 명의 친구와 함께 버라이즌(Verizon)에서 개최한 애플리케이션 아이디어 경진대회에 참가했다. 학생들에게 도움이 되는 스마트폰 애플리케이션을 기획하는 대회였다. 우리 아이들은 각 학생마다 과목을 막론하고 전체적으로 얼마나 숙제가 많은지를 확인할 수 있는 교사용 애플리케이션을 기획했다. 아이들은 이렇게 발표했다.

"만약 어떤 선생님이 하루에 30분 내지 한 시간 분량의 숙제를 내주셨다면 그 자체로는 매우 합리적입니다. 하지만 만약 여러분이 여섯 개의 수업을 듣고 있다면 어떨까요? 숙제는 세 시간에서 여섯 시간까지 늘어날 수 있습니다."

아이들의 아이디어는 지역 예선과 주 예선에서 우승을 차지했지만, 실제 애플리케이션으로 제작될 최종 두 가지 아이디어에는 선정되지 못했다. 그럼에도 다섯 명의 학생이 숙제 관리를 용이하게 해주는 애플리케이션을 고안해 전국 규모의 대회에서 수상한 사건은 학교에 엄청난 영향을 미쳤다. 바로 그해에 졸업한 아들과 친구들은 그에 대한 혜택을 거의 누리지 못했지만, 지금도 같은 중학교에 다니며 같은 선생님들에게 수업을 듣는 내 딸은 그 덕을 톡톡히 보고 있다. 딸이 아들과 너무 다른 학생이기는 하지만, 선생님들이 장기 프로젝트는 물론이고, 일상적인 숙제들까지 균형 있게 배분하려고 노력하고 있음은 분명해 보인다.

이처럼 아이들은 규모가 큰 활동(예를 들어 위원회 꾸리기, 자료 수집 프로젝트, 숙제에 관한 웃긴 영상 만들기, 심지어 항의 시위 벌이기 등)에 참여해 자기 목소리를 낼 수도 있다. 하지만 대부분의 경우에는 선생님과의 만남을 통해 아이가 문제를 해결할 수 있도록 도와야 한다. 수업을 잘 이해하지 못해 숙제를 하지 못하는 것이든, 숙제의 목적과 의미에 대해 이야기를 나누고 싶은 것이든, 아니면 단지 숙제가 너무 힘들다고 토로하고 싶은 것이든 마찬가지다.

아이들이 이런 일을 하도록 돕는 건 언제라도 당신이 나설 준비가 되어 있는 것과는 약간 다르다. 우선, 이메일은 어린이나 청소년들에 게 효과적이지 못하다. 이유는 간단하다. 너무 쉽기 때문이다. 아이가 대충 휘갈겨 쓴 이메일은 선생님도 쉽게 무시하고 거절할 수 있다.

선생님을 코앞에서 쳐다보며 문제점을 설명하고 답을 기다리는 일은 그보다 훨씬 힘들지만, 그만큼 긍정적인 결과를 낳을 수 있다. 하지만 누군가의 강력한 조언이 없다면 대부분의 아이는 이 어려운 일을 해내기 힘들다. 심지어 하고 싶은 말을 미리 적어 가겠다는 아이도 있을 것이다. 그러니 가능하다면 아이와 함께 선생님의 반응은 어떨지, 거절당했을 때 어떤 기분이 들 수 있으며 그럴 때 스스로를 어떻게 다독일지에 대해 미리 대화를 나누어라. 수업 때문에 너무 힘들어하는 아이는 선생님 앞에서 울지는 않을까 걱정할 수도 있는데, 그건 아주 자연스러운 일이다. 그럴 때는 "울어도 괜찮아. 네가 그만큼 이 과목을 좋아하기 때문에 우는 건데 뭐 어때. 결국에는 다 잘될 거야"라고 말해주자.

가끔은 뜻대로 되지 않을 것이다. 그래도 괜찮다

6~7년 전쯤 이른 저녁 시간에 친구 수지의 집을 방문했을 때의 일이다. 수지는 식탁에 앉아 도화지에 아주 조그만 네모 모양 색종이들을 공들여 붙이고 있었고, 주변에는 가위와 판지가 널브러져 있었다. 그리고 그 옆에는 수지의 조카 포레스트가 앉아 있었다. 고등학교 2학년생인 포레스트는 몇 달 전에 수지의 집으로 이사를 와 함께 살고 있었다. 포레스트는 정말 좋은 아이였지만 아버지와 단 둘이 살면서 전 학교에서는 말썽도 많이 부렸다. 포레스트는 새로 시작하고 싶어 했고, 대학에도 들어가고 싶어 했다. 그래서 수지가 자신의 집으로 데리고 온 것이다.

수지는 손으로 색종이 뒷면에 풀칠을 한 다음 조심스럽게 도화지에 붙이고는 손바닥으로 그 자리를 쾅 내리쳤다. 내가 뭘 하고 있는 거냐고 묻자 수지는 "로마 모자이크라나 뭐라나. 오늘 이걸 전부 붙여야 된대. 처음이니까 내가 좀 도와주려고"라고 대답했다. 포레스트는 그 옆에서 족히 네 시간은 걸릴 법한 숙제에 파묻혀 있었다.

10대 남자아이의 숙제를 대신 해주면서도 수지는 별로 거리낌이 없어 보였다. 그 모습은 수지답지 않았다. 수지의 딸이 내 첫째 아들과 초등학교를 함께 다녀 잘 알고 있었다. 수지는 주말 음악회를 개최할 세트장 꾸미기는 도와줄지언정 집에서 초등학교 2학년 딸이 만든 에이브러햄 링컨Abraham Lincoin에 관한 포스터를 고치고 있을 사람이 절대 아니었다. 하지만 포레스트 주변에 널려 있는 책들을 보니, 그 아이가 새로운 환경에서 얼마나 노력하고 있는지 알 수 있었다. 그러자 아주 자연스럽게 이런 말이 떠올랐다.

"당신의 자녀보다 나이 많은 자녀를 둔 다른 부모를 감히 판단하지 마라."

가끔 우리는 절대 하지 않겠다고 맹세했던 일들을 한다. 하지만 여기서 중요한 단어는 '가끔'이다. 혹시라도 온갖 숙제에 전부 개입하고 있다면 이제는 변해야 한다. 초등학교 1학년 아이의 '위인 조사하기' 숙제가 정말 여덟 살짜리가 한 것처럼 보이는지 걱정된다면, 숙제에 '프로젝트'라는 말이 붙을 때마다 항상 스텐실 재료를 꺼내고, 색종이로 바탕을 꾸미고, 핑킹가위로 신문 기사를 자르고 있는 자신을 발견하게 된다면, 이제는 정말 아이의 숙제로부터 거리를 유지해야 할 때가 됐는지도 모른다.

그러나 당신은 가끔 숙제를 해주게 될 것이다. 교통안전 포스터 글씨만 남겨놓고 바탕을 전부 색칠하기로 결심한 초등학생 아이가 밤 11시가 되어서도 크레파스를 들고 식탁에 앉아 그 넓은 공간을 공들여 색칠하고 있는 모습을 보게 된다면, 당신은 그 옆에 앉아 아이를 도와주게 될 것이다. 또한 출근 준비를 마치고 막 집을 나서려 하는데 주말 내내 공들여 쓴 보고서 중 한 페이지가 사라졌다며 아이가 울먹이는 목소리로 전화를 했다면, 당신은 집 안 어딘가에서 그 페이지를 찾아 학교로 가져다주게 될 것이다.

그리고 가끔은 숙제를 해주지 않을 것이다. 아이가 포스터를 색칠할 때 당신이 외출 중일 수도 있고, 보고서 중 한 페이지가 사라졌다며 패닉에 빠진 아이의 전화를 받았을 때 이미 회사에 출근해 있을 수도 있으며, 어젯밤에 아이에게 가방을 잘 싸두라고 몇 번이나 분명히 말했다는 사실이 떠오를 수도 있다. 안타까운 마음이 들겠지만 이런 일들은 벌어지게 마련이다. 때때로 당신은 아이들을 도울지 말지를 선택할 수 있겠지만 때로는 상황이 대신 선택을 할 것이다. 어떤 경우라도 결국에는 모두 괜찮다.

포레스트는 지난봄에 대학을 졸업했고 공사장을 관리하는 회사에 취업했다. 그는 사랑스럽고 독립적인 청년이 되었으며, 수지의 속을 썩이는 일도 없다. 요즘처럼 일자리가 귀한 시대에 그렇게 좋은 직장에 종종 지각을 하기도 않지만, 수지에게 직장에 대신 전화를 걸어달라고 부탁하는 일도 없다. 내가 아는 한 포레스트는 공사 설계도를 로마 모자이크로 만들어 오라는 요구를 다시는 받지 않을 것이다.

6장

미디어: 너무 재미있어서 문제

아이들의 눈에 미디어는 참으로 재미있다. 어디 아이들 눈에만 그렇겠는가. 어른들도 미디어를 좋아하는 건 마찬가지다. 그러니 이건 뭔가를 재미있게 만들어야 하는 문제는 아니다. 그 문제는 이미 해결됐다. 하지만 미디어를 행복한 가정생활의 일부로 만드는 건 완전히 다른 문제다. 우리는 적절한 균형점을 찾아 다른 모든 활동을 할 수 있는 충분한 시간을 확보해야 하며, 또한 균형을 유지하려는 노력이 그 자체로 불행을 일으키지 않도록 해야 한다.

매해 새로운 데이터가 등장해 이미 알고 있는 사실을 우리에게 또 한 번 경고한다. 부모, 10대 청소년, 어린이 할 것 없이 우리 모두는 미디어 시청과 미디어를 통한 상호작용에 엄청난 시간을 쓰고 있다. 최근에 발표된 한 조사 결과에 따르면 9~19세 사이의 자녀를 둔 부모들이 직장 밖에서 미디어 사용에 쓰는 시간은 하루 평균 7.5시간이라고 한다.[1] 물론 거기에는 다른 일을 하면서 동시에 미디어를 사용하는 시간도 포함되었고, 태블릿으로 인터넷 서핑을 하면서 텔레비전 보기처럼 이중으로 집계된 시간도 있었다. 같은 기준에서 청소년들은 학교와 관련 없는 미디어 사용 시간이 하루 아홉 시간에 육박했고, 어린이(9~13세)들은 하루 여섯 시간(마찬가지로 학교, 공부, 숙제 등에 쓴 시간 제외)을[2] 사용하는 것으로 드러났다. 그보다 더 어린아이들은 미디어 사용 시간이 훨씬 적었다. 부모들을 통해 조사한 결과, 6~9 세 아이들은 하루 평균 2.5시간을[3], 3~5세 아이들은 두 시간을, 3세 미만 아이들은 약 한 시간을 사용하고 있었다.

부모들은 자녀의 미디어 사용을 제한하는 데 매우 관심이 많다. 하지만 앞서 소개한 조사 결과를 보면 어린 자녀들의 미디어 사용은 적절히 제한할 수 있지만, 아이들 스스로가 미디어에 접근할 수 있는 나이가 되는 순간 얘기가 달라진다는 것을 알 수 있다. 만약 어린아이들의 미디어 사용 제한이 나중에 스스로 통제하는 법을 가르치기 위한 것이라면 우리는 명백히 실패하고 있다. 심지어 우리는 스스로도 제대로 통제하지 못하고 있다. 그러나 부모의 하루 평균 미디어 사용 시간이 자그마치 일곱 시간 이상이라고 밝힌 바로 그 조사에서 부모들은 미디어와 테크놀로지의 사용에 관해 자신이 아이들에게 '좋은 롤 모델'이 되어주고 있다고 기분 좋게 단언했다. 내 생각에도 우리는 아이들에게 진정한 롤 모델이 되어 주고 있다. 하지만 '좋은 롤 모델'이라니? 솔직히 의심스럽다.

이제 자녀의 미디어 사용 문제는 많은 부모에게 풀기 어려운 수수께끼가 되어버렸다. 수백 명의 부모에게 지금 이 순간 자녀에 대한 가장 큰 걱정거리 세 가지를 꼽아보라고 한다면 어떤 답이 나올까? 미디어에 대한 불만(스마트폰, 텔레비전, 그놈의 SNS 등)이 분명 합계 순위 5위 안에 들 것이다. 미디어에 완전히 장악되어버린 오늘날, 우리에게는 이 기술을 잘 관리하기 위한 뭔가가 절실하게 필요하다. 물론 온라인으로 하는 활동 중에는 대단히 유용한 것들(배우기, 소통하기, 읽기, 생각 넓히기)도 있지만 순식간에 세 시간이 어디로 증발해버렸는지 궁금하게 만드는, 짜증나는 것들이 더 많다. 하지만 어떤 것이 유용하고 어떤 것이 방해되는지 선을 긋기는 굉장히 어렵다. 텔레비전과 미디어, 그리고 우리 아이들이 끊임없이 변하고 있기 때문이다. 밟고 선 땅이 계속해서 흔들릴 때 우리의 선택에 만족스럽고 행복한 감정을 느끼기란 어려운 일이다.

무엇이 문제인가

지금 무슨 일이 벌어지고 있는 걸까? 첫째로, 다른 것은 언제나 두렵다. 우리 자녀의 삶에서 미디어만큼 우리의 어린 시절과 다른 분야가 또 있을까? 가히 압도적이라고 할 만한 미디어의 규모도 그렇지만, 우리에게 가장 거슬리는 것은 무엇보다도 소통 방식의 변화일지도 모른다. 친구와 직접 만나서 놀고, 교실에서 쪽지를 보내고, 펜팔 친구에게 편지를 보내고 전화 통화를 하던 우리와 달리, 요즘 아이들은 온라인으로 친구를 사귀고, SNS에 글을 올리고, 문자 메시지와 SNS 메시지를 보내고, 사진을 공유하며 논다. 문명의 진화는 우리가 정보를 교환하고 상호작용하는 방식에 반영되며, 새로운 상호작용 기술을 어떻게 습득하느냐는 한 개인으로서 우리의 정체성에도 지대한 영향을 미친다. 그러니 의사소통 방식에 큰 변화가 일어나 더 이상 우리가 배운 대로 자녀를 가르치기 어렵다고 느껴지면, 그 순간 그것이 우리 눈에 아주 거슬리는 건 당연한 일이다.

어린이의 균형적 미디어 사용을 위한 비영리기구 코먼 센스 미디어Common Sense Media는 1천 명이 넘는 부모에게 자녀의 미디어 사용에 관해 걱정스러운 점이 무엇이냐고 물었다. 대답은 크게 두 가지로 분류되었다. 첫 번째는 아이들이 하지 않고 있는 것(얼굴을 마주하고 하는 대화, 독서, 밖에서 뛰어놀기 등)에 대한 걱정이었고, 두 번째는 아이들이 하고 있는 것(오랜 시간 미디어를 접하는 것, 소셜 미디어 활동, 음란물이나 폭력적인 영상 노출)에 대한 걱정이었다. 이 두 가지 걱정은 역사상 모든 부모 세대가 자녀 세대에게 가졌던 두려움과 닮아 있다.

'우리 때는 안 그랬는데 쟤들은 왜 저런 걸 하지?'

'우리 때는 늘 했는데, 도무지 하질 않으니 이를 어째?'

또 한 가지, 미디어에는 정크 푸드와 비슷한 문제도 있다. 미디어 속 세상이 대부분 실제 세계에 비해 훨씬 더 자극적이고 매혹적으로 설계되었다는 점이다. 심지어 우리 어른들도 미디어 사용을 제대로 조절하지 못할 정도이니, 우리 앞에 주어진 문제는 마치 누군가가 일부러 삶의 재미를 모두 잡아먹기 위해 설계한 궁극의 문제처럼 보인다.

이런 불확실성 속에서 안심할 수 있는 미디어 사용 기준을 찾기란 대단히 어렵다. 다시 말해 우리는 스마트폰 애플리케이션이나 미디어 기기, 인터넷 사이트 그 자체에만 초점을 맞춰서는 안 된다. 그런 것들은 우리가 모르는 사이에 언제든지 바뀔 수 있고, 또한 바뀔 것이기 때문이다. 그보다는, 가족에게 중요한 가치에 근거해 선택하고 한계를 정한 다음, 아이들이 거기에 따를 수 있게 가르쳐야 한다.

그게 어렵다면 우리도 너희와 똑같은 싸움에서 아직 우물쭈물 헤매고 있다고 솔직히 고백해야 한다. 지금 우리는 스스로도 제대로 터득하지 못한 것을 아이들에게 가르치기 위해 애쓰고 있는 것이다.

성인을 위한 행복한 미디어 사용법

미디어 사용과 즐거운 가정생활에 대해 논하려면 그 전에 우리 자신의 미디어 사용에 대해서부터 생각해봐야 한다. 우리는 미디어에 대해 자주 애증의 감정을 느낀다. 우리는 "잠자리에 들기 한 시간 전에는 스마트폰을 끄겠어!" 또는 "스마트폰을 보지 않고 숲길 산책을 하겠어"라는 식으로 스마트폰 사용에 대해 나름대로 목표를 설정하기도 하고, 늘 미디어 사용에 대해 이런저런 고민을 한다. 이메일 답장을 어떻게 보낼까? 어떻게 하면 일에 완전히 집중할 수 있을까? 소셜 미디어에 시간을 얼마나 써야 할까? 페이스북이나 인스타그램을 한바탕 보고 나면 어떤 기분이 들까?

미국 국영 라디오 방송 NPR에서 마누시 조모로디Manoush Zomoro-di가 진행하던 팟캐스트 〈나에게 보내는 편지Note to Self〉에서 과다한 정보의 관리를 돕는 프로젝트가 진행된 적이 있다. 그 프로젝트에 자그마치 2만 5천 명이 넘는 사람이 참여했다.

물론 어떤 부모들은 자신의 미디어 사용에 대해 굉장히 만족했다. 스마트폰과 인터넷이 부모들에게 엄청난 전환점이 되어주었기 때문이다. 지역 공동체는 인터넷 공동체로 대체되었고, 이런 공동체가 비록 아이를 대신 봐줄 수는 없지만 의사나 우리의 부모, 박학다식한 친구보다도 훨씬 빠르게 대부분의 질문에 답을 해준다. 많은 부모가 최소한 부분적으로라도 온라인으로 업무 처리를 하고, 그 덕분에 과거 우리 부모들과 달리 자녀와 함께 보내는 시간이 늘어났다. 특별한 양육상의 어려움을 겪는 부모라면 그것이 아무리 희귀한 문제일지라도 미디어를 통해 비슷한 처지에 있는 가족들과 공동체로 연결될 수 있다.

하지만 미디어에는 치명적인 단점이 존재한다. 언제든 바깥세상과 연결될 수 있기 때문에 그 연결을 끊기가 매우 어려울 수 있다는 점이다. 아이의 야구 경기가 쉬는 시간 도중 잠깐 전화 통화를 할 수 있을 때에는 일과 가정의 경계가 희미해진 것이 감사하다가도, 잠자리 동화를 읽어줘야 하는데 상사에게 이메일 답변을 해야 한다는 강박감이 들 때는 그런 상황이 원망스럽다. 소셜 미디어에 가족사진을 공유하는 것은 정말 좋아하지만, 집 안 꼴은 엉망이고 아이들은 감기에 걸려 골골거리며 봄방학을 보내고 있을 때 다른 사람들이 해변에서 찍어 올리는 사진을 보는 건 전혀 도움이 되지 않는다. 우리가 족이 디지털 세상과 어떻게 상호작용할지를 결정하려면 우선 우리 스스로가 디지털 세상으로부터 원하는 것은 무엇인지를 알아야 한다. 또한 관심이 여러 방향으로 분산될 때 무엇을 우선할 것인지, 그 이유는 무엇인지도 생각해야 한다. 물론 한 번 고민해보고 완벽한 결정을 내릴 수는 없을 것이다. 하지만 우리가 성인으로서 미디어 사용에 관한 다음의 사항들을 염두에 두고 계속 노력한다면 온 가족의 미디어 사용을 행복으로 이끌어나갈 수 있을 것이다.

미디어에서 자유로운 시간을 가져라

많은 사람이 어딜 가든 스마트폰을 들고 다닌다. 식사 시간에는 밥그릇 옆에 놓아두고, 화장실에서는 휴지걸이 위에 아슬아슬하게 얹어둔다. 계속 스마트폰을 보고 있지 않다고 느낄 때조차도 실은 보고 있을 가능성이 높으며, 아주 잠깐의 휴식 시간만 있어도 스마트폰을 꺼내든다.

하지만 그건 건강한 선택이 아니다. 직업상 스마트폰을 자주 사용해야 한다 해도, 보모에게 아이를 맡겨두어서 꼭 연락을 받아야만 하는 상황이라도, 잠깐 늦어지는 정도야 괜찮지 않은가. 치과에서 신경치료를 받는 동안 스마트폰을 꺼놓을 수 있다면 요가 수업 때도 꺼놓을 수 있고, 일에 깊이 몰입하는 시간이나 공원을 산책하는 시간에도 꺼놓을 수 있다. 저녁 시간이나 주말을 이용해 스마트폰과 늘 붙어 있지 않았던 과거로 시간 여행을 떠나보아라. 스마트폰을 집에 두고 가까운 공원이나 마트에 가라. 스마트폰이 충전되는 한 시간 동안 책을 읽어도 좋다.

당신에게 정말로 스마트폰이 필요한지 아닌지를 그때그때 의식적으로 결정하고, 스마트폰을 잊고 생활하기 위한 방법, 꼭 쓰고자 하는 목적으로만 쓰기 위한 방법을 찾아라. 나는 승마를 할 때 응급 상황에 대비해 스마트폰을 가지고 나가지만 일부러 손이 닿기 힘든 허리띠에 고정시켜둔다. 헛간으로 돌아올 때까지 꺼낼 일이 없기를 희망하면서. 밖에서 조깅할 때에도 출발하기 전에 팟캐스트나 음악을 튼 뒤 허리에 고정시킨다. 문자 메시지가 와도 보지 않는다. 달리면서 문자 메시지를 보내려고 안간힘을 쓰다가 돌부리에 걸려 넘어질 것이 뻔하기 때문이다.

스마트폰을 멀리하다 보면 당신은 점점 그 매력에 빠질 것이다. 몇 번의 터치만으로 친구와 연락하고 재미있는 영상을 보고 위급한 상황에서 도움을 받는 것도 대단한 일이지만, 당신의 시간과 관심이 당신 자신의 것임을 알고 선택한 대로 쓸 수 있다는 것 역시 아주 멋진 일이다. 당신이 2006년에 취미로 하던 일은 무엇인가. 다음 번에는 시간이 남을 때 스마트폰을 집어 들지 말고 바로 그 일을 해 보라.

'모 아니면 도'가 낫다

이번 주 토요일 오후에 두 시간 정도 집에서 밀린 업무를 해야 한다고 가정해보자. 방법은 두 가지다. 먼저, 구석방에 두 시간 동안 틀어박혀 있다가 완성된 결과물을 들고 나타나는 방법이 있다. 아니면 식탁 의자에 앉아 1분 동안 자판을 두드리다 1분은 아이의 질문에 답하고, 또 1분 동안 일을 하다 다시 자리에서 일어나 아이에게 간식을 만들어주고, 다시 5분 동안 일을 하는… 그런 방법도 있다. 아마 저녁 시간쯤이면 당신은 완전히 지쳐 나가떨어질 것이고, 즐거운 시간을 보낸 사람은 아무도 없을 것이다. 따라서 첫 번째 방법이 훨씬 더 효과적이다.

다른 일로 전환할 때마다 우리는 전환 과정에 시간을 빼앗긴다. 그러니 어떻게 할지 정하고 그대로 하라. 이도 저도 아닌 상태는 우리 자신에게는 물론이고, 아이들에게도 좌절감을 준다. 《디지털 시대, 위기의 아이들》의 저자이자 심리학자인 캐서린 스타이너 어데어Catherine Steiner-Adair는 1천 명의 어린이에게 부모가 스마트폰을 사용할 때 어떤 감정이 드는지 물었다.[4] 가장 많이 나온 답은 '소외감'이었다. 우리가 다른 곳에 정신이 팔려 있는 것을 아이들은 안다. 그리고 그걸 싫어한다.

그렇다고 해서 스마트폰을 전혀 쓰지 않을 수는 없다. 아무리 최선을 다해도 상황에 따라 쓸 일이 생기게 마련이다. 그래서 나는 아이들에게 엄마가 유연하게 일을 할 수 있는 건 바로 스마트폰 덕분이라는 사실을 설명해주려고 노력한다. 엄마가 주차장에서 스마트폰을 보느라 늘 하키 경기의 첫 쿼터를 놓치기는 하지만, 애초에 금요일 오후 토너먼트 경기에 너희를 데려다줄 수 있는 것은 바로 스마트폰 덕분이라는 사실을 말이다. 부모가 여러 책임 사이에서 균형을 잡는 모습을 보여주는 것도 아이들에게 유익하다.

디지털 이중 잣대를 설정하지 마라

언젠가는 당신의 자녀도 스마트폰, 노트북, 태블릿을 갖게 될 것이다. 이미 있을 수도 있고. 아이들이 그런 기기를 어떻게 쓰느냐는 당신이 지금까지 보여준 모습에 영향을 받는다. 만약 당신의 스마트폰이 저녁 식탁에 매번 등장했다면 아이들의 스마트폰도 마찬가지일 것이다. 아이들이 말을 거는데도 아이들 얼굴이 아닌 스마트폰만 들여다보는 일이 잦았다면 아이들도 곧 같은 행동을 할 것이다.

앞서 거론한 두 가지 규칙(미디어에서 자유로운 시간을 가져라, '모 아니면 도'가 낫다)을 나중에는 아이들도 지켜야 한다. 우리는 아이들이 가족과 함께하는 식사 자리에서 스마트폰에 빠져 있지 않기를 바란다. 방에서도, 차 안에서도, 심지어 마트에서도 잠시 스마트폰을 내려놓고 함께 있는 사람과 대화를 나눌 수 있기를 바란다. 우리에게 스마트폰이 늘 함께하는 동반자가 아니라 하나의 도구였다면, 아이들도 그런 모습을 보면서 자라왔다면, 아이들에게도 똑같이 행동하라고 가르치기가 한결 쉬울 것이다. 업무에 필요한 이메일을 보내야 할 때 미리 "지금부터 엄마가 일하는 데 45분 정도가 걸릴 거야. 그 일이 끝나면 바로 노트북을 치울게"라고 말하고 약속을 지키는 모습을 보여주었다면 나중에 이런 말을 하기가 조금은 더 쉬울 것이다.

"친구들에게 메시지를 보내는 건 나중에 하고, 지금은 다 같이 미니 골프를 하자!"

또한 청소년이 된 자녀도 합리적인 미디어 및 스마트폰 사용 시간을 더 쉽게 받아들일 것이다. 흔들리는 공룡 꼬리 아래에서 홀인원 성공 기념으로 찍은 사진을 친구에게 보내는 건 재미있다. 그건 열네 살이나 마흔 살이나 똑같다. 그렇다고 당신이 아이들과 똑같은 기준으로 똑같은 규칙과 제한을 따라야만 하는 것은 아니다. 하지만 인터넷 사용을 언제, 어떻게 할 것인가에 관한 가족 공통의 가치를 아이들과 공유한다면, 미디어 사용에 한계를 설정하고 지키게 하는 일이 더욱 자연스럽게 이루어질 것이다. 당신은 그러지 않으면서 아이들에게만 무조건 말을 들으라고 설득할 수는 없다.

오프라인으로 할 수 있다면 오프라인으로 하라

독서, 글쓰기와 같은 비디지털 활동이 중요하다고 생각하면서도 그런 일들을 디지털 방식(전자책, 이메일 등)으로 하고 있다면, 이참에 치워버리고(아이들은 당신이 중독성 강한 최신 게임이라도 하고 있는 줄 알 것이다) 독서와 글쓰기를 눈에 보이는 현실 세계로 다시 이끌어내는 것도 좋은 방법이다. 그래야 당신이 그것에 얼마나 많은 시간을 쏟는지를 아이들에게 직접 보여줄 수 있기 때문이다.

실물 책이나 잡지를 읽고 좋아하는 신문을 구독해보라. 친구에게 종이 엽서나 편지를 보내라. 그림을 그리거나 일기를 쓰거나 하다못해 쪽지에 쇼핑 목록을 휘갈겨 쓰는 것도 괜찮다.

저녁 시간에, 비행기에서, 해변에서 종이책을 읽는 것은 '편리하자고 쓰기 시작한 도구들이 정작 우리의 시간을 모조리 잡아먹고 있는 건 아닐까?' 하는 불안감이 들 때 그런 감정을 해소할 수 있는 한 가지 방법이기도 하다. 실물 책은 이메일이나 소셜 미디어처럼 사람을 홀려놓지는 않는다. 여러 뉴스 매체에서 날아오는 알림 메시지가 화면에 펼쳐질 일도 없다. 또한 아이들은 의심의 여지없이 우리가 무엇을 하고 있는지 알 수 있다. 우리는 책을 읽고 있다. 인쇄된 글자에 조용히 몰두하고 있다.

해보면 당신도 좋을 것이다. 최소한 나는 그랬다. 물론 전자책을 읽는 것도 나쁘지 않다. 내가 화면이 큰 스마트폰을 쓰는 이유는 기회가 생길 때마다 전자책을 읽기 위함이지만 그래도 나는 종이책이 더 좋다. 그리고 많은 어린이와 청소년도 종이책을 더 선호한다. 영국의 한 마케팅 회사가 진행한 설문조사 결과, 놀랍게도 10대 청소년 가운데 64퍼센트가 종이책을 선호했고,[5] 단 16퍼센트만이 전자책을 선호했다(나머지는 무차별했다).

종이 신문과 잡지에는 또 다른 장점이 있다. 그 자체로 매력적이라는 점이다. 만약 자녀를 〈뉴욕타임스〉를 통해 정보를 얻는 아이로 키우고 싶다면 실물 잡지를 구독해 집으로 배달시키는 것이 가장 좋은 방법이다. 호기심을 일으키도록 디자인된 표지의 머리기사와 사진들, 스포츠부터 범죄, 사회 기사는 물론이고 계속해서 줄어들고 있는 만화 코너까지 수많은 흥미로운 볼거리가 아이들을 자극할 것이다. 아이를 《뉴요커New Yorker》 중독자로 키우고 싶은가? 잡지 표지와 만화가 그 첫 단추다.

소셜 미디어 연례 감사를 실시하라

자녀가 나중에 소셜 미디어에서 건전하게 활동하기를 바라는가? 당신의 계정에서부터 시작하라. 한 통계에 따르면 대부분의 부모가 아이가 세상에 나온 지 단 한 시간 안에 아이의 사진을 소셜 미디어에 올린다고 한다.[6] 그 후에는 아이가 커가는 모습과 꾸밈없는 순간을 담은 사진, 가족사진, 웃기는 이야기 등이 차례로 게시된다. 그리고 이런 행동은 아이 없는 친구들이 '그만 좀 보여주면 좋겠다'라는 의사를 에둘러 표현할 방법을 찾아내지 못하는 한 계속된다.

하지만 살다 보면 당신이 소셜 미디어에 사진을 공유하는 걸 아이가 별로 좋아하지 않는 순간이 온다. 미국 40개 주에 거주하는 부모와 자녀 249쌍을 대상으로 조사한 결과, 미디어에 관한 대부분의 규칙(운전 중에 문자 메시지 보내지 않기, 대화할 때 스마트폰 보지 않기 등)에 부모와 자녀 모두가 공감하고 있었는데, 소셜 미디어에 대해서만큼은 의견이 갈렸다.[7] 11~18세 청소년들은 부모가 자신에 관한 내용을 소셜 미디어에 공유하는 것과 관련해 규칙이 필요하다고 답한 것에 반해, 부모들은 대부분 그런 규칙에 대해 아무런 언급도 하지 않았다. 그 문제에 대해서는 생각조차 해본 적이 없기 때문이다. 캐런 록 콜프Karen Lock Kolp는 자신이 5년 전에 올렸던, 당시 다섯 살이던 아들의 영상이 페이스북에 뜨자 곧바로 그 영상을 재공유하고 이제 열 살이 된 아들에게도 보여주었다. 영화 〈반지의 제왕〉에 나오는 간달프를 흉내 내며 "너는 지나가지 못하리라!"라고 소리치는 영상이었다. 아들은 치욕스러워하며 엄마에게 다시는 영상을 공유하지 말아달라고 부탁했다. 그 후 콜프는 게시물을 올리기 전에 꼭 아들의 허락부터 받는다.

만약 자녀가 나중에 좋아하지 않을 만한 사진들을 소셜 미디어에 자주 올리고 있다면, 이제는 미래에 아이가 그 사진을 찾아볼 가능성에 대해서도 생각해봐야 한다. 영상을 유튜브에 올리기보다는 가까운 친구 몇몇에게만 보내라. 목욕하면서 찍은 사진들은 개인적으로만 보관하라. 내가 〈뉴욕타임스〉에서 육아와 가족 문제에 대한 칼럼 편집자로 일할 때 이런 일도 있었다. 당시 한 엄마가 한 편의 글을 내게 보내왔는데, 갓 태어난 아들의 생식기가 너무 작다는 내용이었다. 글 솜씨도 훌륭했고, 의외로 많은 부모가 공감할 만한 주제라고도 생각했지만 그래도 이건 아니다 싶었다. 청소년이 된 미래의 아이를 생각한다면 글을 받아줄 수 없다며 최대한 부드럽게 거절했다.

심지어 아이가 아직 어려도 자신의 삶이 너무 공공연하게 사람들의 입에 오르내리면 발가벗긴 듯한 기분을 느낄 수 있다. 일곱 살 딸아이가 이빨을 뽑느라 울고불고 한바탕 난리를 부렸다는 당신의 SNS 게시글을 본 이웃집 아주머니가 갑자기 다가와 이빨 요정이 새 이빨을 가져다주었냐고 물으면 당신의 딸은 당황하거나 기분이 나쁠 수도 있다. 만약 아홉 살 딸에게 목사님이 다음 주 받아쓰기 시험은 더 잘할 수 있겠냐는 질문을 던진다면 딸은 아주 모욕적이라고 느낄지도 모른다. 어떤 일들은 가족 안에서만 머물러야 한다.

미래에 당신이 탄 차를 운전할 사람이 지금 당신을 지켜보고 있다

스마트폰에 대해 마지막으로 언급할 것이 있다. 그동안 당신이 운전할 때 스마트폰을 한쪽에 치워두지 않았다면 바로 지금, 노골적이고 요란하고 거창하게 시작하라. “엄마 지금 운전할 거니까 스마트폰은 가방에 넣어둘 거야”라고 말하라. “지금은 고속도로에 진입하니까 핸즈프리로도 전화를 받을 수 없어”라고 말하라.

문자 메시지를 보내야 한다면 잠시 차를 세워라. 운전하는 동안 당장 연락해야 하는 일이 있다면 아이에게 문자 메시지를 읽고 답장을 해달라고 부탁하라. 라디오 채널을 바꿀 때에도 잠시 차를 세우고, 전화로 “응, 지금 주차할 곳을 찾기가 힘드네”라는 말이 아닌 그 어떤 대화라도 해야 할 때는 차를 세워라.

자동차가 움직이는 동안에는 스마트폰에 손을 대지 마라. 왜냐고? 지금 뒷좌석에 앉아 있는 그 어린아이도 곧 운전대를 잡게 될 것이고, 그 아이는 당신이 하는 말보다는 행동에서 훨씬 더 많은 것을 배울 것이기 때문이다. 진짜 빨리, 아주 잠깐만 보는 정도는 괜찮을 거라는 생각이 들 수도 있다(잠깐은 봐도 된다는 그 생각 자체가 틀렸다). 당신의 자녀가 스무 살이 되어 운전대를 잡고 똑같이 행동하기를 바라는가? 그렇지 않다면 당신도 운전하는 동안 스마트폰을 봐서는 안 된다.

어린이와 청소년, 그리고 미디어: 여유가 아이를 키운다

우리는 부모다. 우리는 한계를 설정한다. 그게 바로 우리가 하는 일이다. 만약 적극적으로 한계를 설정하지 않고 있다면, 굳이 말로 정하지 않아도 아이의 저항에 부닥치지 않았기 때문일 것이다. 아직까지는 말이다. 미디어 사용도 예외는 아니다. 이 장의 내용을 처음 구상할 때는 관점을 두 가지로 나눠서 쓰려고 했다. '한계 설정 옹호론'과 '한계 설정 반대론'이라고 부를 수 있겠다. 하지만 여기에는 아주 큰 함정이 있었다. 아무리 눈을 씻고 찾아봐도 한계를 전혀 설정하지 않는 부모를 찾아볼 수가 없었다. 처음에는 설문에 참여한 많은 부모가 아이의 행동을 제한하지 않는다고 말했다. 그들은 아이들이 어떤 콘텐츠를 접하든, 온라인에서 얼마나 시간을 보내든 아무런 제한을 가하지 않는다고 했다.

하지만 조금만 더 깊이 파보면, '한계가 없다'는 건 허구에 불과하다는 사실이 금세 드러난다. '한계가 없다'는 건 정해진 규칙이 없다는 뜻이고, 가족들 간에 미디어를 둘러싼 치열한 활극이 단 한 번도 벌어지지 않았다는 뜻이다. 과연 그런 가정이 존재할 수 있을까? 어떤 부모들은 정해진 제한이 없다고 말하면서도 아이들이 텔레비전을 너무 오래 본다 싶으면 그건 제지했다. 텔레비전을 마음껏 보게 해주긴 했지만 '집안일과 숙제부터 끝낸 다음에'라는 조건이 붙기도 했다. 어떤 부모는 아이패드 게임은 허락해도 텔레비전은 못 보게 했고, 또 어떤 부모는 텔레비전은 마음껏 보게 하면서도 게임은 금지했다. 청소년이 된 아이들에게 미디어를 마음껏 사용하게 하지만 잠잘 시간에는 스마트폰을 거실에 두고 가게 하거나 특정한 시간대에는 인터넷을 꺼두는 부모도 있었다.

아무리 허용적인 부모라도 미디어의 내용에는 제한을 두었다. 폭력적인 1인칭 시점 총격 게임은 나이에 따라 제한했고, 음란물은 나이와 관계없이 모두 통제했다. 한계를 아예 두지 않는 부모는 없었다. 그런 부모가 존재한다는 건, 자라면서 끔찍한 공포 영화를 한 번도 궁금해한 적이 없는 아이를 가진 부모가 있다는 말 만큼이나 말도 안 되는 소리다. 문제는 한계를 설정하느냐의 여부가 아니라, 정확히 어떤 한계를 어떻게 부여할 것이냐다.

부모로서 우리가 미디어에 제한을 두는 건 정당하다. 아이들은 삶의 체계가 필요하다. 부모가 체계를 세워주면(단지 텔레비전을 너무 오래 보지 못하게 하는 정도에 불과할지라도) 아이들은 자신이 안전하고 예측 가능하며 안정적인 체계의 일부가 되었다고 느끼고, 이는 거의 모든 사람을 더 행복하게 해준다. 미디어는 어린이와 청소년, 어른 할 것 없이 모두를 끝없이 유혹한다. 우리는 한계를 설정함으로써 우리를 유혹하는 거대한 힘과 싸울 힘을 얻는다.

우리는 우리 가족에게 맞는 적당한 한계를 찾아야 한다(이에 대해서는 뒤에서 논하겠다). 그렇다고 해서 아이들이 적당한 시간 동안 적절한 방식으로 미디어를 접하는 것까지 과도하게 불안해해서는 안 된다. 아이가 아주 어릴 때도 마찬가지다. 만 2세 미만의 아동에게는 미디어를 '아예' 접하게 해서는 안 된다는 가이드라인을 제시했던 미국 소아과학회마저도 최근에 의견을 수정했다.[8] 아이의 나이에 적합한 미디어를 어느 정도 활용하는 것은 아이에게도 나쁘지 않다.

반면, 미디어가 아이들에게 지식을 전해주기 때문에 유익하다는 주장에 대해서는 아직 연구 결과도 제한적이고 결론도 나지 않았다.[9] 하지만 그것도 괜찮다. 당신이 영유아를 키우고 있다면 당신에게 필요한 건 샤워를 할 시간일 뿐이지 그 시간 동안 아이에게 중국어를 가르칠 필요는 없기 때문이다. 당신은 단지 죄책감 없이 샤워를 하고 싶을 뿐이며, 그 정도는 괜찮다. 부모가 인내심을 되찾고, 샤워를 하고, 친구와 조용히 대화를 나누고, 잠시 숨을 돌릴 수 있게 해주는 약간의 영상물은 자녀의 미래에 그 어떤 중대한 영향도 미치지 않는다.

자녀가 몇 살이든(당신 자신에 대해서도) 미디어 사용 규칙이 뭔가 위험한 것을 제한하기 위한 것이라고 생각하지 마라. 오히려 미디어 규칙은 가치 있는 것을 보호하기 위해 존재한다. 규칙을 통해 우리는 아이들과 따로, 또는 함께하면서 보내는 소중한 시간들을 보호한다. 미디어 산업 전체가 당신과 아이를 현실 세계로부터 격리시키고, 수많은 정보와 광고로 가득한 가상의 세계로 끌고 가 소비와 모바일 구매만을 부추기려고 애쓰는 오늘날의 현실에서, 그런 시간은 보호받아야 마땅하다. 그럼에도 보호가 충분히 이루어지지 못하고 있다는 사실 또한 기억하라. 당신의 목표는 지금 당장 아이의 미디 어 사용을 통제하는 것만이 아니라, 아이들이 성인이 된 후에도 스 스로 통제하는 법을 가르치는 것이다.

행복한 미디어 사용을 위해 제한 설정하기

'적절한' 규칙과 제한은 가족에 따라 다양하다. 직장 동료들에게 자녀들의 미디어 사용을 어떻게 조절하는지 물어보라(내가 그렇게 해봤다). 완전히 금지한다는 대답부터 "너무 많이 한다 싶으면 그만 좀 하라고 소리 지르는 거지 뭐"라는 대답까지 아주 다양할 것이다. 미디어 사용을 적절히 제한하는 방법은 다양하며, 미디어와 우리 아이들이 변해감에 따라 우리의 대처법도 진화해야 함은 너무도 당연하다. 우리가 바라는 건 절대적인 통제가 아니다. 단지 삶에서 이루고자 하는 다른 모든 것과 미디어가 균형을 이루는 것뿐이다.

대부분의 부모가 그렇겠지만 나는 '어떤 제한을 설정해야 하는가?'라는 문제로 고심해왔다. 우리가 제한하려고 하는 대상이 끊임없이 변하는 상황에서 그건 정말 어려운 질문이었다. 우리 가족은 아주 오래전, 첫째 아이가 아홉 살, 둘째 아이가 여섯 살, 막내 둘이 네 살일 때 미디어 규칙을 정했다. 당시 나는 생에 첫 아이폰을 쓰고 있었고, 그때만 해도 어린아이들의 손에 맡기기엔 아이폰이 너무 소중했다. 심지어 아이패드는 존재하지도 않았다. 결국 내가 통제하려던 기기는 데스크톱 컴퓨터와 배터리 수명이 한정된 휴대용 DVD

플레이어, 닌텐도 게임기, 위성 텔레비전이 전부였다. 그 때 내가 생각해낸 규칙은 지금까지도 잘 유지되고 있다.

나는 우리의 미디어 사용 규칙이 우리 가족이 지향하는 가치나 미래에 대한 대단히 깊은 고민을 반영한 것이라고 말하고 싶지만, 사실 전혀 아니었다. 그보다는, 미디어 때문에 시작된 수많은 협상과 간청을 내가 얼마나 싫어했는가에 전적으로 기반한 것이었다.

"텔레비전 봐도 돼요? 네? 네? 왜 안 되는데요? 네? 딱 한 개만요. 잠깐만 볼게요. 그럼 닌텐도 게임은 해도 돼요? 딱 십 분만요. 네? 제발요. 네? 네?"

내게는 아이들 스스로 그 질문에 답할 수 있게 해주는 규칙이 필요했다. 내 목표는 아이들의 비디오 게임 시간과 텔레비전 시청 시간을 줄이는 게 아니었다. 그건 괜찮았다. 단지 내가 매번 관여해야 하는 게 힘들었다. 처음에는 시간제한을 둘까 하는 생각도 했다. 하지만 어떻게 매번 그 시간을 따지겠는가? 그리고 만약 집에 한 대 뿐인 컴퓨터를 한 명당 한 시간씩 사용할 수 있다고 정했는데, 잠자리에 들기 직전 세 아이가 그 한 시간씩을 쓰고 싶다고 한다면 어떻게 하겠는가? 만약 텔레비전을 각자 하루 한 시간씩 보기로 하면 결국 네 아이가 네 시간씩 텔레비전을 보게 되지는 않을까? 혼자 텔레비전을 이미 한 시간 본 아이가 있다면 그 아이를 밖으로 내쫓을 수도 없고, 어떻게 해야 할까? 나는 시계를 보며 "이제 끌 시간이야"라는 경고를 반복할 테고, 아이들은 "딱 1분만 있다가요", "거의 다 끝나가요"를 끝없이 반복할 게 뻔했다.

그래서 우리는 '얼마나 오래'가 아닌 '언제'에 대한 분명한 제한을 설정했다. 주중에는 미디어를 전혀 보지 않고, 주말에는 과도하지 않게 마음껏 사용하되 "이제 꺼야 해"라는 내 요구에 조금이라도 불평을 하거나 징징거리면 다음 날에 예정되어 있는 특권이 그 즉시 없어지게 되는 조건이었다. 나는 이 문제에 대해서라면 기꺼이 강경해질 용의가 있었고(미디어 기기들을 완전히 꺼버릴 구실을 찾는 건 내게 언제나 기쁜 일이었으니까), 두 차례 정말로 그런 일이 있은 뒤로는 아이들도 내가 진심이라는 것을 알게 됐다. 학교가 쉬는 날이나 방학에도 우리는 똑같은 규칙을 유지했고, 그러자 예상치 못한 이익도 뒤따랐다. 어떤 날에 미디어 사용을 하지 못하는지가 분명히 정해져 있으니 아이들은 그런 날이면 으레 다른 일을 하리라고 기대했다.

이 규칙은 우리 집에서 지난 8년 동안 잘 유지되었고, 대부분 아직도 유효하다. 비록 내가 우리 가족이 지향하는 가치를 염두에 두고 이런 규칙을 생각해낸 건 아니었지만, 결과적으로 나는 미디어 사용과 관련해 내가 가장 중요하다고 생각했던 한 가지를 이루어냈다. 미디어 사용은 적절히 제한되어야 하며, 본인도 그 규칙을 정확히 알고 지켜야 한다는 생각이 아이들의 마음에 깊이 새겨졌다는 점이다. 규칙이 정해지자 우리 가족은 더 행복해졌다. 모두가 앞으로의 상황을 예상할 수 있고, 규칙은 너무나 단순해서 아무리 기술이 변해도 그대로 유지된다.

우리 집 첫째와 둘째가 스마트폰과 노트북을 가질 나이가 된 후에는 게임과 텔레비전에 대한 규칙을 존중해달라고 부탁했고, 아이들은 잘 따라주었다. 지금까지는 아이들의 스마트폰 사용 시간을 제한할 필요가 없었다(물론 앞으로도 쭉 그럴 거라는 뜻은 아니다). 아이들은 다른 일에 쓰려고 했던 하루를 온라인상에서 허비해버리는 일이 얼마나 좋지 않은지를 경험을 통해 스스로 깨달았다. 그리고 미디어에 대한 제한을 통해 좋아하는 다른 일이나 해야 할 일을 해낼 수 있다는 사실을 배웠다. 나는 아이들이 스마트폰을 쓸 때 그 지식을 적용할 수 있도록 자주 격려해준다. 언제 스마트폰을 볼지 능동적으로 선택할 수 있도록 메시지 알람을 꺼두라고 말하기도 한다. 인스타그램을 보며 시간을 보내고 나면 기분이 나빠지는 경우가 많으며, 그건 네가 애초에 좋은 시간을 보내고 있지 못하다는 신호일지도 모른다는 사실도 가르쳐준다.

그렇다고 내가 아이를 데리고 오는 동안 스마트폰 좀 그만 보고 오늘 학교에서 무슨 일이 있었는지 이야기해보라고 재촉하지 않는다는 건 아니다. 하지만 아이들은 문자 메시지 발송과 인터넷 서핑에 몇 시간이나 썼는지 보여주는 애플리케이션을 사용하고 있으며, 숙제할 때는 스마트폰을 다른 방에 두거나 가족들과 함께할 때는 주머니에 넣어두는 일의 가치를 천천히 깨닫고 있다. 몇 년 동안 규칙을 따르면서 스스로를 통제하는 것을 오히려 자연스럽게 여기게 된 덕분이다.

하지만 내가 우리 가족의 규칙을 아무리 좋아한다 해도 다른 가족에게는 맞지 않을 수도 있다. 당신의 가족을 위한 미디어 규칙을 세우고자 할 때는 당신 자신의 선호는 물론이고, 자녀의 나이와 요구도 고려해야 한다. 또한 상황과 아이들이 변함에 따라 규칙도 변할 수 있어야 한다. 그러니 여기서는 '뭐든지 항상 잘할 필요는 없다'를 '한 번에 잘할 필요는 없다'로 바꿔 생각해야 한다. 상황에 따라 규칙을 조정해도 괜찮다. 아니, 아마 그래야만 할 것이다. 지금부터는 유아와 초등학교 저학년 아이들을 위한 미디어 규칙을 세울 때 무엇을 고려해야 하는지, 나중에 아이들이 자기 소유의 미디어 기기(스마트폰, 태블릿, 노트북 등)를 갖게 되었을 때는 어떻게 해야 하는지를 생각해보도록 하겠다.

유아와 초등학교 저학년 아이들을 위한 미디어 규칙

미디어, 무엇이 문제일까?

자녀가 아직 어린데도 부모로서 미디어 사용에 대해 불만이 있다면 문제는 보통 둘 중 하나다. 아이들이 미디어를 너무 많이 보는 경우, 또는 너무 많이 조르고 보채는 경우다. 미디어 사용 시간 그 자체는 문제가 되지 않더라도 그걸 둘러싼 끝없는 협상이 부모들을 미치게 만들 수 있다.

지금까지 미디어 사용 시간을 조절하거나 협상하는 데 어려움이 없었다면 굳이 더 이상 생각할 필요도 없다. 아마도 당신이 적용하는 규칙은 이미 효과적일 것이다. 하다못해 "텔레비전은 엄마가 허락할 때만 보는 거야" 정도라도 괜찮다. 규칙이 효과적으로 작동하는 이유가 부분적으로는 당신에게 편하기 때문이라도 괜찮다. 아무 문제가 없는데 굳이 상황을 망치지는 마라. 당신이 만족하면 됐지, 다른 누군가의 기준에 맞출 필요는 없다.

우리 집 첫째 아들은 유치원생일 때 매일 새벽 5시에 일어났다.

당시 신생아였던 여동생은 밤에는 절대로 자지 않다가 주로 새벽 4시부터 아침 8시까지 잤다. 주말이면 우리 부부 중 한 사람이 새벽에 아들과 함께 일어나 아침거리를 챙겨주고는, 우리의 수면을 최대한 늘리기 위해 아주 긴 텔레비전 프로그램을 틀어준 뒤 지친 몸을 이끌고 침실로 돌아왔다. 아들이 족히 세 시간쯤 텔레비전을 보고 나면 그제야 우리 부부는 우리의 건강과 이성이 되돌아왔음을 선언하곤 했다. 그 나이대 아이들의 미디어 사용을 하루 한 시간 이하로 제한해야 한다고 주장했던 미국 소아과 학회가 그 사실을 알았다면 아마 우리를 비난했을지도 모른다.

만약 당신이 택한 정책이 제대로 작동하지 못한다면 시간을 갖고 무엇이 문제인지 생각해보라. 자녀들의 미디어 사용 시간 자체에는 불만이 없는데, 매분 매초를 두고 협상을 벌이는 데 쓰는 시간과 에너지가 너무 많을 뿐인지도 모른다. 만약 정말로 그렇다면 분명한 한계를 정하는 것만으로도(자녀의 미디어 사용 시간을 줄이지는 못하겠지만) 이성을 되찾을 수 있다.

통제권이 당신에게 있는가?

자녀들의 미디어 사용에 관해 가장 먼저 던져야 할 질문은 '결정권이 누구에게 있는가'다. 아이들이 언제, 어디서, 어떤 미디어를 접할 것인지를 당신이 선택하는가? 아니면 아이들의 부탁에(또는 요구에) 굴복하는 경우가 더 많은가? 아이들이 어릴 때는 그 대부분을 반드시 부모가 선택해야 한다. 혹시라도 그렇지 않다고 느낀다면, 아이들의 요구나 눈물, 떼쓰기, 조르기에 이리저리 휘둘린다고 느낀다면, 그 통제권을 다시 가져와야 한다. 일단 제한을 설정하고 그것이 마침내 일상이 될 때까지 철저하게 고수할 필요가 있다.

물론 그렇게 되기까지 아주 오랜 시간이 걸리는 것처럼 느껴질 수도 있다. 아이가 이미 '자기 것'이라고 생각하는 스마트폰이나 태블릿, 노트북을 당분간 치워버려야 할 수도 있다. 하지만 미디어에 대한 통제권은 아이가 어릴 때 되찾아오는 편이 훨씬 수월하다. 만약 아이가 가장 힘들어하는 지점이 이미 보고 있는 것을 '끌 때'라면 당신을 도와줄 수 있는 다양한 기술이 존재한다. 영상 연속 재생 기능 끄기, 끝나면 재생이 종료되는 비디오 보여주기, 정해진 시간이 지나면 아예 전원을 차단해버리는 기계 사용하기 등이 그것이다.[10] 컴퓨터나 기타 영상 재생 장치에 제한 시간을 설정하거나 특정 시간대에 와이파이 자체를 차단하는 것 역시 전환 과정을 수월하게 만들어줄 수 있다.

이때, 아이들이 끊임없이 징징거린다는 이유로 그 요구를 들어주면 다음번에는 아이들의 요구가 더 심해질 뿐이다. 따라서 우리는, 아이가 약속을 어기고 조금이라도 더 보겠다고 조르면 그 순간 다음번 미디어 사용 시간을 차감한다. 특히 이런 문제 때문에 당신이 가족과 함께하는 시간을 전혀 즐기지 못하는 지경에 이르렀다면 반드시 위의 방법을 써야 한다. 미디어에 관해서라면 아이들이 말도 안 되게 가혹하다고 생각할 법한 조치를 취해도 괜찮다. 지금 당신이 미디어 사용에 대한 규칙을 바꿔나가고 있는 중이라면 더욱 그렇다. 약간의 미디어 사용이 아이들에게 유해하다는 증거가 없다는 사실을 내가 언급했던가? 디지털 미디어를 전혀 사용하지 않는 것이 아이들에게 유해하다는 증거 또한 없다.

아이가 목표를 이해하는가?

미디어 사용을 제한하고 당장 징징거리지 않게 하는 건 우리가 이겨야 할 기나긴 싸움의 절반에 불과하다. 당신이 진정으로 바라는 것은 얼마만큼의 미디어 노출이 적절한지 기준을 확립하고, 나중에는 아이 스스로 기준을 정해 지킬 수 있도록 가르치는 것이다. 그러니 아이들에게 당신이 왜 미디어를 제한하고 건강한 선택을 하기 위해 노력하는지를 이야기하라. 학교나 기타 기관에서 그와 관련된 교육이 이루어진다면 그 기회를 십분 활용하라. 아이는 당신이 학교 선생님에게 "얘가 어제 게임을 여섯 시간이나 했어요!"라고 말하기를 바랄까? 만약 그렇지 않다면 이유는 무엇일까? 아이들도 제한이 필요하다는 사실을 본능적으로 알기 때문이다. 그 본능이 굳건한 믿음으로 변할 수 있도록 우리가 도와주어야 한다.

아이를 미디어 세계로 보낼 만큼 중요한 일은 무엇인가?

미디어 사용의 이점에 대해 환상을 갖지 말자. 미디어는 어른들을 위한 것이다. 비록 텔레비전에게 아이를 맡기고 데이트를 나갈 수는 없어도, 미디어가 아주 유용한 공짜 베이비시터인 것만은 분명하다. 아이들의 주의를 다른 데로 돌리고 싶을 때는 미디어의 도움을 받을 수 있다. 그러니 고민해보자. 당신은 그 힘을 얼마나 쓰고 싶은가. 다만 대부분의 아이에게, 특히 어린아이에게 과용하면 그 마법은 점점 사라진다는 것을 잊지 마라.

비행기를 타고 가면서는 아이들에게 영상을 보여줄 것인가? 우리 부부는 과거에도 보여줬고, 지금도 그렇다. 마트에 가거나 기타 잡다한 볼 일을 볼 때는? 과거에도 보여주지 않았고, 지금도 마찬가지다. 쇼핑을 하는 동안에는 아이들이 볼 것도, 배울 것도, 경험할 것도 많기 때문이다. 자동차에서는 어떨까? 장거리 이동 시에는 보여주지만 한 시간 이내에 도착할 경우에는 그 어떤 영상도 절대 보여주지 않는다. 자동차에서 보내는 시간은 대화를 나누기에 딱 좋다. 영상을 보고 노는 시간이라는 선례를 만들어버리면 당신은 언젠가 후회할 것이다. 병원에서는? 보통은 보여주지 않았지만 예외가 있었다. 게임에 다소간의 진통 작용이 있다는 연구 결과도 있거니와, 게임이 아이들의 불안감을 해소해주는 건 틀림없는 사실이기 때문이다.[11] 그러므로 주사라든가 기타 무서운 시술이 기다리고 있는 경우에는 미디어라는 특효약이 등장한다.

식당에서는? 첫째 아들이 걸음마를 배울 때쯤 우리는 책, 크레파스, 작은 장난감 이외에는 아이에게 아무것도 주지 않기로 결정했다. 우리는 외식하는 것을 무척 좋아하고, 아이도 그 즐거움을 배웠으면 했기 때문이었다. 때로는 힘들었다. 아이가 말썽을 심하게 부려 음식을 그대로 남기고 나온 경우도 있었고, 그림책에 주의를 빼앗겨 내가 바란 것보다 훨씬 긴 시간을 식사하는 데 쓰기도 했다. 그 당시 우리에게는 함께 식사를 할 때마다 식당에 아예 휴대용 DVD 플레이어를 들고 오는 친구 부부가 있었다. 그러면 어른들은 식사하며 이야기를 나누고, 그 집 아이는 식사하며 영상을 봤다. 솔직히 말하면, 좀 한심하다고 생각했다.

하지만 그 집 아이는 사랑스러운 청소년으로 잘 성장했으며, 미디어 기기에 과도하게 집착하지도 않는다. 식사 도중에 영상을 보는 일도 당연히 없다. 아이는 우리 아들처럼 밝고 유능한 한 인간으로 세상에 나왔다. 그렇게 생각하면 가끔은 억울하기도 하다. 그럼에도 여전히 나는 아이가 올바르게 행동하는 법을 배워야 하는 상황에서 미디어가 공갈 젖꼭지가 되어서는 안 된다고 생각한다. 하지만 아이에게 공공장소에서 적절하게 행동하는 법을 힘들게 가르치는 대신, 매번 스마트폰을 들이밀고 있지만 않다면 너무 걱정할 필요는 없다. 결국 다 잘될 것이다.

미디어로부터 완전히 자유로운 시간이 필요한가?

하루 한 시간 정도 자유롭게 미디어 기기를 사용하거나, 할 일을 다 끝낸 후에 텔레비전을 보고 게임을 하는 정도는 아마 당신도 기꺼이 허락해줄 용의가 있을 것이다. 하지만 어떤 형태의 미디어도 사용하면 안 되는 시간대(예를 들어 등교 전 아침 시간)가 있을 수 있고, 미디어가 다른 가족들을 방해하는 경우(숙제하는 아이 옆에서 다른 아이가 게임을 하거나, 주방 에서 저녁 식사를 준비하는데 누군가가 당신이 특히 싫어하는 텔레비전 프로그램을 시끄럽게 틀어놓는 경우)도 있을 수 있다. 규칙을 세울 때 꼭 고려해야 한다.

장난감과 도구를 구분하고 싶은가?

수동적인 미디어가 있는가 하면(텔레비전 시청), 능동적이지만 많은 생각과 창의력을 요구하지는 않는 미디어도 있다(대부분의 비디오 게임). 명목상 교육 목적의 미디어도 있으며(아이가 실제로 숙제를 하고 있지 않는 한, 의심의 눈초리 로 바라봐야 한다), 창의적인 미디어도 있다(이전에는 존재하지 않았던 것, 즉 게임, 영상, 노래, 시 등의 창작을 자극한다는 의미에서). 아이가 그 차이를 이해할 만큼 자라면 규칙을 약간 수정해 미디어를 하나의 도구로 사용하도록 허락해줄 수도 있다(결국에는 숙제 때문에라도 그렇게 될 것이다). 만약 아이가 미디어 기기를 사용해 독서, 글쓰기, 작곡 등을 하고 싶어 하거나, 애플리케이션을 통해 별자리를 관측하거나 티셔츠를 디자인하고 싶어하면 미디어 사용을 적극 권장해도 좋다(물론 적당히). 운이 좋으면 그런 과정을 통해 당신의 자녀는 타인의 창작물을 소비하는 것보다 스스로 창작하기를 좋아한다는 사실을 깨달을 것이다.

규칙을 강제하는 데 얼마나 관여하고 싶은가?

내가 '주말에만 미디어 사용하기'를 규칙으로 정한 또 하나의 이유는 아주 어린아이일지라도 주중과 주말을 구분할 수 있기 때문이다. 학기 중에는 당연히 쉽고, 방학 때는 큰 아이가 가르쳐주면 된다. 어떤 부모는 자녀가 독서를 하면 딱 그 시간만큼만 미디어를 사용하게 해준다고 했다. 나는 깜짝 놀랐다. 그 규칙을 지키기 위해선 천문학적인 수준의 감시가 수반되어야 하기 때문이다. 어쨌든 그 가족에게는 아무런 문제가 없었다고 한다.

학교에서 제공하는 미디어는 어떤가?

일부 학교에서는 학생들에게 태블릿이나 노트북을 대여해주기도 한다. 이런 경우 학교 측에서도 미디어 사용을 통제하기 위해 여러 가지 노력을 기울이지만, 거기에 곧이곧대로 따르는 학생은 거의 없다. 아이들은 숙제를 한다는 핑계로 인터넷에 접속해 온갖 영상을 시청하고 메시지를 보내며 시간을 보낸다. 그런 아이들은 스스로 감시하는 능력도 키워야 하겠지만 당신과 나누는 대화도 중요하다. 온갖 방해 요소가 유혹할 때 공부에 집중할 수 있도록 당신이 어떻게 도와줄 것인지, 당신이 현실적으로 그 기기를 통제할 수 없을 때 어떻게 규칙을 강제할 것인지를 말해줘야 한다. 아이가 배우고 있는 동안에는 온라인 숙제를 할 때 당신이 언제든 모니터 화면을 확인할 수 있는 개방된 공간에서 하게 할 필요도 있다. 물론 그러려면 다른 방해 요소들은 차단해야 한다. 약간의 고요는 누구에게도 해가 되지 않는다.

내 아이에게 적절한 시간은?

어떤 아이는 부모의 통제를 비교적 잘 따른다. 애초에 미디어에 별 관심이 없는 아이도 있다. 아이들은 저마다 다르기 때문에 각 가정에서 두는 제한도 다르다. "너무 많이는 안 돼" 정도면 되는 아이가 있는가 하면, '하루 한 시간'과 같이 규칙이 필요한 아이도 있다. 우리 집처럼 형제들을 똑같이 대우해주지 않으면 불화가 생기는 가정에서는 공통으로 적용되는 최소한의 시간을 정해놓고, 필요할 때마다 예외를 허용하는 형태가 적합할 것이다.

미디어가 상이 되어도 괜찮을까?

많은 가정에서는 집안일이나 숙제가 끝나고 나면 착한 행동이나 좋은 성적에 대한 상으로, 또는 다른 바람직한 활동(보통 독서)에 대한 대가로 미디어 사용을 허락한다. 일각에서는 미디어가 독서나 다른 일을 하는 궁극적인 목적이 되면 아이가 독서의 가치를 이해하지 못하고 미디어를 모든 즐거운 활동 중에서 가장 좋은 것으로 미화할 수도 있다고 우려한다. 하지만 이런 규칙을 사용하는 가정들은 충분히 만족하고 있으며, 성인들이 힘든 일을 끝낸 뒤에 텔레비전, 소셜미디어, 온라인 게임 등 온갖 미디어를 보상으로 사용하는 것과도 일맥상통한다. 플로리다 주에 사는 세 아이의 엄마 알렉세이 페레즈Alexai Perez는 이렇게 말했다.

"저는 아이들과 함께 매주 할 일 목록을 만들었어요. 한 가지 일을 할 때마다 게임 시간이 쌓이죠. 반대로 아빠, 엄마가 뭔가 부탁하거나 해야 할 일을 알려줬을 때 반항적으로 행동하면 게임 시간을 차감해요. 마지막에 결과를 합산해 게임 시간이 정해지는데, 보통 한 시간에서 한 시간 반 정도가 쌓여요. 아이들은 주말에 모든 집안일을 마친 다음에야 그 시간만큼 게임을 할 수 있어요."

이런 식으로 자녀에게 스스로 감시하는 법을 가르치면 청소년이 되어서도 같은 방식으로 본인을 통제하는 데 도움이 된다. 물론 그때도 당신의 조언과 가르침은 필요하다. 숙제가 끝날 때까지 스마트폰을 대신 맡아주거나, 목표를 달성할 때까지 '열일 모드'를 유지할 수 있도록 성인들이 쓰는 다양한 도구를 소개해줄 수도 있다.

아이들에게 절대 접하게 하기 싫은 특정 콘텐츠가 있는가?

다른 집에서는 허락해줄지 몰라도 당신의 집에서는 절대 안 되는 텔레비전 프로그램이나 게임이 있을 수 있다. 폭력적이거나 성적인 내용은 당연히 제한되겠지만 당신의 집에서만 유독 허락되는 것들도 있을 수 있다. 당신에게 특히 거슬리는 유아용 텔레비전 프로그램도 있을지 모른다.

우리 집에도 절대 보지 못하는 특정 프로그램이 있다. 스토리나 화면 구성 자체가 나를 짜증나게 하기 때문이다. 심할 때는 아이들의 방으로 쫓아 들어가 저 프로그램이 얼마나 성에 대한 고정관념과 어리석은 선택을 부추기는지, 등장인물이 다른 인물을 대하는 방식이 얼마나 잘못됐는지, 프로그램 자체가 얼마나 멍청한지에 대해 잔소리를 늘어놓았다. 나의 이런 반응은 아이들에게는 물론이고 내게도 그리 즐거운 경험이 아니었기 때문에 그 프로그램은 보지 않는다는 규칙에 가족 모두가 동의했다.

다른 집들에서는 어떤 일이 벌어질까?

미디어 규칙이 집집마다 다른 건 분명하다. 아이가 우리 집보다 미디어 사용에 훨씬 엄격한 친구네 집에 놀러가 하룻밤 자고 오겠다고 하면 반대할 부모는 별로 없을 것이다. 하지만 그 반대라면 분명 걱정을 할 부모가 있을 것이다. 그 집 부모에게 이 문제에 대해 말을 할지 말지는 또 다른 문제다(나라면, 그 집 부모와 아주 가까운 사이이거나 그 집에 가서 자는 일이 아주 잦지 않는 한, 공포 영화나 나이에 맞지 않는 게임에 대한 문제 말고는 굳이 말하지 않을 것 같다). 아이가 다른 집에서도 당신의 규칙을 지키기를 기대하는가? 에린 브라운 크로킨Erin Brown Croarkin은 아홉 살과 열한 살인 두 아이에게 주말에만 하루 한 시간씩 미디어 사용을 허락해준다. 그녀는 이렇게 말했다.

"우리 집에서 볼 수 없다면 친구네 집에서도 볼 수 없어야 한다고 생각해요. 아직까지는 아이들이 정직하게 말해주고 있어요."

나는 아이들이 우리 집의 규칙을 다른 곳에서도 지키기를 기대하지 않지만, 그 집의 규칙에 따라야 한다고는 말하고, 아이들 친구가 놀러오면 우리 집 규칙에 따라달라고 부탁한다. 또한 친구가 놀러 왔을 때나 친구 집에 놀러갔을 때 온라인 세상에서 함께 노는 게 아니라면 인터넷만 하며 그 시간을 보내지 말라고 말한다.

아이가 나를 속일까?

당신이 세운 규칙을 아이가 몰래 어기지는 않으리라는 믿음이 없다면 감시와 강제가 쉬운 규칙을 설정하는 건 훨씬 더 중요해진다. 아이에게 혼자 디지털 미디어(아이패드나 게임기 포함)를 쓸 기회가 자주 주어지는지 생각해보고, 당신이 보고 있지 않을 때 무슨 일이 벌어지는지 파악하기 위해 영상 시청 시간 확인이나 인터넷 검색 기록 찾아보기 등 다른 형태의 감시가 가능할지에 대해서도 고민해보라.

또한 아이가 당신을 정말 속이고 있다면 어떻게 대처할지에 대해서도 생각하라. 나의 막내아들은 아홉 살 때 엄청나게 갖고 싶어 하던 닌텐도 게임기를 선물 받았다. 택배는 화요일에 도착했다. 아, 화요일이라니! 게임을 할 수 있는 주말까지 며칠이나 더 기다려야 했다. 그날 밤 취침 시간이 지난 후 아이 방을 급습했다. 아이는 열심히 게임 중이었다. 그때 아이는 진심으로 후회했겠지만 어쨌든 주말 내내 닌텐도 게임기는 물론이고 다른 모든 미디어 사용까지 금지당했다. 그 뒤로도 아이는 비슷한 유혹에 몇 번이나 더 굴복했 고, 얼마간 추가적인 제한이 필요하다는 사실을 나도, 아이도 깨달았다. 나는 거짓말에는 결과가 따른다는 걸 알려주기 위해 닌텐도 게임기를 빼앗고 비밀번호를 바꾸었다. 아이가 더 자란 후에는 스스로의 의지로 이겨낼 수 있도록 점차적으로 통제를 느슨하게 했 다. 하지만 아이는 지금도 여전히 나와의 대화를 통해 배우고 있다.

안전이나 프라이버시상의 문제는 없을까?

여럿이 함께하는 온라인 게임에 로그인하거나 부모의 이메일로 웹 사이트에 가입하는 것, 비밀번호 공유 등에 대해서도 대화를 통해 가족 규칙을 세우는 것이 좋다. 아이가 다양한 게임 사이트나 소셜 플랫폼에 가입할 때는 온라인에서 무엇을 공유할 수 있는가를 비롯해 모든 규칙을 다시 한번 점검해야 한다.

이혼 가정의 문제

만약 당신이 이혼을 했다면 이 문제는 훨씬 어려워진다. 함께 사는 부부 사이에서도 규칙을 정하는 데 많은 시간이 필요한데, 심지어 전 배우자와 사이가 좋지 않다면 함께 이야기를 나누고 공통의 규칙을 세우기란 쉽지 않을 것이다. 한 엄마는 이렇게 말했다.

"이제 만 여섯 살이 된 제 딸은 주중에는 저녁에 20~40분 정도 텔레비전을 봅니다. 금요일 밤에는 피자를 먹으면서 영화를 보고, 주말에는 한두 시간 정도를 보죠. 그런데 아이가 아빠 집에만 가면 텔레비전을 너무 많이 봐서 걱정이에요. 아이가 반항하거나 떼를 부리지만 않으면 사실 저도 굉장히 후한 편이거든요. 그런데도 아이가 아빠 집에서 하루 종일 텔레비전을 보고 돌아오면 그 영향이 눈에 보일 정도예요. 제가 할 수 있는 게 아무것도 없으니 정말 짜증나요."

아이가 전 배우자의 집에서 디지털 미디어를 너무 많이 접하고 있어서 불만이라면 아이와 함께 포괄적인 미디어 사용 계획을 세워 보라. 다시 말해 두 집에서의 미디어 사용 시간을 모두 합쳐 계산하자는 것이다. 그러면 당신만 나쁜 사람이 되지 않으면서도 미디어 사용 시간을 통제할 수 있다.

또한 공동의 육아 규칙을 세우기가 어렵다면 미디어 시청 시간을 반드시 제한해야 한다는 학교 및 여러 기관의 교육 내용을 활용하는 것도 좋다. 아이가 그곳들에서 제시한 기준에 따라 미디어 사용 계획을 세우도록 돕고, 지난 주말에 영화를 세 편 연속으로 봐서 정말 재밌긴 했겠지만 이번 주말에는 다른 활동을 하는 게 좋겠다고 말하는 것이다.

물론 아이가 어릴수록 미디어를 통해 부모가 얻는 이득이 상당하므로 전 배우자에게 그 시간을 전부 빼앗기고 있다면 불만을 갖는 게 당연하다. 하지만 그 집에서 일어나는 일에 대해서는 최대한 신경을 끄고 당신의 집에서 적절한 균형을 유지하는 데에만 집중하는 편이 나을 수도 있다.

초등학교 고학년 및 청소년을 위한 미디어 규칙 세우기

미디어에 대한 당신의 통제력은 아이가 자신만의 기기를 갖게 되는 순간 변한다. 적절한 통제 수준도 마찬가지다. 그 기기가 무선 네트워크에 접속할 수 있는 스마트폰이나 태블릿인 경우에는 특히 더 그렇다. 이런 상황이 몇 살 때 벌어지느냐는 집집마다 다르다. 우리 집에서는 아이들이 용돈을 모아 스스로 미디어 기기를 구매해야 하고, 스마트폰이나 인터넷이 가능한 태블릿을 사는 경우에는 온 가족이 쓰는 데이터 요금 중에서 자신의 몫을 부담해야 한다. 첫째 아이는 열네 살 때, 둘째 아이는 열세 살 때 스스로 스마트폰을 샀다. 그리고 요즘 나는 열두 살인 딸이 용돈을 바보 같은 곳에 막 써대도 내버려두고 있다. 아이가 스스로 스마트폰 사용을 조절할 수 있을 만큼 성숙해지기 전까지는 돈을 모으면 안 되기 때문이다.

물론 스스로 구매했다는 이유만으로 규칙을 지키지 않아도 되는 건 아니다. 하지만 아이들에게 스마트폰이 생기고 온라인 숙제가 늘어나기 시작하면 많은 가정에서는 기존의 규칙에 변화가 필요함을 느낀다. 당신이 네트워크 접속을 통제하던 때에 효과적이던 규칙은 아이가 스스로 더 많은 것을 할 수 있게 되는 순간 그 힘을 잃는다. 어렸을 때 두세 시간이던 것이 자기만의 미디어 기기가 생기거나 스스로 리모컨을 조작할 수 있게 되는 9~13세 사이에 갑자기 여섯 시간 이상으로 늘어나버리는 그 엄청난 간극을 당신도 경험하게 될 것이다. 그러나 아이들은 여전히 당신이 세운 규칙을 존중해야 한다. 다시 말해 아이들은 규칙의 중요성과 그 규칙을 강제하겠다는 당신의 의지와 능력을 진심으로 받아들여야 한다.

균형 잡힌 미디어 사용을 가족 모두의 목표로 만들어라

왜 미디어 사용을 제한하려고 하는지 자녀와 대화를 나눠본 적이 있는가? 아직 하지 못했다면 당장 시작하라. 당신 자신도 미디어 사용을 제대로 통제하지 못하고 있다면 솔직히 인정하라. 소셜 미디어의 유혹을 뿌리치기 위해 당신이 쓰고 있는 애플리케이션을 소개해주고, 중요한 프로젝트 초안을 작성해야 하는데(괴로운 일!) 친구가 보낸 문자 메시지에 답장(식은 죽 먹기!)을 하고 싶어서 괴롭다고 말해주어라. 미디어 사용에 관한 당신의 목표가 무엇인지 설명해주고, 아이들의 목표는 무엇인지 물어보아라. 어쩌면 아이들은 당신이 휴가지에서 내내 업무용 노트북을 붙잡고 있던 일(물론 이건 어쩔 수 없는 일이지만 아이들에게는 똑같은 미디어 사용으로 느껴질 수 있다)을 떠올릴지도 모른다. 그러면 그 기억이 대화의 촉발제가 되어 언제 온라인 세상에 있어야 하고, 언제 현실로 돌아올 것인지를 체계적으로 결정하는 일이 왜 중요한지 이야기해볼 수 있다.

다음 질문들은 그런 대화를 시작하는 데 도움이 될 것이다. 하지만 가족들이 따를 규칙과 제한에 대한 결정권은 청소년 자녀들이 아닌 부모에게 있다는 사실을 기억하기 바란다. 때로는 과도한 미디어 사용을 줄이기 위해 규칙을 더 엄격하게 바꿔야 할 것이다. 또한 규칙을 완화해달라는 아이들의 요구가 합리적이라면 귀를 기울여야 할 때도 있을 것이다. 아이들의 의견을 잘 들어주는 건 중요하다. 하지만 권위를 포기해서는 안 된다. 아이들에게는 부모의 정직한 의견과 지도가 필요하기 때문이다. 어쩌면 당신도 여전히 미디어 사용 시간을 줄여나가고 있을지 모르지만, 그렇다고 해도 당신은 균형과 인간관계, 삶의 진정한 의미에 대해 아이들은 모르는 수많은 것들을 알고 있다. 미디어 사용도 결국은 아이들이 살면서 마주하는 수많은 도전 과제 중 하나일 뿐이다.

미디어를 사용하는 목적은 무엇인가?

좋은 질문이다. 당신은 스마트폰으로 무엇을 하고자 하는가? 어떤 일에 도움이 되기를 바라는가? 컴퓨터나 텔레비전을 통해 무엇을 얻고 싶은가? 휴식? 재미? 배경 소음? 감정적 유대? 정보? 당신이 실제로 미디어를 통해 하고 있는 일이 본래 바라던 목적과 일맥상통하는가? 미디어 기기가 당신이 더 행복하고 더 나은 삶을 살도록, 목표에 더 잘 도달하도록 도움을 주고 있는가? 아니면 방해하고 있는가?

10대 초중반에 들어선 대부분의 아이는 미디어와 어떻게 상호작용하고 싶은가에 대한 자기만의 생각을 이미 갖고 있다. 학교에서도 인터넷상 예절이나 미디어 정보를 해석하는 방법을 배운다. 또 한 아이들은 우리와 마찬가지로 오늘날의 미디어 사용에 대한 문화적 논의에 참여하고 있다. 우리 모두가 하나의 공동체로서 온라인과 오프라인에서 삶의 균형을 찾기 위해 노력하고 있음을 아이들도 이미 알고 있다. 아마도 그들 사이에는 스마트폰이나 게임에 너무 많은 시간을 낭비하는 친구들에 대한 안 좋은 이야기가 돌고 있을 것이다. 하루 종일 스마트폰 메시지를 주고받거나 게임을 하는 다른 친구들에 대해 안 좋게 생각하면서도 실제로는 미디어 기기에 집착하는 아이들의 모습이 이치에 안 맞는 것처럼 보일지도 모른다.

하지만 생각해보라. 우리 어른들조차 하루 일곱 시간 이상을 미디어에 소비하고 있지 않은가? 이건 원래부터 조절하기 어려운 일이며, 그 사실을 솔직히 인정해야 한다. 미디어 기기를 통해 우리가 어떤 도움을 받고 싶고 어떤 감정을 느끼고 싶은지 대화를 나누면, 일상적인 작은 결심들을 지키고 더 큰 목적을 위해 나아가는 데 도움이 된다.

우리 가족에게 중요한 가치를 반영해 이미 미디어 사용 방식에 대한 합의를 마쳤다 하더라도 문제는 사소한 데에서 발생한다. 숙제가 미디어 사용 시간에 포함되지 않는 건 분명하다. 하지만 문자 메시지 주고받기는? 친구가 보내준 링크를 눌러 유튜브 영상을 보는 것은? 친구가 만든 영상을 보거나 아이가 직접 영상을 만드는 경우는? 청소년기에 들어선 자녀가 있다면 다음에 제시한 질문들을 통해 대화를 시작해보라. 저녁 식사 시간에 해도 좋고, 차를 타고 이동하면서 잡담처럼 해도 좋다. 이 질문들에 대한 답을 활용해 아이들과 함께 공식적인 미디어 규칙을 만들 수도 있을 것이고, 당신의 가정에서 무엇은 효과적이고 무엇은 그렇지 못한지 생각해볼 수도 있을 것이다.

- 다음 날이 학교 가는 날이면 모든 종류의 미디어 시청 및 게임 시간은 어느 정도가 적당하다고 생각하니?
- 소비하고 싶니, 창작하고 싶니?
- 밤 몇 시 이후로는 문자 메시지를 주고받지 말아야 할까?
- 숙제를 하는 동안 스마트폰을 보지 않는 게 힘드니? 어떻게 하면 그 문제를

해결할 수 있을까?

- 주말에 텔레비전이나 게임에 어느 정도의 시간을 쓰고 싶니?
- 친구가 놀러왔을 때는 규칙이 바뀌어야 할까?
- 무섭거나 성적인 메시지, 다른 어떤 이유로든 걱정스러운 메시지를 받는다면 어떻게 해야 할까?
- 친구들이 싸운 다음 온라인을 통해 화해하는 모습을 보면 어떤 생각이 드니? 너라면 어떻게 할 거야?

최악의 상황이 걱정될 때 아이와 이야기를 나누는 것도 괜찮다. 온라인상에서 청소년들이 하는 무분별한 행위에 대해 비판적인 뉴스가 나온다면 그 문제에 대해 대화해보라. 아이들이 "내 친구들은 건전하지 않은 동영상을 절대 공유하지 않아요"라고 항변한다 하더라도, 그런 경우 어떻게 행동하기를 바라는지에 대해 직접적으로 이야기하라. 물론 그런 일은 없을 것이다. 하지만 만에 하나 그런 일이 벌어진다면, 아이의 귓가에 '절대 발을 담가서는 안 된다'라는 당신의 목소리가 어른거려야 하지 않겠는가.

밤에는 미디어 기기를 어디에 둘 것인가?

이 문제에 대해서는 널리 통용되는 답이 있다. 늦게까지 미디어 기기를 사용하면 불빛 때문에 수면에 방해가 되기도 하지만, 점점 더 유혹을 떨쳐내기 힘들어진다는 것이다. 게다가 밤에는 어리석은 선택을 하기가 쉽다. 밤이 되면 우리는 평소라면 절대 하지 않았을 말을 가장 하기 싫은 사람에게 해버리곤 한다. 그러니 밤은 소설 미디어에 접속하기에 좋은 때가 아니다.

이 모든 일은 미디어 기기가 침대까지 따라오지만 않는다면 막을 수 있다. 조지아 주 애틀랜타에서 중학교 1학년과 3학년 두 아이를 키우는 엄마 홀리 버핑턴 스티븐스Holly Buffington Stevens는 독서와 취침을 위해 위층으로 올라갈 때(놀랍게도 온 가족이 함께 올라간다고 한다) 모든 노트북과 스마트폰을 주방 충전기 근처에 두고 간다고 말했다.

"아이의 친구들이 와서 자고 갈 때면 친구들도 예외는 아니에요. 잘 시간에는 모두 스마트폰을 주방에 두고 올라가야 해요. 밤늦게까지도 메시지가 얼마나 많이 오는지, 정말 놀랍다니까요."

아주 좋은 방법이다. 나는 오래전에 우리 집에 있는 기계들을 전부 충전할 수 있는 전용 충전 공간을 만들었다. 하지만 이 글을 쓰고 있는 지금은 아이들에게 반드시 그 충전 공간만을 이용하라고 강요하지 않는다. 그곳에서 충전하는 아이도 있고, 그렇지 않은 아이도 있고, 가끔씩만 하는 아이도 있다. 나는 매일 아침 스마트폰 알람 기능을 쓰고 남편도 마찬가지다. 아이들도 가끔은 스마트폰을 알람 시계로 활용한다. 딸아이는 밤마다 아이패드를 야간 모드로 해놓고 독서를 한다. 밤늦게 메시지 주고받기나 인터넷 서핑에 대해서는 아이들과 자주 이야기를 나누고, 특별한 문제가 있지는 않은지 종종 확인한다.

물론 밤새도록 스마트폰을 만지작거리고 싶은 유혹이 엄청나게 크다는 사실은 나도 알고 있다. 나 스스로도 우리의 선택이 옳다는 확신은 없다. 다만 지금 우리는 그렇게 생활하고 있고, 어쩌면 당신에게도 최선일지 모른다.

계속 감시해야 할까? 어떻게?

지금까지의 모든 주제에 대해 자녀와 대화를 나누고 규칙을 결정했다 할지라도 아직 이야기는 끝나지 않았다. 당신과 아이는 그 규칙에 따라 생활해야 하고, 규칙이 제대로 지켜지는지 여부를 감시할 것인지, 한다면 어떻게 할 것인지에 대해서도 생각해봐야 한다. 궁극적인 목표는 결국 아이와 신뢰를 형성하는 것이지만 가끔은 그 믿음을 검증할 필요도 있다.

하지만 과연 감시를 어떻게 할 것인가는 당신이 기대하던 것과는 많이 다를 수 있다. 부모용 스마트폰 관리 애플리케이션이나 추적 프로그램 등을 이용해 자녀의 온라인 생활을 감시하는 부모는 별로 없다.[12] 나도 비슷한 도구들에 대해 알아본 적은 있지만 다음 두 가지 이유 때문에 사용하지 않았다. 첫째, 아이가 쉽게 감시망을 벗어날 수 없는 프로그램을 찾기가 힘들었다. 둘째, 나는 아이들이 내 통제에만 따르기보다는 스스로 통제할 수 있기를 바랐다. 미디어에 관한 온갖 문제를 또 다른 미디어 프로그램으로 아웃소싱할 수 있다는 상상은 아주 달콤하다. 아니면 내게는 아이들이 온라인으로 뭘 하는지 꿰뚫어볼 수 있는 눈이 있다고 생각하며 스스로를 속일 수도 있을 것이다. 하지만 아이들과 대화하고 가르치고 때로는 규칙을 강제하는 고된 과정에는 그 어떤 지름길도 없다.

완전히 새로운 공간처럼 보이는 온라인 세상도 실은 아주 많은 측면에서 우리가 늘 살아온 문화의 연장선상에 존재한다. 따라서 우리는 어른으로서 아이들을 이끌어주고 아이들과 대화하는 능력을 키우는 데 집중해야 한다. 그것이 아이들에게 더 좋은 선택임은 물론이고(많은 전문가도 외부 감시 시스템에 의존하지 말라고 조언했다), 부모에게도 더 좋다. 미디어 사용, 콘텐츠 공유 등에 대해 아이들과 적극적으로 대화하는 부모들은 양육에 대한 자신감이 상대적으로 컸다. 양육 자신감은 부모의 전반적인 삶의 만족도와 관련성이 크다. 결국 아이들과(질문하기, 의견 제시하기, 모두가 좋아하는 영상이나 게임에 대해 이야기 나누기 등을 통해) 상호작용 하고 소통한다는 느낌은 우리를 더 행복하게 만든다.

실제로 어떻게 소통하느냐는 상황에 따라 완전히 달라진다. 자녀의 나이, 성격, 친구들과의 관계 등을 전부 감안해야 한다. 대부분 조언과 감시는 자녀가 자랄수록 점점 줄어드는 쪽으로 진화하게 마련이지만, 때때로 아이가 실수를 하면 일시적으로 집중적인 감시가 이루어지기도 한다. 어쨌든 부모의 감시로부터 스스로 감독하는 단계로의 진화는 대단히 중요하며, 그것이 자녀가 아직 당신의 보호 아래에 있는 동안 적절히 이루어지도록 돕는다면 아이들은 성인기를 보다 수월하게 맞이하게 될 것이다.

소셜 미디어 사용법

10대 아이들의 소셜 미디어 사용에 대해서는 할 말이 많다. 오로지 이 문제만을 다룬 책들도 있을 정도다. 많은 가정에서 소셜 미디어는 굉장히 어려운 문제다. 아이들에게 소셜 미디어는 사회생활의 연장이며, 거기에 우리가 직접 관여할 수는 없기 때문이다. 하지만 많은 사람이 소셜 미디어 역시 궁극적으로는 점점 더 커지는 익숙한 퍼즐의 한 조각에 불과하다는 것을 발견하고 있다.

자녀들의 소셜 미디어 사용에 관한 태도는 집집마다 극단적으로 다양하다. 열 살짜리 자녀를 '인스타그램 스타'로 만드는 부모가 있는가 하면, 열다섯 살이 되도록 소셜 미디어를 전혀 사용하지 못하게 하는 부모도 있다. 당신이 어떤 선택을 하든, 아이가 새로운 소셜 미디어에 가입할 때는 언제나 그 미디어를 어떻게 이용할 계획인지, 어떤 위험이 뒤따를 수 있는지에 대해 아이와 이야기를 나누어야 한다. 예를 들어 이런 식이다.

"어머! 민망한 영상이 자기도 모르게 유튜브에 퍼져버렸대."

"저것 봐! SNS 메시지도 스크린샷으로 캡처할 수 있어. 네가 엠마를 좋아한다는 그 비밀 메시지도 캡처할 수 있어!"

"엄마 친구 웬디 아줌마 알지? 그 집 아들이 형 휴대폰 번호를 인스타그램에 올린 다음에 연예인 전화번호라고 써놨대."

만약 아이의 새로운 소셜 미디어를 종종 확인할 생각이라면 언제, 어떻게 할 건지도 아이에게 꼭 말하라.

신중하게 정제된 타인의 삶의 흔적들이 화면에 펼쳐질 때 우리 모두가 느끼는 기분에 대해서도 이야기해볼 수 있다. 우리는 소셜 미디어 속 사람들과 달리 생일 파티에 초대받지 못할 수도 있고, 멋진 휴가를 보내지 못할 수도 있고, 수영복을 입었을 때 그리 예뻐 보이지 않을 수도 있다. 사람들이 공유하는 사진이 그들의 실제 삶과 늘 똑같지만은 않다는 사실을 직설적으로 말해주어라. 당신의 지인을 예로 들기가 조금 껄끄러울 수는 있지만 아이들에게는 딱 그만큼의 적나라한 현실이 필요하다.

"너 핀의 엄마 실제로 본 적 있지? 절대 저렇게 안 생겼잖아."

"너도 저 생일 파티에 갔던 거 기억하지? 생일이었던 여자아이가 생일 케이크 옆에서 울고불고 떼썼잖아."

현실이 아무리 끔찍해도 언제든 주변을 둘러보면 인스타그램에 올릴 멋진 사진 하나쯤은 금방 찍을 수 있다는 사실을 아이들에게 상기시켜주어라.

미디어 생산자들의 목적을 알려주어라

아이들은 미디어에 의존하지 않고 주체적으로 사용하는 법도 배워야 한다. 다시 말해 게임이나 애플리케이션 등이 애초에 온갖 알림 메시지를 통해 우리를 끊임없이 유혹하도록 설계되어 있다는 것을 아이들도 알아야 한다(이메일이든 뉴스든 메시지 전송 애플리케이션이든 전부 마찬가지다). 청소년들은 타인에게 조종당하거나 복종하는 것을 극도로 싫어한다. 그러니 아이들이 가장 좋아하는 애플리케이션과 게임을 만든 어른들에게 바로 그런 의도가 있었음을 확실히 알려주어라.

온라인상의 멋지고 혁신적으로 보이는 수많은 것이 실은 광고를 퍼뜨려 돈을 벌기 위해 디자인되었다. 그러므로 진정한 저항은 그 미끼를 물지 않고, 온라인에서 정말로 하고 싶은 일이 무엇인지를 스스로 선택하는 것임을 알려주어라. 아이들이 스마트폰을 스쳐가는 수많은 이미지 중에서 정말로 필요한 것을 찾아낼 수 있게 도와주고, 사용하지 않을 때는 스마트폰을 엎어두는 습관을 들이도록 가르치고, '방해 금지 모드'를 설정하는 법을 가르쳐라.

안심하라

마지막으로, 인터넷이라는 새로운 세계의 등장으로 온갖 스트레스와 걱정에 사로잡힐 때면 이걸 기억하라. 인터넷은 재미있다. 귀여운 동물 영상, 언제라도 볼 수 있는 심슨 시리즈의 웃긴 장면들, 하루 종일 친구와 주고받는 메시지까지.

우리는 종일 비가 와서 아무것도 할 수 없는 지루한 주말, 아이들과 함께 좋아하는 텔레비전 프로그램을 실컷 볼 수도 있고, 영화를 다운로드 받아서 볼 수도 있고, 가장 좋아하는 노래를 틀어놓고 설거지를 할 수도 있고, 이제 막 기말고사를 끝낸 아이에게 귀여운 코끼리 사진을 보내줄 수도 있다. 가족들이 총출연한 영상을 찍어 지인들에게 보낼 수도 있고, 중고거래 카페에서 어렸을 때 즐겨 보던 것과 표지 그림이 같은《빨간 머리 앤》을 찾을 수도 있다.

이건 '디지털 생활'이 아니다. 그냥 생활일 뿐이다. 아이들이 시간을 조금 낭비하더라도 그냥 내버려두어라. 아이들과 함께 시간 낭비를 해보아라. 함께 볼 영화를 찾아보아라. 그리고 다 괜찮을 거라고 과감하게 믿어보아라.

7장

훈육: 아빠, 엄마가 너보다 더 속상해

✽✽

훈육, 다시 말해 가족과 사회의 기준에 맞게 아이의 행동을 교정하는 고도의 기술을 습득하기란 대단히 어렵다. 얼마나 어렵냐 하면, 내가 1,050명의 부모에게 '양육 과정에서 가장 싫은 것'이 무엇인지를 묻자 전체의 3분의 1에 육박하는 부모가 '훈육'을 꼽았을 정도다. "규칙을 강제하고 좋아하는 것을 빼앗는 게 힘들어요", "아이에게 벌을 줘야 하는 상황이 싫어요", "행동에는 결과가 따른다는 사실을 꼭 가르쳐야 한다는 건 알지만 그래도 너무 어려워요" 등 표현은 다양했다.

아이들은 사소한 잘못을 저지른다. 마트에서 미친 듯이 뛰어다니기, 쏜살같이 주차장 가로지르기, 숙제 빼먹기, 친구랑 노느라 밤늦게 들어오기 등. 우리는 아이들이 저지르는 일상적인 문제들을 통제해야 한다.

그런가 하면 상당히 큰 문제들도 일어난다. 그 어떤 아이도, 아무리 다정한 부모에게 적절한 가르침을 받는 아이라도 큰 실수 한 번 저지르지 않고 자라는 법은 없다. 그리고 그런 일이 벌어지면 갑자기 지금까지 해오던 훈육만으로는 충분하지 않다는 기분이 든다. 모든 일에는 결과가 뒤따라야 하는 법. 생각하는 의자에 앉히기, 좋아하는 물건 압수하기, 잔소리하기, 외출 금지 등의 조치가 취해진다. 그리고 다음으로 찾아오는 건 비난이다. 자기 자신으로부터의 비난. 도대체 애를 어떻게 교육한 거야? 소파 뒷면에 그림을 그리면 안 된다고 말하지 않았던가? 오빠를 피 날 때까지 깨물면 안 된다는 것도, 손수레에 강아지를 싣고 도로까지 밀어버리면 안 된다는 것도, 부모의 아이튠즈 암호로 온라인 결제를 하면 안 된다는 것도 못 가르치다니!

그렇지 않다. 당신은 다 제대로 가르쳤다. 최소한 노력이라도 했을 것이다. 그리고 내일은 아마 그 교훈들을 되새겨보는 하루가 될 것이다(오늘 밤은 당신이 그 교훈을 아이들에게 어떻게 전해줄지를 고민하는 시간이 될 테고). 하지만 지금 당장은 아주 잘못된 행동을 한 아이가 당신 앞에 서 있을 뿐이고, 그런 순간은 너무 힘들다. 그리고 사실 마트, 주차장, 저녁 식사 자리에서 생기는 그 모든 사소한 잘못들 역시 힘들기는 마찬가지다.

물론 이런 식의 훈육('뭔가 단단히 잘못되고 있다'라는 기분으로 하는 훈육)이 훈육의 전부가 아니라는 건 우리도 알고 있다. 하지만 이미 너무나 많은 부모가 똑같은 문제 때문에 엄청난 혼란에 휩싸여 있지 않은가. 나는 존경하는 양육 전문가 케네스 긴즈버그에게 전화를 걸어 그 이유를 물었다. 그는 소아과 의사이자 저술가이자, 행복한 부모이기도 하다. 나는 이렇게 물었다.

"만약 어느 부모가 상담을 하러 와서 선생님께 훈육이 세상에서 제일 싫다고 말한다면 뭐라고 말해주시겠어요?"

긴즈버그는 열정적인 목소리로 대답했다.

"저런! 우선, 훈육이라는 말이 무슨 뜻인지를 기억해야 합니다. 훈육은 '애정 어린 손길로 가르친다', 또는 '인도한다'라는 뜻입니다. 절대로 아이를 통제하거나 벌을 주거나 해한다는 의미가 아니에요. 훈육이라는 단어 자체에도 '덕德으로서 사람을 인도하고 가르친다'라는 의미가 있죠. 훈육의 초점이 '가르친다'에 있다는 걸 알면 모든 것이 달라질 겁니다."

물론 끔찍하게 힘든 순간들이 찾아온다는 건 긴즈버그도 인정한다. 하지만 대부분의 훈육은 부모가 모범을 보임으로써 이루어진다.

"훈육은 빼앗는 것도 아니고 벌을 주는 것도 아닙니다. 아이를 세상으로 안전하게 인도하는 것이에요."

다시 말해 훈육이 하나의 거대한 빙산이라면 우리가 싫어하는 부분은 단지 수면 위로 삐죽 올라와 있는 10퍼센트에 불과하다. 우리는 '강제하기'를 싫어한다. 하지만 정말로 중요한 건 나머지 90퍼센트로, 아이들이 집에서, 그리고 세상에서 어떤 인간이 되어야 하는지를 가르치기 위해 우리가 몸소 보여주는 행동이다. 꽁꽁 얼어붙은 뾰족한 10퍼센트가 힘을 가질 수 있는 것은 나머지 90퍼센트가 존재하기 때문이다. 따라서 10퍼센트에 해당하는 순간들이 전체에서 아주 작은 일부에 지나지 않음을 이해한다면 훈육 전반에 대한 우리의 감정도 조금은 나아질 것이다.

긴즈버그에 따르면, 훈육에 대한 전반적인 접근법을 개선하기 위한 열쇠는 우리가 생각하고 말하는 방식을 바꾸는 것이다.

"문화적으로도, 개인적으로도 훈육에 대한 관점이 바뀌어야 합니다."

훈육에 있어 가장 중요한 부모의 책임은 좋은 본보기를 보임으로써 아이들에게 책임감과 자제력을 가르치는 것이며, 심지어 우리가 두려워하는 부분조차도 그렇게까지 걱정할 필요는 없다. 아이가 우리의 기대에 부응하지 못하면 우리는 그것을 교육이 실패했다는 징조라고 해석한다. 애초에 옳고 그름을 잘 가르쳤더라면 이렇게 억지로 가르쳐야 할 필요는 없지 않았겠는가? 하지만 그건 당신의 과도한 기대일 뿐이다. 아직 걸음마를 배우는 아이는 물론이고 어린이도, 청소년도 모든 것을 한 번에 완벽하게 배우지 못하며, 그저 듣기만 해서는 제대로 배우지 못한다. 아이들은 탐구하고 경계를 넘나들고 실수를 하면서 배운다. 그리고 그 실수 때문에 상황이 조금 어긋나더라도 전체적인 훈육 과정이 완전히 벽에 부닥친 것은 아니다. 오히려 그 역시도 이 게임의 예정된 일부다. 따라서 부모로서 우리가 할 일은 아이들이 실수를 하지 않도록 막는 것이 아니라, 실수했을 때 어떤 일이 벌어지는지를 아이가 직접 보게 하고, 다음번에는 더 잘할 수 있도록 방향을 제시해주는 것이다.

긴즈버그 외에도 많은 사람이 아이가 가장 힘들게 하는 순간에서 숨은 가치를, 심지어는 숨은 기쁨을 찾아야 한다고 말한다. 심리치료사이자 《아이의 인성을 꽃피우는 두뇌 코칭No-Drama Discipline: The Whole-Brain Way to Calm the Chaos and Nurture Your Child's Developing Mind》의 저자 티나 페인 브라이슨Tina Payne Bryson은 이렇게 말했다.

"부모를 완전히 미치게 만드는 자녀의 행동은 사실 아주 중요한 이야기를 들려줍니다. 우리 아이에게 어떤 영역에서 가르침과 응원이 가장 많이 필요한지를 가르쳐주니까요. 부모는 무엇을 빼앗아야 아이들이 교훈을 얻을 수 있을지를 고민하기보다는 아이들이 스스로를 통제할 수 있게 하려면 무엇을 제공해주어야 할지를 생각해야 합니다."

무엇이 문제인가

훈육에 대한 시각을 바꾸기 전에 먼저 우리가 어떻게 여기까지 왔는지부터 알아보기로 하자. 만약 백 년 전에, 또는 수십 년 전에 부모들을 모아놓고 '양육 과정에서 가장 싫은 것'에 대한 설문조사를 했다면 '훈육'을 꼽은 사람은 별로 없었을 것이다. 우리의 부모와 그들의 부모 세대에서는 아이들이 어떻게 행동해야 하는지, 그렇게 만들기 위해 부모들은 어떻게 아이를 다루어야 하는지에 대해 상당 부분 합의가 이루어져 있었다. 긴즈버그는 말했다.

"오늘날 청소년을 키우는 부모들 대부분은 권위주의적인 부모 슬하에서 자랐을 겁니다. 엄격하지만 따뜻함은 부족한 양육 스타일이죠. 물론 애정이 부족하다는 뜻은 아닙니다. 내 집에서는 내 규칙에 따라야 한다는 것뿐이죠."

우리의 부모 세대도 대부분 비슷한 방식으로 양육되었을 것이다. 1950~1960년대 중산층 가정에서 자란 성인들에게 가정과 학교에서의 훈육에 대해 물으면 회초리, 자, 구두 주걱부터 떠올리는 경우가 많을 것이다. 물론 권위주의적 양육이라고 해서 체벌이 필수인 것은 아니지만(엉덩이 때리기에 대한 논란은 수백 년 동안 이어져왔다) 어떤 형태로든 벌을 내려야 한다는 생각에 의문을 제기하는 사람은 거의 없었다. 엉덩이를 때리지는 않더라도 저녁 식사 없이 잠자리에 들게 한다거나 고대하던 파티에 가지 못하게 하는 식으로 아이들을 벌했다. 당시에는 처벌을 통해 아이의 나쁜 행동을 줄일 수 있다는 분명한 믿음이 있었다.[1]

그러나 오늘날 대부분의 부모에게 일탈 행위와 처벌이라는 그 단순한 연결고리는 더 이상 당연하지 않다. 오히려 우리는 지나친 훈육이 아이를 밀어낼 수 있으며 심지어 더 큰 일탈 행위로 이어질 수 있다는 사실을 알게 되었다. 긴즈버그를 비롯한 많은 전문가 역시 '말 안 들을 거면 당장 나가!'라는 식의 접근법이 보다 균형 잡힌 훈육법으로 대체되어야 한다는 의견에 공감한다. 하지만 이 균형에 도달하기 위해 우리가 정확히 어떻게 해야 하는가에 대해서는 사회적 공감대가 별로 이루어져 있지 않다. 그것은 공공장소에서 아이들이 제대로 통제되지 않을 때 우리 부모들이 수많은 분노의 눈초리를 받을 수도 있다는 뜻이다. 오늘날 많은 부모들은 '긍정 훈육', 즉 문제 행동을 했을 때 반응하기보다는 올바른 행동을 했을 때 보상하는 방식을 더 좋아한다. 하지만 긍정 훈육에만 의존하다 보면, 아이가 마트에서 하는 올바른 행동이라고는 카트를 뒤집지 않는 것밖에 없을 때 우리는 도무지 어찌할 줄을 몰라 우왕좌왕하게 된다. 부모들의 훈육을 힘들게 만드는 요소는 또 있다. 오늘날에는 훈육을 둘러싼 지형 자체가 우리의 부모 세대와는 많이 달라졌다. 다양한 기술의 발달은 물론이고, 타인에게 어떻게 말을 해야 하는지, 공공장소에서는 어떻게 행동하고 어떤 옷을 입어야 하는지, 주변 사람들이나 여러 기관이 권위와 훈육을 어떻게 이해해야 하는지에 대한 사회적 규범도 완전히 달라졌다. 몇 십 년 전만 해도 선생님 앞에서 버릇없는 표정을 짓는 아이는 정학을 당했고, 반 친구를 '돼지'라고 놀리는 건 별것 아닌 일로 넘어갔다. 하지만 오늘날에는 두 행동에 대한 반응이 완전히 뒤바뀌었다. 좋든 싫든(개인적으로는 두 행동 모두에 훈육이 필요하다고 생각한다) 우리 대부분은 바로 그런 세상에 아이들을 내보내게 될 것이다.

또한 바로 얼마 전까지만 해도 아이가 버릇없는 행동을 하면 이웃 어른이나 친구의 부모님, 낯선 사람에게까지도 꾸지람을 듣는 일이 흔했지만 이제는 그런 일이 거의 없다. 앞선 그 어떤 세대보다도 우리는 '혼자'이기 때문에 훈육이 더욱 힘들게 느껴지는 건지도 모르겠다. 여기에 우리가 스스로에 대해 갖는 엄청나게 높은 기대까지 더해지면 당신은 부모로서 무능하다는 느낌을 받을 만반의 준비를 마친거나 다름없다.

또한 우리 아이들은 그 어떤 세대보다도 많은 감시를 받고 있다. 그 때문에 부모가 아이의 행동에 대해 조언하는 방식도 달라졌다. 많은 시간을 자녀와 함께 보내는 우리는 매번 일러주지 않아도 바르게 행동하는 법을 가르치기보다는 "안 돼"라는 말에 대단히 의존하며, 아이들 역시 부모에게 의존한다. 부모가 언제든 나타나 상황을 수습해주기 때문에 아이들은 공공장소에서 무례하거나 부적절한 행동을 했을 때 벌어지는 결과를 제대로 경험하지 못한다. 다른 한 편으로 우리는 아이들 곁에 계속 있는 것만으로도 부모로서의 역할이 완수되기를 기대한다. 부모가 곁에 없어야만 오히려 많은 것을 배울 수 있는 상황에서도 무슨 개근상이라도 바라는 것처럼 끊임없이 아이들 곁을 맴돈다.

《얘야, 제발Child, Please》의 저자 이욘다 골트 캐비네스Ylonda Gault Caviness는 이렇게 말했다.

"우리는 양육을 마치 하나의 직업처럼 전문화하려고 합니다. '이것을 투입하면 이런 결과가 도출되어야 해'라고 생각하죠. 아주 체계적으로, 구글 캘린더에 아이와 데이트하는 요일까지 정해놓고 온갖 일을 해냅니다. 하지만 육아는 공식대로만 흘러가지 않아요."

그렇다고 해서 우리가 제대로 훈육을 하지 못하고 있다는 뜻은 아니다. 뭔가 잘못하고 있다는 느낌이 들 때조차도 실은 그렇지 않은 경우가 많다. 사실 훈육에 관해 정말로 무엇이 문제인지 꼽으라면, 답은 어린이와 청소년의 본성이다. 어린이들은 원래 밀어붙이고, 시험하고, 잊어버리고, 충동적으로 행동한다. 청소년들도 마찬가지인데, 거기에 더 많은 자유와 호르몬, 지식이 더해지며 때로는 자제력이 어린이들만도 못하다. 그들 모두가 실은 성인으로 자라나기 위해 꼭 거쳐야만 하는 과정을 거치고 있을 뿐이지만, 아이를 성인으로 만들기 위해 노력하고 있는 어른 입장에서는 그것이 결코 쉽지만은 않다. 그런 관점에서 보면 훈육은, 심지어 강제적인 훈육 마저도 단지 아이를 키우는 과정의 일부일 뿐이다.

내가 꼽은 '훈육, 정말 왜 이렇게 힘든가' 목록의 마지막 항목은 언제 훈육해야 할지를 우리가 거의 선택할 수 없다는 것이다. 정말 그렇다. 문제 상황은 늘 가장 힘든 순간에 찾아온다. 배우자의 직장 문제 때문에 조만간 온 가족이 연고도 없는 타지로 이사를 가야 할지도 모른다는 생각으로 머리가 어지러울 때, 아버지의 건강 문제로 한 달 내내 스트레스를 받은 데다 직장에서도 힘든 하루를 보내고 늦은 퇴근길에 나섰을 때, 아이들은 왜 하필 그런 순간에 엄청난 문제를 선사해주는 것일까? 더 이상은 아무것도 해줄 수 없다고, 마음이 이미 텅 비어버렸다고 느껴질 때 우리 아이들은 저 깊은 바닥까지 박박 긁어내보라고 억지로 우리 손을 끌어당긴다.

우리는 안개가 낀 듯 불확실한 사회적 기대와 변화하는 규범 속에서, 늘 반항하고 저항하도록 설계된 어린 인간들을 통제해야 한다는 어려운 임무를 짊어진 채 힘겹게 싸우고 있다. 그렇다고 양육 비법이 가득 들어 있는 마법 가방에서 언제 '훈육'을 꺼내 들어야 할지를 마음대로 정할 수도 없다.

도대체 어떻게 해야 할까? 뭔가 큰 변화가 필요하다는 것만은 분명해 보인다. 일단, 훈육에 대한 생각을 바꿔보라는 긴즈버그의 제안에서부터 시작해보자. 그러면 훈육 상황에 있을 때뿐만 아니라 그렇지 않을 때에도 우리의 행동을 바꿀 수 있다. 우리는 훈육에 대한 접근법을 바꾸고, 다른 사람들이라면 했을 행동을 하지 않을 때 우리를 향하는 그들의 비난과 시선을 조금은 쉽게 흘려보낼 수 있다. 그리고 그 새로운 접근법을 우리 자신에게, 타인에게, 그리고 아이들에게 표현하는 과정에서 더 행복한 기분을 느낄 수 있다.

하지만 우리가 절대로 통제할 수 없는 것도 있다. 바로 결과다. 훈육이 우리를 완전히 압도하는 것처럼 느껴지고, 심지어 두렵기까지 한 이유도 바로 그 때문이다. 우리는 자녀에게 규율을 가르치기 위해 훈육을 한다. 만약 아이가 열아홉 살이 되도록 과일이나 채소를 전혀 먹지 않고, 스스로 세탁을 할 줄도 모르며, 여전히 숙제보다는 축구에만 신경을 쓰고 있다면, 아이는 성인이 된 이후 예고 없이 찾아온 깨달음의 과정을 경험하게 될 것이다. 그리고 아마 어떻게든 대처할 것이다. 하지만 규율이 없다면 성인으로서의 삶에 성공적으로 진입하기란 대단히 힘들다. 무엇보다 최악인 것은 우리가 통제할 수 없는 무언가에 의해 시험대에 오를 때까지 아이가 얼마나 많은 것을 배웠는지를 우리가 전혀 알 수 없다는 점이다. 그런 상황을 좋아할 부모는 없다.

하지만 그럴 때 우리가 기댈 수 있는 아주 좋은 방법들은 분명 있다. 만약 당신이 부모들이 가장 힘들어한다는 이 문제를 만족스럽게 해결할 수만 있다면 양육 과정의 다른 어려운 문제들에까지도 그 긍정적인 영향이 미치는 경험을 할 수 있을 것이다. 훈육 문제는 끔찍한 아침부터 지긋지긋한 숙제, 지독한 방학까지 양육을 덜 즐겁게 만드는 모든 문제와 깊이 관련되어 있기 때문이다. 훈육이 잘 되면 다른 수많은 것들도 자리를 잡는다.

문제 개선하기: 나의 가장 좋은 모습 유지하기

훈육이란 아이에게 더 큰 세상에서 올바르게 행동하는 법을 가르치는 행위 전반을 의미하지만, 대부분의 부모에게 훈육은 힘든 점만을 떠올리게 한다. '양육 과정에서 가장 싫은 것'으로 훈육을 꼽은 부모들에게는 특히 더 그럴 것이다. 집안일을 해야 한다고 말하는 것은 훈육이다. 공공장소에서 적절한 행동을 기대하거나 숙제를 시키는 것도 훈육이다. 하지만 우리를 당황하게 하고 머리를 쥐어뜯게 만드는 것은 집안일이 제대로 되지 않았거나 아이들이 기대에 미치지 못했을 때, 지인과 전화 통화를 하고 있는데 아이가 당신의 정강이를 걷어찰 때 과연 어떻게 대처해야 하는가다. 문제는 바로 그런 순간에 본모습을 드러낸다.

내가 그런 형태의 훈육을 해야 할 때 가장 힘들었던 건 성인답게 행동해야 한다는 것이었다. 가끔 아이들은 나를 완전히 미치게 했다. 아기의 통통한 다리에 이빨 자국이 선명하게 나 있는데도 아무것도 모른다는 표정으로 내 얼굴을 빤히 바라보며 절대로 동생을 깨물지 않았다고 말하는 아이, 밥 먹기 싫다고 고래고래 소리 지르는 아이, 고집을 부리며 팔을 흔들어대다가 접시를 쳐 음식을 바닥에 쏟은 아이, 학교 갈 시간이라고 소리를 치는데도 느릿느릿 점심 시간에 먹을 샌드위치를 만들기 시작하는 아이까지.

나도 인간이다. 나도 속상하고, 화가 나고, 상처받고, 좌절하고, 실망한다. 그건 아주 당연한 일이다. 그러나 힘든 순간마다 나타나는 최악의 모습을 능숙하게 다루는 법에 관해 아이에게 가르치고 싶다면, 분명히 알아야 했던 사실은 내가 그정도로 능숙하지 않았다는 것이다. 나는 내 자신부터 규율해야 했다. 발등에 불이 떨어진 것도 아니다. 아무것도 잘못되지 않았다. 나는 다른 어떤 행동을 하기 전에 먼저 시간을 갖고 마음을 가다듬을 수 있었다.

물론 그게 어려울 때도 있다. 아이가 어릴 때, 특히 아이를 보살피느라 필요한 만큼 잠을 자지 못하고, 우리 자신을 제대로 돌보지도 못하고, 좋아하는 것들을 할 시간을 도무지 낼 수 없을 정도로 아이가 어릴 때는 정말 그러기가 힘들다. 또한 아이들이 어느 정도 커서 아이들에 대한 우리의 기대는 커졌는데, 반대로 아이들은 어떻게 하면 우리의 꼭지를 돌게 할 수 있는지를 아주 잘 아는 것처럼 행동할 때도 마찬가지다. 정말이지 이건 어려운 일이다.

가끔은 따뜻하고, 차분하고, 단호하게 아이들에게 우리 가족의 규칙이나 우리가 추구하는 가치를 강제하기가 쉽다고 느껴질 때도 있긴 하다. 하지만 우리는 훨씬 자주, 내면에서 휘몰아치는 감정의 광풍을 상대해야 한다. 당신이 욱하는 성미나 수동적 공격성, 충동 조절에 늘 어려움을 겪는 사람이든, 늘 평온한 성격을 유지하는 사람이든 아이들은 우리에게 지금껏 한 번도 경험해보지 못한 최고조의 분노를 선사한다. 당신의 휴대폰을 일부러 변기통에 빠뜨리는 직장동료가 있지 않고서야 살면서 그런 분노를 느껴본 일은 별로 없을 것이다.

내가 긴즈버그에게 그렇게 말했을 때도 그는 놀라울 정도로 평온 함을 유지했다. 그는 우리에게 힘든 순간들이 오리라는 것을 기대해야 한다고 말했다. 아이가 당신을 정말 짜증나게 하고, 실망시키고, 심지어 두렵게 하는 것은 '혹시' 일어날 수도 있는 일이 아니라 기정사실이다. 다만 '언제'의 문제일 뿐이다. 아주 최악인 것처럼 보이는 문제들조차도 실은 더 큰 그림의 일부이며, 그 큰 그림에는 좋은 일과 나쁜 일이 필연적으로 가득할 수밖에 없다는 사실을 이해해야 한다. 그러면 당신은 크게 숨을 한 번 들이쉬고 어깨에 잔뜩 들어간 힘을 뺀 다음 마음속으로 우리는 실패한 부모가 아니고 이 아이도 그저 우리와 똑같을 뿐이라고, 우리가 어렸을 때 그랬듯 실수를 하고 있는 것뿐이라고 조용히 다독일 수 있다. 긴즈버그는 이렇게 말했다.

"자, 이건 일생일대의 위기가 아닙니다. 대부분이 그렇습니다. 시험에서 D를 받은 건 심각한 위기가 아니에요. 심지어 좀도둑질도 마찬가지입니다."

다시 말해 아무리 심각한 문제가 일어난다 해도 즉각적으로 생명을 위협할 만한 것은 아니라는 뜻이다. 그러니 당신의 몸이 이끄는 대로 아드레날린으로 가득한 반응을 보일 필요는 없다. 우리는 성인으로서 천천히, 차분하게 눈앞에 주어진 일을 해결해내고, 아이가 경험을 통해 교훈을 얻어 앞으로 나아갈 수 있도록 도울 수 있다. 정말 괜찮아 보이지 않는가? 지금부터는 그런 상태에 도달할 수 있는 방법들을 소개하겠다.

반응하지 말고 대응하라

성인인 우리조차도 버거운 일을 아이에게 가르친다는 건 어려운 일이다. 당신과 아이는 둘 다 눈앞의 욕구, 두려움, 감정을 잘 다룰 줄 알아야 한다. 그래야만 장기적인 목적을 향해 나아갈 수 있으며, 그 과정을 이끄는 건 바로 당신이어야 한다. 마트 카트에 앉아 사탕을 사달라고 고래고래 소리 지르는 아이도 소리를 지르고 싶어서 지르는 게 아니다. 본인도 행복하고 편안한 아이가 되고 싶을 뿐이다(아이는 카트에 타고 싶지 않았다. 아니 아예 마트에 오고 싶지 않았다. 그저 사탕이 먹고 싶었을 뿐). 그리고 우리도 붉으락푸르락한 얼굴로 아이에게 똑같이 소리를 지르는 어른이 되고 싶지는 않다. 우리는 필요한 식료품이 모두 구비된 상태로 행복한 아이와 함께 평온하게 집으로 돌아가고 싶다(물론 사탕을 사주느냐 마느냐는 완전히 우리의 선택이어야 하지만). 하지만 A지점에서 B지점으로 가기 위해서는 집 안팎에서의 훈육이 반드시 필요하다.

우리가 아이의 행동에 대한 우리 자신의 반응을 제대로 규율하지 못해 힘겨워할수록 아이들과의 관계 역시 불안할 가능성이 높아진다. 여기에는 신경과학적 근거가 있다. 릭 핸슨은 저서 《행복 뇌 접속》에서 우리 뇌의 '반응 모드reactive mode'에 대해 설명했다. 반응 모드란, '두렵거나 격분하거나 막다른 골목에 다다랐다고 느낄 때 우리 뇌의 상태'를 말한다. 반응 모드가 켜진 뇌는 제대로 사고하지 못한다. 핸슨은 이렇게 썼다.

> 아드레날린과 코르티솔이 혈액을 타고 흐르면서 두려움, 좌절감, 심적 고통이 우리 정신을 지배한다. 반응 모드에서 뇌는 뭔가 급박한 요구 사항이 있다고 가정하기 때문에 당신의 장기적 필요에 대해서는 관심을 갖지 않는다.

당신의 뇌는 아이나 당신 자신을 달래기보다는 치타로부터 도망치는 데 적합한 스트레스 반응을 일으킨다. 따라서 전혀 도움이 되지 않는다.

브라이슨은 "우리가 훈육을 하는 순간마다 혼란스럽고 반응적인 감정 상태에 빠진다면 효과적으로 아이를 가르칠 가능성은 점점 줄어든다"라고 언급했다. 우리의 스트레스 반응은 아이들에게도 연쇄적으로 스트레스 반응을 일으킨다. 브라이슨은 이렇게 말했다.

"우리가 화가 나서 반응적이고 예측 불가능하게 행동하면 아이의 원시 뇌는 그것을 '위협'의 신호로 받아들인다. 뇌는 안전을 가장 우선시한다. 따라서 안전하다고 느끼지 못하는 순간 아이는 아무것도 배우지 못한다."

설문조사 결과, 아이에게 벌을 주고 소리를 지르고 가정에서의 규칙에 대해 사사건건 이야기하느라 많은 시간을 쓰는 부모일수록(특히 어린 자녀를 키우는 부모일수록) 부모로서 자신의 역할을 그다지 만족스러워하지 못했다. 훈육은 문제라고 느껴지는 순간 훨씬 더 큰 문제가 되어버린다.

'반응 모드'에 대한 대안은 '대응 모드'다. 대응 모드에서 우리 뇌는 우리의 안전, 만족감, 인간관계가 위험에 처했다는 느낌에 빠져 불안해하지 않고, 어려운 문제에 대응하면서도 흔들리지 않을 수 있다. 우리 마음이 반응 모드로 빠지는 것을 막기 위해서는 아이의 나쁜 행동을 우리 자신에 대한 위협으로 받아들이지 않아야 한다. 당신이 '가르침'으로서의 훈육(90퍼센트)에 집중할 수만 있다면 아무리 어려운 순간들도 전처럼 걱정스럽게 느껴지지는 않기 때문에 훨씬 차분하게 헤쳐 나갈 수 있다. 당신은 지금 당신이 어떻게 반응하느냐가 앞으로의 승패를 결정짓는 마지막 양육 능력 시험이 아니라는 사실을 알고 있다.

하지만 그 사실을 늘 기억하기가 쉽지만은 않다. 반응 모드가 자주 우리를 압도해버리기 때문이다. 안 그래도 너무 힘든데 뭔가 심각해 보이는 문제가 갑작스럽게 찾아오는 경우에는 특히 더 반응 모드에 빠져들기가 쉽다. 그렇다면 이런 '위험 구역'으로 끌려들어 가지 않고 스스로 벗어나기 위해서는 어떻게 해야 할까?

핸슨은 다음과 같이 제안했다. 첫째, 이름을 붙여라. 마음속으로 조심스럽게 당신이 느끼는 감정에 적절한 이름을 붙여라. '나는 화가 머리끝까지 났다. 완전히 자제력을 잃었다. 나는 저 아이를 때리고 싶다. 소리를 지르고 싶다' 이런 식으로 최대한 중립적으로 감정에 이름을 붙이는 것이다.

둘째, 약간의 시간을 가져라. 우리는 너무 성급하게 말하거나 행동할 때 실수를 한다. 잠시 멈추고 속도를 낮춰라. 유리벽 밖에서 자신의 모습을 관찰하고 있다고 상상해보라. 방 한 구석에 비디오 카메라가 설치되어 있어 나중에 이 모습을 볼 수 있다고 상상해보라.

셋째, 당신의 몸을 진정시키기 위해 최선을 다하라. 숨을 내쉬어라. 그러면 부교감 신경계가 활성화된다. 시선을 지평선 쪽으로 끌어올리고 당신의 두뇌 회로가 먼 곳의 풍경을 받아들이도록 하라.

넷째, 무엇보다도 당신이 지금 아주 안전하다는 사실을 기억하라. 아무것도 잘못되지 않았다. 상황을 부정하자는 게 아니다. 단지 우리 스스로 감정을 진정시키도록 돕자는 것이다. 우리는 자녀와 배우자에 대해 너무 섣부르게 불안감을 갖는다. '모든 게 망했어' 라는 결론에 너무 빨리 도달해버린다. 잠시 멈춰 당신 앞에 일어난 일이 정말 어떤 결과를 불러올 수 있는지 생각해보라. 당신은 아프지 않고, 누구도 죽어가고 있지 않으며, 파산하는 일도 없을 것이다. 기본적으로는 모든 것이 괜찮다.

필요한 만큼 시간을 가져라. 아이는 방에서든, 생각하는 의자에서든, 당신의 배우자나 형제와 함께든, 당신이 (반응이 아니라) 대응할 준비가 될 때까지 기다릴 수 있다. 만약 당신이 스스로 멈추지 못하고 반응해버렸더라도 용서하라. 뭐든지 항상 잘할 필요는 없다. 상황이 허락한다면 당신의 대응에 대해 이야기를 나누어보라. 아니면 그냥 넘어가도 좋다. 연습할 기회는 앞으로도 차고 넘칠 테니까.

우리는 실제로 무엇을 할 수 있을까

모두를 곧장 행복으로 향하는 고속도로에 데려다줄 완벽한 공식이 존재한다면 얼마나 좋을까. 중간에 잠시 '잘못했어요, 다신 안 그럴게요'라는 이름의 휴게소까지 들른다면 금상첨화일 것이다.

하지만 슬프게도 가장 풀기 어려운 훈육의 딜레마들은 본질적으로 예측이 불가능하고 다양하며 특수하다. 단순히 '아이가 쿠키를 가지고 떼를 쓴다'가 아니다. 내일 편도선 수술을 받기 전에 아이에게 쿠키를 사주겠다고 약속했는데, 지금 베이커리에 땅콩버터 쿠키밖에 팔지 않는다. 내일 우리 집에 오기로 한 사촌이 땅콩 알레르기가 있어 그 쿠키는 살 수 없는데 다른 베이커리는 전부 문을 닫아버렸다. 아이가 동생을 때렸고, 당신이 본 건 때리는 장면뿐이지만 당신은 동생이 맞을 짓을 했을 거라는 사실을 너무나 잘 알고 있다. 당신은 이런 상황에서 어떻게 대처해야 할지를 안다고 생각했을 것이다.

'떼쓰는 것도 안 되고, 때리는 것도 안 된다.'

하지만 훈육 상황이 늘 명확하고 분명하지만은 않다. 나는 긴즈버그에게 "훈육은 상황이 잘못되어가기 시작했을 때 어떻게 하는 것이 옳은지를 도저히 알 수 없어서 문제인 것 같아요"라고 불평했다. 그때 나는 그가 열정적으로 공감해줄 거라 기대했다. 그 역시 아빠이고, 양육의 어려움을 잘 이해하고 있으며, 무엇보다도 열정적이지 않은 적이 한 번도 없었기 때문이다. 그런데 그는 내 말을 곧바로 정정했다. 그는 우리가 무엇을 해야 하는지 너무나 잘 알고 있다고 했다. 아니, 최소한 우리가 부모라면 어때야 하는지를 알고 있으며, 거기서부터 최선의 반응이 무엇인지를 알 수 있다고 했다.

"수많은 연구 결과가 올바른 훈육법이 존재한다는 사실을 뒷받침하고 있습니다."

긴즈버그는 이렇게 말하고는 네 가지 양육법(그중 세 가지는 나쁘고, 한 가지는 좋다)을 간단히 소개해주었다. 우리 세대의 다수가 경험한, 규율은 엄격하고 따뜻함은 적은 '권위주의' 방식, 아이를 부모라기보다는 친구처럼 대하는, 따뜻함은 많지만 규율은 적은 '허용적' 방식, "애들은 애들이지", "알아서 하겠지"라는 식의 규율도 적고 따뜻함도 적은 '방임적' 방식, 그리고 마지막으로 부모가 권위를 가지고 안전이나 도덕성에 관한 확고한 경계를 설정해주면서도 다른 모든 것에 대해서는 따뜻한 지지를 보내주는 '규율과 따뜻함이 균형을 잘 이룬' 방식.

그러므로 특정한 상황에서 어떤 선택이 올바른가에 대한 해답은 없을지언정 올바른 접근법은 분명히 존재한다. 긴즈버그는 이렇게 말했다.

"우리는 뭘 해야 하는지, 아니 최소한 어떻게 해야 하는지는 알고 있습니다. 아이들을 지나치게 옥죄지 않으면서도 주의 깊게 감독하며 적절한 균형을 맞추는 것이 중요하다는 건 과학적으로 증명된 사실이죠."

행복한 부모는 어린 자녀의 훈육에 대해서라면 더욱 적극적이다. 아이들의 싸움에 끼어들어 상대방의 말을 듣고 문제를 해결하는 법을 가르쳐주고, 집안일을 어떻게 끝마칠 수 있는지를 직접 보여주고, 아이가 미디어 사용 규칙을 잘 지키는지를 면밀히 감독한다. 하지만 아이가 자라고 나면 아이 스스로 자제력을 보여줄 수 있도록 한 발 멀리서 지켜본다. 혹시 잘 이루어지지 않을 때는 나서서 도와주다가, 몇 주, 또는 몇 개월 후에는 다시 한 발 뒤로 물러선다. 긴즈버그에 따르면 부모의 그런 움직임은 많은 이점이 있다. 필요할 때는 권위를 세우지만 평소에는 지지해주는 부모를 가진 아이들은 우울감이나 불안 수준이 낮고 약물 남용에 빠지는 비율도 낮았다. 그 아이들은 자동차 사고를 낼 확률도 평균의 절반에 가까웠고, 성적인 궁금증은 나중으로 미뤄두는 경향이 컸다.

물론 긴즈버그가 말한 것과 달리, 어떤 부모가 되기를 바라는지가 실제로 어떻게 해야 하는지를 항상 가르쳐주는 건 아니다. 우리는 유연하면서도 단호한 부모가 되어야 한다는 '균형 잡힌 부모의 딜레마'에 빠져 있기 때문이다. 우리는 상황과 아이의 성향을 적절히 고려해야 하지만, 안전과 도덕성, 알 수 없는 세상에서 부모가 든든한 안내자가 되어줄 거라는 아이의 믿음에 대해서까지 타협해서는 안 된다. 그러므로 아이가 두려운 수술을 앞두고 베이커리에서 떼를 부릴 때는 달래주는 것이 나을 수 있으며, 동생을 때린 아이도 이번만큼은 혼내지 않고 넘어갈 수 있다.

시간을 갖고 대응 모드를 취할 수 있어야 균형 잡힌 양육 방식으로 향하는 길도 더욱 잘 찾을 수 있다. 부모의 긴밀한 감독이 필요한 안전과 도덕성의 문제가 과연 무엇인지(주차장 근처에서 위험하게 서 있기, 시험 볼 때 커닝하기 등), 그렇지 않은 것은 또 무엇인지(언니, 오빠에게 고약하게 굴기, 숙제 깜빡하기 등)를 결정할 때에도 실수를 줄이게 될 것이다. 또한 화가 나고 실망했을 때조차도 사랑할 수 있게 될 것이다. 다음에 무슨 일이 벌어져야 하는지를 충분히 생각할 수 있고, 당신의 행동에 대해(아이는 만족하지 못할 수도 있지만) 더 만족할 수 있을 것이다.

공감하고, 가르치고, 강제하고, 반복하라

부모들은 보통 가정에 규율이 있을 때 더 행복하다. 우리 집에서는 규칙을 어기면 상응하는 결과가 뒤따른다는 확신이 있을 때 스스로가 유능한 부모라고 느끼게 된다. 주변 부모들에게 훈육에 대한 조언을 부탁해보라. 틀림없이 이런 말을 듣게 될 것이다.

"공허한 위협은 절대 하지 마."

정말로 '결과'를 강제할 생각도 없으면서 공연히 위협하지 말라는 뜻이다. 부모들이 이렇게나 중요시하는 '결과'란 정확히 무엇을 의미할까? 미국 소아과 학회가 제시한 효과적인 훈육의 3요소는 다음과 같다.[2]

- 기본적으로 따뜻하고 긍정적인 부모와 자녀 관계
- 자녀에게 상황에 맞는 올바른 행동 가르치기
- 자녀가 하지 않기를 바라는 행동을 멈추게 할 수 있는 방법

이 세 가지 중 우리를 가장 힘들게 하는 것은 바로 세 번째 요소(앞서 말한 전체 빙산의 10퍼센트에 해당하는 부분)다. 그 자체가 싫기도 하지만 도무지 어떻게 해야 할지 모르겠다는 느낌도 너무 싫다. 어떤 경우에는 '자연스러운 결과'가 나타나도록 그냥 내버려둬도 된다(화가 나서 쿠키를 던져 버린 아이에게는 더 이상 남은 쿠키가 없다). 하지만 우리가 아이들에게 기대하는 많은 행동은 그 자연스러운 결과가 너무 뒤늦게 나타나거나 아이들보다는 어른들에게 고통을 초래하는 경우가 더 많다. 특히 아이가 어릴 때 우리가 하지 말라고 하는 행동(고양이 쫓아다니기, 식당에서 빨대로 물에 보글보글 거품 만들며 장난치기 등)들은 보통 아이의 관점에서 보면 재미있다. 우리는 아이에게 그만하라고 말하고, 아이는 절대 그만하지 않는다. 그럼 그 다음에는?

조애나 페이버에 따르면, 바로 그 지점에서 많은 부모가 '위협, 경고, 명령'에 의존한다. 하지만 어린아이들에게 그건 듣기 싫은 잔소리일 뿐이다. 벌까지 주게 되면("하지 말랬지! 너 오늘은 텔레비전 못 볼 줄 알아!") 아이는 부모를 적대적인 눈으로 보게 된다. 이제 아이는 우리가 가르치고자 했던 행동에는 아무 관심이 없고 그저 부모가 자기에게 어떤 벌을 줄 것인가만 골몰하게 된다. 이런 결과를 바라는 부모는 없을 것이다. 이런 상황은 앞으로 더 큰 파국을 예고한다.

그렇다면 페이버의 조언은 무엇일까? 상황이 잘못되어 가는 것 같으면 먼저 아이에게 공감하려고 노력해보라는 것이다.

"아이에게 화를 내거나 등짝을 한 대 때리거나 생각하는 의자에 앉히면 당장 그 행동을 멈추게 할 수는 있습니다. 하지만 그것만이 부모의 역할은 아니죠."

부모는 자녀가 스스로 옳은 행동을 하도록 가르쳐야 한다. 그러니 이제는 알아서 잘할 때도 되지 않았나 싶더라도 무엇이 옳은 행동인지를 다시 한 번 알려주어라. 어떤 것들은 수없이 말해줘야만 할 수도 있다. 그래도 아이가 스스로 옳은 행동을 하지 못하면 당신이 대신 해주어라.

"고양이를 쫓아다니는 게 너무 재미있어서 멈출 수가 없나 보구나. 그럼 고양이를 안방에 두는 수밖에 없겠네."

"빨대로 장난치지 않기가 너무 힘들면 엄마가 식당 종업원에게 빨대를 돌려드릴게."

페이버는 이렇게 말했다.

"결과가 당신이 기존에 주던 벌과 별반 다르지 않아 보일 수도 있습니다."

하지만 말을 통해 당신이 아이의 감정을 이해한다는 걸 보여주고 당신 자신의 감정을 표현하면 부모도 감정 조절을 하기가 쉬워지고, 아이도 부모에게 사과하고 행동을 교정할 수 있다(그렇다고 꼭 고양이를 안방에 두지 않고, 빨대를 빼앗지 않아야 하는 건 아니다). 당신은 감정 조절에 실패할지도 모른다. "미안해요"라는 말을 듣지 못할지도 모른다. 어쩌면 아이는 불평불만을 모두 쏟아내거나, 울고불고 난리를 치거나, 소리를 꽥꽥 지를 수도 있다. 그 모든 것이 행복하게 끝나지 않을지도 모른다. 그래도 괜찮다. 아이들은 당신이 하는 말을 듣고 있다. 아이들은 자신의 행동과 당신의 반응 사이의 연결고리를 천천히 이해하고 있다. 그 모든 것은 꼭 필요한 과정이며, 우리에게는 또 다른 기회가 주어질 것이다.

공감하고, 가르치고, 필요하다면 아이의 행동을 강제로 중단시키는 그 모든 과정을 우리는 계속 반복해야 한다. 특히 아이가 어리다면 그 과정은 더더욱 중요하다. 아이의 행동이 전혀 긍정적이지 않더라도 표현만큼은 긍정적인 것으로 택하라. 페이버는 이렇게 말했다. "아이에게 어떤 말을 백 번이나 해야 한다면 아이가 배우기를 바라는 말을 하는 게 좋지 않을까요?"

그러니 "못된 녀석! 고양이 쫓아다니지 말랬지!"가 아니라 "고양이를 쫓아다니지 말고 부드럽게 쓰다듬어주자"라고 말해야 한다. 우리는 아이를 가르치고 싶은 것이지 평생 극복해야 할 꼬리표를 달아주고 싶은 게 아니다. 그러므로 아이를 키우는 내내 "식기세척기에 그릇 좀 넣어주겠니?"를 다양한 표현으로 수천 번 반복하는 것이 "넌 누굴 닮아서 이렇게 게을러!"보다는 훨씬 낫다. 아무리 그 말이 목 끝까지 차오르더라도.

많은 부모가 반복의 과정에서 무너진다. 특히, 주문만 하면 뭐든지 살 수 있는 요즘 세상에 익숙해진 부모들은 일관성을 유지하기가 대단히 힘들다. 좋아하는 브랜드의 원두커피가 다 떨어지면 몇 번의 클릭만으로 매장에서 갓 로스팅한 원두커피가 집까지 배달되는 세상이 아닌가. 그런데 왜 나는 너에게 시리얼 먹은 그릇을 식기세척기에 넣으라고 여섯 번이나 말해야 하고, 계속 안 하면 용돈을 깎겠다고 말해야만 하는 것일까? 너는 도대체 왜 그릇에서 숟가락도 빼지 않고 식기세척기에 그대로 넣은 것일까? 그리고 왜, 도대체 왜! 우리는 이 똑같은 대화를 매일매일 반복하는 것일까?

왜냐하면 훈육이란 게 원래 그렇기 때문이다. 그 사실을 더 빨리 받아들일수록 우리는 그 모든 것에도 불구하고 대체적으로는 행복한 상태로 더 빨리 돌아올 수 있다.

브라이슨은 "대다수의 부모가 너무 많은 걸 기대합니다. 아이가 어떤 일을 잘할 수 있다고 해서, 예를 들어 화를 참거나 실망스러운 감정을 조절할 수 있다고 해서 항상 그럴 수 있다는 뜻은 아니거든요"라고 말했다. 아이들이 퇴보하는 것처럼 보일 때 우리의 감정은 완전히 폭발해버린다. 아이가 기대에 부응하지 못했다고 느껴지면 부모는 이게 우리 아이의 본성일지도 모른다는 두려움에 사로잡히기 때문이다. 하지만 우리 아이들의 뇌는 여전히 자라고 있기 때문에 그런 능력이나 기술을 완벽하게 습득하지 못하는 게 오히려 당연하다.

훈육을 장기적인 교육의 과정이라고 받아들여야 모든 것이 훨씬 쉬워진다. '지금까지 수십 번을 가르쳐줬는데 아직도 안 하네'라고 생각하지 마라. 자신의 훈육 규칙에 만족하는 부모들은 '지금까지 수십 번 가르쳐줬고 앞으로도 수십 번 더 가르쳐주면 결국 배우게 될 거야'라고 생각한다.

캐비네스는 이렇게 말했다.

"제 첫째 아이는 열아홉 살이에요. 그리고 농담이 아니라, 열아 홉 살이 되기 며칠 전이 되어서야 비로소 '어머, 얘가 내 말을 듣긴 들었구나'라는 생각이 들기 시작하더라고요."

어느 순간 캐비네스의 딸은 제시간에 학교 갈 준비를 마치고 자기 빨래는 스스로 세탁기에 넣기 시작했다고 한다.

"'그래, 이건 도저히 안 되겠다. 지금까지 백만 번은 말한 것 같은 데, 아마 앞으로도 안 될 거야'라고 생각한 일들이 정말 많았어요." 양육상담가이자 《무시하라!Ignore It!》의 저자 캐서린 펄먼Catherine Pearlman은 아이들의 울음과 불평, 분노에 찬 비명 소리에 괴로워하지 않도록 노력하라고 말했다.

"훈육이란 게 원래 그런 겁니다."

아무것도 하지 않아야 하는 순간

크면 클수록 나쁜 행동이 불러오는 자연스러운 결과는 점점 더 아이의 아픈 곳을 찌르게 마련이다. 경찰서에 가거나 퇴학을 당하는 정도로 심각하진 않더라도 잘못된 행동의 결과는 그 자체로 충분한 벌이 되는 경우가 많다. 그러므로 아이가 팀 연습에 지각하거나 선생님께 무례하게 굴거나 숙제를 제출하지 않았을 때 아무것도 하지 않고 그저 공감해주는 부모의 말이 아이의 마음에 더 와닿을 수도 있다. 물론 아이가 선발 투수로 뽑히지 못해서, 반장으로 선출되지 못해서, 영어 우등반으로 뽑히지 못해서 당신도 속상할 것이다. 하지만 아무리 속상해도 부모가 직접 나서서는 안 된다. 아이가 스스로 해결하기 위한 방법을 고민할 때 기꺼이 도움을 주는 정도로도 충분하다.

아이가 어릴 때는 다른 종류의 '아무것도 하지 않기'가 좋은 훈육 전략이 된다. 끝까지 관철해낼 수만 있다면 대단히 효과적인 방법이기도 하다. 당신도 이미 알고 있겠지만 아이의 잘못된 행동에 관심을 기울이면 오히려 그 행동이 강화될 뿐이다(동생을 때렸더니 아빠가 지금 내 방에 앉아서 나와만 대화하고 있네!). 그러므로 사소한 문제들의 경우, 예를 들어 텔레비전을 더 보겠다고 떼를 부리거나 집안일을 하기 싫다며 징징거릴 때 가장 좋은 전략은 무시하고 뭔가 다른 일을 하는 것이다. 여기에 어느 정도 능숙해지기만 하면 당신의 행복감은 상당히 높아질 수 있다. 눈에 거슬린다고 해서 매번 말할 필요는 없다. 아이가 가끔 너무 짜증나게 굴어도 우리는 짜증내지 않기로 결정할 수 있다.

그게 어떻게 가능할지 펄먼의 이야기를 들어보며 아이가 약하게 떼쓰는 상황을 떠올려보자.

"처음에는 무시하세요. 식탁에서 잡지를 보세요. 아무리 힘들어도 잡지에 온 신경을 집중하도록 노력해보세요. 그러는 동시에 잘 들으세요. 아이가 떼쓰기를 멈추는 순간 다시 아이에게 관심을 보여야 하니까요. 뭔가 다른 이야기를 꺼내면서요. 마치 아무 일도 없었다는 듯이 행동하면 됩니다."

그리고 필요하다면 나중에 '보수 작업'을 한다. 아이에게 화가 났을 때는 어떤 다른 행동을 할 수 있는지 가르쳐주거나, 아이가 떼 쓰던 때에 당신이 뭔가 잘못한 것이 있다면 사과를 하거나, 아이의 행동이 유달리 더 지독했던 날은 사과해달라고 부탁한다. 하지만 집안일에 대해 징징거리는 정도의 가벼운 일이라면 그냥 넘어가도 좋다.

그런가 하면 아이가 왠지 모르게 거슬리는 행동을 할 때도 있다. 동생을 짜증나게 하려고 계속 시끄럽게 소리를 내거나, 주방에서 한 발로 콩콩 뛰어다니거나, 옷장 문을 끝도 없이 열었다 닫았다 한다. 이런 일들은 얼마든지 내버려둬도 된다. 펄먼은 "아이가 뭔가를 할 때마다 이러쿵저러쿵 말할 필요는 없습니다"라고 말했다.

처음에는 힘들지 모르지만 일단 익숙해지고 나면 당신은 훨씬 더 행복해질 것이다. 나는 개밥을 주기로 한 아이가 그릇을 주방 구석에 화난 듯 내팽개칠 때면 마음속으로 이렇게 되뇐다.

'나는 그냥 내버려둘 수 있다.'

아이들은 집안일을 해야 하고, 텔레비전은 너무 많이 보면 안 되고, 잘 시간에는 자야 한다. 그건 내가 고칠 수 있다. 나머지는 그저 고정된 것이다.

아이가 어리면 문제도 작다. 아이가 크면…

훈육의 핵심은 규칙을 강제하는 것이 아니라, 아이가 그 규칙을 흡수하고 받아들이고 따르도록 가르치는 것, 즉 아이가 스스로 규율하도록 가르치는 것이다. 훈육의 목적은 단지 가정생활을 행복하고 조화롭게 만들거나 아이가 집안일을 돕게 만드는 데 있지 않다. 아이가 세상에 나가 성인으로서 살아가는 법을 가르치는 것이 훈육의 진정한 목표다. 어른의 세상에서는 아주 가벼운 플라스틱 장난감으로라도 동료의 머리를 내리쳐서 스테이플러를 빼앗을 수 없고, 배우자는 우리가 마땅히 맡은 집안일을 잘 해낼 거라고 기대한다. 우리가 아이를 훈육하는 궁극적인 목적은, 서른다섯 살이 된 아이가 시간에 맞게 약속 장소에 도착할 줄 알고, 힘든 직장 일을 견뎌 내며, 자기만의 가정을 잘 꾸려나가는 것이다.

그러기 위해서는 아이들이 클수록 지속적인 감독과 강요를 점차 거두어야 한다(제대로 설거지를 할 때까지 계속 잔소리하는 건 괜찮지만). 먼저 작은 것부터 시작하라. 예를 들어 스스로 가방을 챙기게 하고, 잃어버리거나 깜빡한 물건에 대한 책임은 스스로 지게 하라. 아이가 더 자라면 그 범위는 혼자 집에 있을 때도 인터넷 비밀번호를 가르쳐주거나 아무도 보지 않을 때에도 집에서의 규칙을 지켜달라고 요구하는 정도까지 확장된다. 그리고 아이는 그 사소한 과제들을 제대로 해내지 못했을 때(틀림없이 그럴 것이다) 각종 특권을 빼앗기고, 자신에게 실망한 당신의 모습을 보면서 일을 망쳤을 때의 기분을 직접 느껴볼 수 있다. 또한 당신의 신뢰를 되찾고 한 번 더 도전할 기회를 얻기가 얼마나 힘든지도 직접 경험해볼 수 있다. 이런 것들은 나중에 아이가 더 커서 직접 운전하고, 스스로 번 돈과 스마트폰으로 무장한 채 성인들이 할 수 있는 모든 일을 할 수 있게 되었을 때 더 큰 과제를 수행하기 위한 기반이 되어준다.

수년간의 가르침이 쌓이고 쌓여 아이들이 일반적인 규칙(우리 집에서는 가족 간에 정직하고, 다른 사람의 소유권을 존중해야 한다)과 개별적인 규칙(우리 자신이나 타인의 나체 사진을 스마트폰으로 전송하지 않고, 법적으로 가능한 나이가 될 때까지 술을 마시지 않는다)을 습득하게 되면 아이는 스스로 올바르고 안전한 길을 걸을 수 있게 된다.

때로는 당신이 어떠한 문제를 바로잡기 위해 얼마나 열심히 노력하든 아이는 말을 듣지 않을 것이다. 그리고 당신은 심지어 그 사실을 알지도 못할 것이다. 한 연구 결과에 의하면 고등학생과 대학생의 82퍼센트가 친구, 돈, 파티, 술/약물, 연애, 성적 행위 등에 대해 지난 한 해 동안 한 번 이상의 거짓말을 했다고 한다.[3] 아이들이 스스로 감당할 수 없는 잘못을 저지를까봐 우리가 늘 걱정하는 문제들이 아닌가. 아이들이 거짓말로 감출 수 있는 위험한 행동이 얼마나 많은지를 생각해보면 이 연구 결과는 정말이지 두렵다.

여기서 다시 한 번 심각한 역설이 등장한다. 아이들이 크면서 나쁜 행위의 '자연스러운 결과'가 실제로 나타나기 시작하는데, 우리가 두려워하는 것이 바로 그 결과라는 사실이다. 음주 운전이나 위험한 성관계가 불러오는 결과는 아이의 삶 자체를 뒤바꿔놓을 수도 있다. 학교나 특별활동에서의 작은 실패들 역시 앞으로 살아가는 데 정말 큰 영향을 미칠 수도 있다. 우리의 통제를 벗어나는 훨씬 더 심각한 결과가 일어나지 않기를 바라는 마음에서 우리는 '심각한' 결과를 강제하겠다며 아이들을 위협하게 된다.

동시에 부모로서 우리가 지는 위험도 더 크게 느껴진다. 이제 우리 아이들은 늘 부모를 용서해주는 어린아이가 아니라 청소년이 되었다. 그들은 우리에게 원한을 품거나 감정적으로 상처를 줄 수도 있고, 아예 집을 나가버릴 수도 있다. 그런 아이들을 훈육하기란 어려운 일이다. 인디애나 주에서 열다섯 살 딸을 키우는 엄마 캐니스 헤럴드Canise Herald는 딸과의 좋은 관계를 귀하게 여기며, 그녀의 부모가 자신에게 했던 것보다 훨씬 관대하게 아이를 대한다고 말했다.

"아이가 당신에게 계속 화가 나 있는 건 좋지 않아요."

아이가 몰래 스마트폰을 쓰다가 적발되었을 때는 한동안 스마트폰을 압수한 적도 있지만 보통은 가볍게 혼내는 걸로 끝냈다. 헤럴드와 남편이 애초에 딸에게 그렇게 오랫동안 화난 상태를 유지할 수가 없기 때문이기도 했다. 밝은 분위기를 유지하는 건 아이에게 애정을 보여주는 좋은 방법이다.

하지만 당장 다음 달이나 내년에 대학에 입학해 혼자 삶을 꾸려가야 하는 아이가 미성년자 음주로 경찰서에 잡혀가거나 시험에서 부정행위를 하다가 적발되었다면 당신은 분노와 충격에 휩싸이고 걱정을 할 것이다. 어떻게 하면 세상이 부과할 결과를 아이가 잘 이겨낼 수 있도록 도울 것인가? 당신의 실망감과 분노를 아이에게 어떻게 전달할 수 있을까? 이제 곧 세상을 향해 홀로 나아갈 이 아이를 어떻게 하면 신뢰할 수 있을까?

긴즈버그에 따르면 당신은 아이가 어렸을 때와 똑같이 대처해야 한다. 다만, 그 대처가 효과를 내는지를 확인할 시간이 그때보다는 훨씬 적다는 것이 유일한 차이점이다.

"심각한 문제를 일으켰을 때 따라오는 한 가지 결과는 아이가 당신의 신뢰를 잃는다는 것입니다."

부모의 신뢰를 잃으면 아이는 그 결과를 감당해야 한다. 집에서 와이파이를 못 쓰게 되거나 자동차를 못 쓰게 될 수도 있다. 또한 당신에게 와서 구체적으로 지금 자신이 어떤 상황에 있으며 어떻게 노력하고 있는지를 말하고, 당신이 전보다 훨씬 엄격하게 감시한다고 해도 받아들여야 한다.

아이가 비교적 어리다면 빼앗아간 특권을 되돌려주기까지 충분한 시간을 쓸 수 있다. 예를 들어 우리 집에서는 너무 일찍 신용카드를 손에 넣은 아이가 200달러 이상의 온라인 결제를 한 적이 있다. 그때 우리는 지금 무슨 일이 벌어진 건지, 왜 유혹을 이기지 못했는지, 어떻게 잘못된 결정을 내리게 됐는지, 나중에 어떤 기분이 들었는지, 다시 그러지 않으려면 어떻게 해야 하는지 등에 대해 아이와 대화를 나누었다. 그리고 특권을 단계별로 돌려줄 때마다(미디어 기기 사용 다시 허락해주기, 부모의 감독 없이 미디어 기기 사용하게 하기, 새로운 비밀번호 알려주기) 신뢰의 회복에 대해 이야기했다.

하지만 아이가 크다면 그 과정이 더 빨리 이루어져야 한다. 그래야만 아이가 세상으로 혼자만의 길을 떠나기 전에 스스로를 돌볼 능력이 있는지 아이와 부모, 둘 다 확인할 수 있기 때문이다.

외부적인 책임(경찰서에 잡혀가거나 부정행위가 적발되거나 온라인 결제로 엄청난 금액의 청구서가 날아오는 등 실제 세계에서 주어지는 결과)이 주어졌을 때 부모는 아이가 그 결과를 잘 이겨낼 수 있도록 지지해주고, 나름대로 항변하는 아이를 도와주고, 모든 장기적인 영향, 심지어 영구적인 영향을 최소화하기 위해 할 수 있는 모든 것을 다해야 한다. 하지만 그 책임을 대신 지거나 아이가 책임으로부터 도망칠 방법을 찾아주어서는 안 된다.

자녀가 엄청난 실수를 저질렀을 때 당신은 그리 행복하지 못할 것이다. 모든 일이 당신 책임이라고 느낄 테고 아이에게 실망할 것이며 아이가 걱정될 것이다. 아이가 행복하지 않을 때도 당신은 행복하기란 사실상 어렵다. 하지만 그럴 때일수록 기본으로 돌아가야 한다. 당신과 아이, 그리고 다른 가족들 모두 지금 안전하고 무사하다. 당신은 다시 한 번 고개를 들어 수평선을 바라보며 더 큰 그림을 그릴 수 있다. 어느 순간 우리는 삶의 교훈을 삶 그 자체로부터 얻기 시작한다.

오하이오 주 델라웨어에 사는 한 엄마는 딸이 10대 초반에 우울

증과 신경 질환 때문에 자살 시도를 한 적이 있다며, 그 경험은 훈육에 대한 관점을 바꾸는 계기가 됐다고 말했다.

"그런 상황에 처한 자녀가 있다면 정말 중요한 것은 무엇인가에 대해 꼭 생각해봐야 합니다."

어떤 아이들은 실제 세계가 가하는 결과를 너무 크게 느낀 나머지 엄청난 불안감에 사로잡힐 수도 있다. 그럴 때 부모까지 가세하면 아이들은 마음의 문을 완전히 닫아버린다. 앞서 소개한 엄마는 그 아이는 물론이고 첫째와 막내에게도 늘 지지하는 태도를 취하는 데 집중하기로 했다. 그녀는 이렇게 말했다.

"아이들은 숙제를 하지 않아도 엄마가 자신에게 소리치지 않을 거란 사실을 알고 있습니다. 하지만 학교에서 점수를 깎일 테고, 그게 자신에게 안 좋은 영향을 미칠 거라는 사실도 알고 있죠. 아이들의 행동은 아이들의 책임입니다."

만약 아이가 부모와 외부 압력의 합작으로 과도하게 불안해하고 있다는 걱정이 든다면 훈육의 올바른 균형점을 찾기 위해 전문적인 도움이 필요할지도 모른다. 아무리 균형이 무너져 있는 것처럼 보일지라도 아이에게 아무런 기대도 하지 않는 것은 절대로 해답이 될 수 없기 때문이다. 당신이 자녀에게(어른이 된 미래의 자녀에게) 보내는 메시지는 언제나 이것이어야 한다.

"넌 할 수 있어. 네가 가고자 하는 길을 갈 수 있도록 엄마와 아빠가 도울게."

부모를 위한 원칙

내게는 훈육이 필요할 것 같긴 한데 도무지 어찌할 바를 모르겠다고 느껴질 때마다 기대는 원칙이 있다. 어쩔 줄 모르는 상황에서 바로 떠올릴 수 있는 주문이나 규칙에 자주 의지하는 내게는 큰 도움이 됐다. 여기, 내가 반응하지 않고 대응해야 할 때, 결과를 강제해야 할 때, 했던 말을 하고 또 해야 할 때 혼자 되뇌는 몇 가지 규칙을 적어두었다. 당신에게도 도움이 되길 바란다.

휘말리지 마라. 내 딸들은 대단히 감정적이다. 아마 본인들도 인정할 것이다. 심지어 아들들도 가끔씩은 고래고래 소리를 질러댄다. 분노와 좌절감을 온몸으로 표출하면서 집 안을 쿵쾅거리며 돌아다니는 아이가 있을 때마다 나는 스스로에게 휘말리지 말자고 말해준다. 내가 그 안에 들어갈 필요는 없다. 그건 딸의 기분이고, 아들의 문제이며, 지금은 그들이 감정을 터뜨릴 시간이다. 때로는 그럴 만한 합당한 이유가 있을 때도 있다. 하지만 그렇다고 해서 내가 휘말릴 필요는 없다.

불만을 품지 마라. 내게는 정말 힘든 일이다. 나는 며칠이고 불만을 쌓아두는 사람이다. 하지만 하키 대회에서 우승을 차지한 날까지도 떼를 쓰는 아이를 보면서 화가 안 날 사람이 어디 있겠는가? 자동차 문에서 스타벅스 컵을 빼달라고 부탁했는데 아이가 그걸 무시하는 바람에 차 문이 닫히는 순간 내용물이 차 내부를 온통 물들였다면 그걸 참을 사람이 도대체 어디 있겠는가? 이런 일들이 있으면 나는 화가 나는 게 당연하다고 생각한다. 내가 그냥 어른이 아니라 부모라는 걸 기억해야 하는데, 그게 참 어렵다. 부모로서 아이가 실수를 해도 이해해주고, 어떤 경우든 사랑해주고, 잘못을 끈질기게 물고 늘어지지 않아야 하는데 쉽지가 않다.

똑같이 소리 지르지 마라. 가끔 나는 아이들에게 소리를 지른다. 나는 소리를 잘 지르는 편이다. 그런 사람들 틈에서 자랐기 때문이다. 나는 소리쳐야 할 것 같은 상황을 마주하게 되면, 예를 들어 아이의 선생님으로부터 내 안의 괴물을 깨우는 문자 메시지를 받는다면, 아이를 찾아서 소리를 지를 것이다. 하지만 소리치는 것은 나를 행복하게 만들지 못한다는 사실을 이제는 알기 때문에 고치려고 노력 중이다. 전혀 소리를 지르지 않는 경지에 도달하려면 멀었지만 아이가 내게 소리를 질렀다고 해서 똑같이 되받아치는 경우는 이제 거의 없다. 내가 화가 나 소리를 지르면 아이는 상황이 심각하다는 걸 눈치채고 재빨리 움직인다. 만약 아이가 소리를 지르고 있고, 내가 똑같이 되받아친다면 아이는 자신의 드라마에 나를 성공적으로 끌어들인 셈이다. 그런 상황에서 나는 절대로 행복해지지 않는다.

말을 바꾸지 마라. 일단 그 순간의 흥분이 지나고 나면 기존에 주기로 했던 처벌(예를 들어 2주 동안 스마트폰 없이 지내기)의 수위를 낮춰주고 싶다는 유혹이 찾아올 수 있다. 그건 아주 나쁜 생각이다. 어떤 결과를 강제하고자 한다면 주의 깊게 원칙을 세우고, 그 후에는 원칙을 고수하라. 처음 몇 차례만 원칙을 제대로 지키면 아이가 징징거리는 일이 훨씬 줄어든다. 그러면 당신도 더 편해진다. 어떻게 할지 정하고 그대로 하라.

아이를 밀어내지 마라. 이 원칙은 '불만을 품지 마라'와 일맥상통한다. 정말로 큰 문제가 생기면 아이를 품어주는 것이 좋다. 물론 쉽지 않다. 아이가 실패했을 때 감정적으로 받아들이지 않으려고 무던히 노력하는데도 자주 실망하고 화를 내게 된다. 그럴 때 아이와 가까이 있고 싶지 않은 건 어쩌면 자연스러운 일이다(가끔은 화를 식히기 위해 필요한 일이기도 하다). 하지만 넓은 시각이 되돌아오고 난 뒤에는 아이와 다시 연결되어야 한다.

외출 금지는 아이가 엄청나게 괴로워한다는 것 말고도 또 하나의 큰 장점이 있다. 그것은 바로 아이가 집에서 당신의 보살핌을 받게 된다는 점이다(때로는 당신도 스스로를 집 안에 가두게 된다는 단점도 있지만). 한 엄마는 고등학교 2학년 아들이 한 학기 내내 수학 공부를 조금도 하지 않았을 뿐만 아니라, 오랫동안 계획해온 친구네 가족과의 여행에서 돌아오는 길에 마리화나를 밀수할 계획을 세웠다는 사실을 알게 되었다. 그녀는 여행을 취소했고, 자기 책상 옆에 아들 자리를 만들어 여름 내내 한 학기 분량의 수학 공부를 시키고 감시했다. 일단 여행이 취소되고 둘이 함께 시간을 보내게 되자 엄마와 아들 사이의 관계는 조금씩 변했고, 아들은 자신도 대학에 갈 수 있다고 믿게 됐다.

즐겨라. 아이에게 벌을 줘야만 한다면 벌주기의 웃기는 측면에 주목해보자. 특히 아이가 어릴 때는 벌주기를 더 가볍게 접근할 수 있다. 처음으로 딸아이를 외출 금지시켰을 때 나는 딸이 잘못을 저질렀다는 사실만큼이나 아이가 놓치게 되는 것들이 안타까웠다. 하지만 3년 후 막내아들을 외출 금지시켰을 때는 그런 감정이 사라진 지 오래였다. 나는 내 친구이자 막내아들의 가장 친한 친구의 엄마에게 전화를 걸어 우리 아이를 밤샘 파티에 초대해달라고 부탁하며 "얘가 좀 느껴봤으면 좋겠어"라고 말했다. 물론 아이는 밤샘 파티에 갈 수 없었고, 제대로 괴로워했다.

함께 일하라. 폭풍이 가라앉고 일상을 되찾은 다음에는 벌을 받은 아이를 데리고 일을 하러 가라. 무슨 일이든 좋다. 정원을 가꾸고 지하실을 청소하고 브라우니를 만들어라. 그러면서 마음의 벽을 무너뜨려라. 이건 벌이 아니다. 어려운 상황은 또 찾아올 테고, 그때를 대비해 당신과 자녀는 한 팀이 되어야 한다. 공통의 목표를 위해 함께 노력하는 경험은 가정에 다시 균형을 세워주고, 부모와 자녀가 함께라는 사실을 모두에게 알려준다. 긴즈버그는 대화를 마무리하며 이렇게 말했다.

"아이들도 바르게 행동하고 싶어 합니다. 무엇이 안전하고 무엇이 옳은지를 우리 부모들이 몸소 보여주고 가르쳐주기를 바라죠."

좋을 때나 나쁠 때나 아이들은 우리의 사랑과 지지, 가르침을 원하고 필요로 한다. 그 모든 과정이 '훈육'이며, 진정한 훈육은 우리 모두를 더 행복하게 해줄 수 있다. 정말로 그럴 수 있다.

8장

식사: 가족과 함께하는 즐거운 시간

✻✻

요리하기와 음식에 대한 취향은 양극단을 달린다. 요리를 사랑하거나 엄청나게 싫어하거나. 먹는 걸 너무 사랑하거나 그다지 좋아하지 않거나. 그 이유는 다이어트, 개인적 경험, 취향 등 다양하다. 정말 마음 가는 대로 하라고 하면 당신도 아주 특이한 식습관을 드러낼지도 모른다. 몇 달 동안 매일 저녁 똑같은 음식을 먹는다거나, 나만의 음식을 완성하겠다며 몇 시간을 불 앞에서 보낼지도 모른다. 하지만 그 장면에 아이가 들어가는 순간, 모든 것이 달라진다. 당신에게는 아이를 잘 먹여야 한다는 의무감이 생기고, 어떤 식단을 준비해야 하는지에 대한 나름대로의 구상도 생길 것이다. 하지만 일단 '해야 한다'가 들어가면 '재미'는 사라지고 만다.

나는 요리하는 것과 먹는 것 모두 너무 좋아하지만 네 아이에게 매 끼니마다 영양가 있는 식단을 제공해야 한다는 의무감은 감당하기가 쉽지 않다. 식재료를 구매하고, 요리하고, 차려내고, 식사 후 정리하기까지 할 일이 터무니없이 많기 때문이다. 어느 시점이 되면 아이들도 어느 정도는 도울 수 있게 되지만 그 날이 오기까지 우리는 수천 번의 식사를 준비해야 한다. 거짓말이 아니라 정말 수천 번이다. 수천 번! 어쩐지 지금 당장 패배를 인정하고 이 장을 마무리해야 할 것만 같은 기분이 든다. 도대체 이게 어떻게 재미있을 수 있겠는가?

하지만 즐거운 가정생활에 보탬이 되고자 시작한 나의 여정에서 이번 주제만큼 애착이 가는 건 없었다. 솔직하게 말해서 '그래, 이것만큼은 내가 꽤 잘하지'라는 생각이 들었기 때문이다. 물론 나도 요리하는 것이 늘 좋기만 한 건 아니고, 결과물이 마음에 들지 않을 때도 많다. 하지만 요리하기, 먹기, 함께 음식 나누기를 통해 가정생활에서 아주 큰 즐거움을 누리고 있으며, 그 경험을 많은 사람들과 꼭 공유하고 싶다. 왜냐하면 먹는다는 건 정말로 중요하기 때문이다. 아침 시간과 마찬가지로 식사 시간은 온 가족이 함께 보내는 시간이다. 가족 모두가 같은 생각을 가지고 한자리에 모이게 되는 시간을 꼽을 때 식사 시간을 빼놓을 수 없다.

맞벌이 가정의 부모와 학령기의 자녀들은 주중이면 집이 아닌 곳에서 더 많은 시간을 보낸다. 한 연구에서 미국 중산층 가정의 가족 간 상호작용을 관찰한 적이 있는데, 온 가족이 집에 동시에 모여 있는 시간이 상당히 적은 것으로 드러났다.[1] 당연하겠지만 그 시간은 이른 아침과 늦은 오후, 저녁 시간에 집중되어 있었다. 가족 모두가 집에 있을 때 가장 많이 모이는 장소는 주방이었고, 가족과 함께하는 모든 일 중에서 가장 많은 시간을 차지하는 건 바로 먹는 시간이었다. 다시 말해 식사 시간이 행복하지 않다면 당신의 가족은 행복의 타율이 기대보다 낮을 수밖에 없다. 이제 문제는 충분히 무르익었다. 변화가 필요하다.

나는 함께 먹는 것이 중요하다고 생각하는 사람이다. 먹는 행위는 그 어떤 외부 압력이 있어도 포기해서는 안 될 인간으로서의 중요한 의식이기 때문이다. 연구 결과에 따르면, 식사를 함께함으로써 (특히 저녁 식사) 아이들이 얻게 되는 이익은 상당히 크다. 어휘력이 풍부해지고, 성적이 좋아지며, 술과 약물을 남용할 가능성이 줄어들고, 가족 간의 유대감도 강해진다. 내가 개인적으로 진행한 연구를 통해서도 가족과 함께하는 식사가 부모의 만족감과도 연관성이 있음을 알 수 있었다. 가족들과 더 많은 식사를 함께하고, 그 과정에서 모두의 욕구를 존중하는 것은 삶의 만족감을 높이는 중요한 요소다.

하지만 많은 연구 결과를 제쳐놓더라도 부모와 자녀 개개인에게 함께 먹는 행위가 얼마나 큰 가치를 가지는지는 의심의 여지가 없다. 그렇다고 매 끼니가 상상 속의 이상적인 식사에 부합해야 하는 것은 아니다. 당신과 배우자가 서로 다른 시간대에 출근한다면 온 가족이 함께하는 식사는 일주일에 단 몇 차례밖에 되지 않을 것이다. 아이가 음식물 알레르기를 겪고 있거나 조부모의 집에서 함께 사는 가정도 있을 것이고, 부부가 따로 살아서 아이들이 두 집을 옮겨 다니며 식사를 하는 경우도 있을 것이다. 하지만 그런 것들은 생각만큼 그리 중요하지 않다. 우리 아이들은 우리가 누구인지, 무엇을 먹는지, 어디에 앉아서 누구와 어떤 이야기를 나누는지에 대해, 음식과 삶, 사람, 주변 사물들에 대해 강렬한 기억들을 흡수하지만, 매 끼니 하나하나를 전부 기억하진 않는다.

함께 먹는 행위는 꾸준히 누적되며, 식사라는 의식은 천천히 진화한다. 당신의 두 자녀가 각자 친구의 집에서 식사를 하게 되면 저마다 경험한 식사 의식과 기대되는 행동들을 비교해볼 수 있을 것이다. 반대로, 자녀의 친구들이 당신의 집에 놀러온다면 식사에 대한 그 아이들의 행동과 반응을 통해 그 가정의 식사가 어떤 모습일지 조금은 추측해볼 수 있다. 가족 식사는 그 가족이 중요시하는 가치를 반영한다. 또한 우리가 어떤 사람이 되고 싶은가가 아니라 지금 어떤 사람인가를 보여준다.

정리하면, 가족 식사는 엄청나게 중요하다! 아하! 그럼 당장 다 같이 식사를 하면 되겠네! 그런데 그 많은 일은 누가 다 하지?

무엇이 문제인가

아이를 양육하면서 가장 싫은 것을 하나 꼽으라고 했을 때 식사 시간을 꼽는 사람은 드물 것이다. 하지만 가장 싫은 것 세 가지를 꼽아보라고 하면 이런 답변이 등장하기 시작한다.

"밥과 간식 먹이기!"

"아이가 내게 간식을 던지는 것."

"뭐? 저녁밥을 또 먹고 싶다고?"

식사 시간이 힘든 데는 두 가지 이유가 있다. 첫째, 우리는 아이들에게 어떤 음식을 먹여야 할지가 너무 걱정스럽다. 이 음식이 아이들의 건강에 좋을지, 꾸준히 먹을 수 있을지, 지구에 해롭지 않은지, 쓰레기를 너무 많이 만들어내지 않는지, 아이들이 평생 건강한 식습관을 만드는 데 도움이 되는지 등. 당신도 아마 잘 알 것이다.

우리는 주변을 두리번거리며 충분히 잘하고 있는 건지 걱정한다. 대부분의 부모가 자녀에게(또한 자기 자신에게도) 먹이고 싶어 하지 않는 음식들을 어떻게든 더 팔아보려고 혈안이 된 수십 조 달러 규모의 식품 산업계가 존재한다는 사실 역시 식사를 매일의 즐거움이 아닌 걱정거리로 만드는 데 일조한다.

둘째, 우리는 식사가 이루어지기까지의 과정, 즉 식재료를 구매하고, 저장하고, 요리하고, 식사 후 정리하기까지의 모든 일을 걱정한다. 특히 여성들은 시간과 돈이라는 자원이 한정되어 있는 상황에서 '건강한 집밥'과 같은 외부 기준을 충족시켜야 한다는 압박감을 느끼며,[2] 기껏 준비한 식사가 자녀와 배우자로부터 좀처럼 좋은 반응을 얻지 못할 때는 실망하기도 한다.

주방 일에 서툴다고 느끼는 부모에게는 그런 부담이 더 크다. 많은 미국인이 식료품점이 아닌 식당에서 더 많은 돈을 쓴다.[3] 스스로 요리를 못한다고 느끼는 사람이 얼마나 되는지 정확한 수치를 알기는 어렵지만(설문조사 결과에 따르면 7~28퍼센트라고 한다) 스스로 음식을 해먹을 능력이 없다고 느껴질 때 음식에 대해 좋은 감정을 느끼기는 힘들다.

그리고 이쯤에서 본질적인 역설이 등장한다. 그건 바로, 식탁에 올리기 쉬운 음식일수록 가족에게 먹이고 싶은 음식으로서의 기준을 충족하기가 힘들다는 것이다. 밖에서 사먹는 음식은 저렴할 수도 있고 건강할 수도 있지만 저렴하면서도 건강한 음식은 드물다. 다시 말해 음식에 관한 두 가지 문제(우리 가족이 어떤 음식을 먹는가, 그리고 그 음식을 식탁에 올리기가 얼마나 힘든가)는 많은 경우 서로 충돌한다. 두 가지 문제를 모두 다 개선하기란 쉬운 일이 아니다. 하지만 불가능하지도 않다. 어떻게 하면 가족 식사에 더 큰 만족감을 느낄 수 있을까? 우리는 보다 큰 목표에 집중해야 한다. 다시 말해 건강한 음식을 함께 즐기며 행복하기, 음식을 먹으며 좋은 시간 나누기, 그런 경험을 함께 나누는 가족의 존재에 감사하기에 집중하자는 것이다. 이런 목표를 어떻게 달성하느냐는 집집마다 다르고, 같은 집에서도 상황에 따라 달라진다. 예를 들어 나는 한 끼에 사람마다 다른 요리를 해주지는 않을 것이다. 그리고 아마도 당신은 방학을 맞은 아이가 일주일 내내 하루에 두 끼씩 치킨을 먹게 두지는 않을 것이다. 하지만 다른 선택을 하더라도 우리는 각자의 가족에게 알맞은 선택을 했다는 데에 만족할 수 있다. 대부분의 경우 우리의 식생활은 아무것도 잘못되지 않았다. 당신에게 음식을 사먹을 수 있을 만한 충분한 돈이 있고, 둘러앉아 먹을 식탁이 있고, 비를 막아줄 지붕이 있다면 당신과 당신 가족을 행복하게 만들 나머지 조건을 찾는 일은 그야 말로 식은 죽 먹기다.

음식과 관련된 의료적 문제가 있는 가정이라면(예를 들어 가족 구성원 중에 섭식 장애 때문에 고통받는 사람이 있다면) 누구도 당신이 그 문제에 대해 '행복해야 한다고' 강요하지 않는다는 걸 기억하기 바란다. 여기서 제안하는 전략들 중에는 어려운 문제를 조금은 더 즐겁게 만드는 데 도움이 되는 것들도 있겠지만, 지금 당신의 상황에는 전혀 맞지 않는 것들도 있을 것이다. 어떤 이유로든 우리는 험난한 바위산을 힘겹게 오르고 있는데 다른 모든 이들은 폭신한 잔디로 뒤덮인 언덕을 부드럽게 굴러 내려오고 있다고 느껴진다면, 일단은 기대를 조금 낮추는 것이 중요하다.

주어진 한계에서 당신의 저녁 식사가 최대한 수월하게 흘러간다면 과연 어떤 모습일지를 상상해보라. 의미 없는 상상 속 이상적인 식사는 아예 생각할 필요도 없다. 현실에 맞는 목표를 세워라. 언제라도 지금보다 조금은 더 행복해질 수 있다. 하지만 그러기 위해서는 지금 우리가 어디에 서 있는지를 보고, 상황을 개선하기 위한 올바른 선택을 내려야 하며, 그런 다음에야 방법을 고민해야 한다. 우리는 어떤 식사를 계획하고 준비할 것인가. 그리고 어떻게 먹을 것인가.

변화를 위한 올바른 태도

행복한 식사 시간을 위한 첫 단계는 행복한 식사를 진심으로 바라는 것이다. 그 모든 것을 단지 집안일로만 생각한다면 당신은 아주 소중한 것을 무가치한 것으로 만들어버리고 가족이 함께 보내는 시간의 상당 부분을 '해야 할 일'이라는 이름의 쓰레기통에 처넣는 셈이다. 유명 블로거이자 《저녁 시간: 사랑 이야기Dinner: A Love Story》의 저자 제니 로젠스트라치Jenny Rosenstrach는 이렇게 말했다.

"어떤 날은 아이들과 제대로 대화를 나눌 수 있는 시간이 저녁 식사 때밖에 없었어요. 다들 그렇지 않나요? 우리는 식탁에서는 무슨 말이든 해도 된다고 늘 말해왔고, 이제는 정말로 그렇게 됐다고 생각해요."

로젠스트라치 가족에게 저녁 식사는 무엇보다 중요한 일이며, 그러므로 가족들도 대부분의 저녁 시간을 온 가족이 함께 보내리란 걸 알고 있다.

하지만 어쩌면 그 모든 것이 부담이 되어 당신을 더 불안하게 만들지도 모른다. 모든 부모가 저녁 식사 시간에 더 많은 시간과 노력을 투자해야 하는 건 아니다. 오히려 우리는 매 끼니마다 완벽한 기준을 충족시키려는 마음을 덜어야 하는지도 모른다. 뭐든지 항상 잘할 필요는 없다. 어떤 단 한 번의 저녁 식사가 가족을 만드는 건 아니다. 무언가를 먹으면서 보내는 그 모든 시간이 쌓여 가족을 이룬다. 어떤 음식을 먹든, 대화의 주제가 무엇이든, 그 시간은 평화와 위안, 그리고 즐거움의 원천이 되어야 한다.

로젠스트라치는 "우리 가족이 매일 저녁 9첩 반상을 앞에 두고 행복에 겨워 어쩔 줄 모르는 시간을 보낸다는 말은 아니에요"라고 말했다. 그녀는 그저 평범한 저녁 식사일 뿐이지만, 각자 다른 방향으로 걸어가고 있던 사람들이 한자리에 모여 함께할 거라고 기대하는 정해진 시간이 있다는 사실 자체를 사랑했다. 마지막 샌드위치 한 조각을 누가 먹을 것인지 티격태격하는 것도 가족끼리의 소중한 시간이다. 모두가 한자리에 함께 있다는 것 그 자체만으로도 충분한데, 완벽이라는 가치는 너무도 쉽게 수많은 좋은 것들을 가려버린다.

만약 당신의 아이가 무엇을 먹는지, 그것을 어떻게 식탁에 올릴지 때문에 심각한 스트레스를 받고 있다면 당신은 이미 그 이유를 알고 있을 것이다. 어쩌면 당신은 매일 저녁 집에 도착하자마자 식사 준비와 함께 정신없는 시간으로 뛰어들어야만 하는 상황이 두려운지도 모른다. 또는 저녁 식사, 숙제, 재우기라는 세 가지 위협과 매일같이 싸우느라 녹초가 되어버리는지도 모르겠다. 음식과 요리에 대한 자신만의 문제 때문에 고민하고 있거나 집안일 분배 방식에 불만을 갖고 있을 수도 있겠다.

무엇이 당신의 식사를 행복하게 만들 수 있을까? 무슨 음식을 준비할지 몰라 패닉에 빠졌다가 마지막 순간에 패스트푸드점으로 달려가는 날이 조금 줄어들면 될까? 모두가 하루를 마치고 집에 도착했을 때 식탁에 음식을 더 빨리 올릴 수 있는 새로운 시스템이 필요한 걸까? 가족들과 집안일을 더 나눠서 해보거나, 가족들의 반찬 투정을 줄여보는 건 어떨까? 당신에게 가장 큰 변화를 일으킬 수 있는 일에 대해 생각해보고, 그런 변화를 이끌어내기 위한 새로운 전략을 선택하라.

계획과 준비

매일 매 끼니를 해결하려면 누군가는 계획을 세워야 한다. 무엇을 먹을지, 누가 요리할지, 재료는 어디서 살지를 결정해야 하며, 최소한 계획하지 않겠다는 계획이라도 세워야 한다. 보통 아침과 점심은 간단하게 해결한다. 아이들에게 줘도 죄책감이 느껴지지 않을 만한 음식들을 사서 아이들 스스로 꺼내 먹을 수 있는 곳에 놓으면 쉽게 해결될 일이다(만약 당신의 가족이 아침이나 점심도 거하게 요리해서 먹고 있다면 아마 그게 당신을 행복하게 만드는 일일 거라고 생각한다). 그와 관련해서는 장보기에 관한 부분에서 다시 이야기해보기로 하자.

그런데 저녁은 다르다. 대부분의 부모가 저녁만큼은 균형 잡힌 식단을 제대로 요리해서 다 함께 식탁에 둘러앉아 먹기를 원한다. 저녁 식사는 중요하다. 여기, 미래의 당신에게서 도착한 짧은 편지가 있다. 몇 분 후, 또는 몇 시간 후의 당신은 저녁 시간을 향해 가차 없이 흘러가는 시곗바늘을 초조하게 바라보며 이 편지를 썼을 것이다.

과거의 나에게

도와줘! 또 저녁 시간이야(근데 어제도 이러지 않았던가?). 다들 저녁에 뭘 먹느냐고 물어보는데 도저히 모르겠어. 하루 종일 능력 있는 어른처럼 굴면서 온갖 결정을 내렸는데 지금은 왜 이 모양이지? 뭐가 그렇게 바빴던 거야? 식단을 짜서 저녁 때 먹을 만한 것들을 사놓고 어디다 뒀는지 메모라도 남겨두지 그랬어. 포장 음식을 미리 주문해놓지 않았으면 배달 음식을 시킬 만한 곳이라도 알아봐놓지. 너무 지친 상태라 이제 와서 알아보기도 힘들단 말이야. 뭐라도 안 되겠니? 네가 지금 아무것도 생각하기 싫은 건 알아. 근데 이건 알아둬. 난 너보다 훨씬 더 아무것도 하기 싫어. 누구든지 나한테 뭘 하라고 가르쳐주면 좋겠다. 그대로 따라 하게. 제발 부탁이야.

-저녁 시간의 나로부터

나는 주중의 저녁 식사는 무조건 절대적으로 미리 계획한다. 특히 네 아이 모두가 출전하는 하키 시즌에는 매일 오후부터 저녁까지 아이들 데려다주기와 데려오기 그리고 정확히 시간 맞추기의 삼중주가 연주되어야 하기 때문에 그때는 더더욱 식사 준비에 광적으로 집착한다. 나는 매주 일요일마다 다음 주를 세세하게 계획한다. 무슨 요일에 누가 집에서 저녁밥을 먹을까? 교대로 먹어야 하는 날은 언제일까? 내가 집에서 요리할 수 있는 날은 언제일까? 낮에 식사 준비를 할 수 있는 날은? 집 안에 들어오자마자 5분 만에 준비할 수 있는 식사는 무엇이 있지? 아이들이 직접 차려 먹을 수 있는 식사가 필요한 날은? 아무 이유 없이 그냥 요리하기 싫은 날은 어떻게 하지?

대신에 식사 때문에 스트레스를 받지 않으려고 노력한다. 어떤 날은 계획이라고 해봐야 식료품 가게에서 미리 만들어진 간편식을 구입해 오븐에 넣고 빵을 조금 잘라놓는 정도다. 전기밥솥에 냉동 미트볼 몇 개와 시판 소스를 넣고 아침 7시에 집을 나서기 직전에 시작 버튼을 눌러놓기도 한다. 어떤 날은 외식을 계획하고, 어떤 날은 인스턴트식품을 먹기로 계획한다.

그걸로 끝이다. 밤에 내가 하는 일이라고는 미리 짜놓은 식단을 확인하는 것뿐이다. 재료는 다 준비됐고, 이제 시간에 맞게 준비하기만 하면 된다. 아이들은 저녁 때 무엇을 먹을지 미리 알고 있고, 그걸 좋아한다. 물론 나도 오후에 열심히 다른 일을 하다 보면 번뜩 걱정스러울 때가 있다. 앗, 오늘 저녁 때 뭐 먹지? 하지만 금방 마음이 놓인다. 맞다, 그거였지.

요리가 늘 계획대로만 되는 건 아니다. 상황은 변한다. 누군가가 아프면 목요일에 먹기로 한 스프를 화요일에 미리 먹기도 한다. 일이 생각보다 늦어지면 포장 음식을 사먹기도 한다. 그래도 다 괜찮다. 나는 요리를 해야만 하거나 재료가 쉽게 상할 수 있는 식사는 주중에 두 번 이상 계획하지 않는다. 또한 미처 쓰지 못한 재료를 냉동실에 얼려놓는 것도 내게는 전혀 문제가 되지 않는다. 계획에 따르기만 한다면 그런 것쯤은 아무렇지도 않다. 정말 중요한 건 나에게 계획이 있다는 사실이다.

하지만 어떤 사람들은 미리 계획된 식단 안에 갇혀 있다는 느낌을 굉장히 싫어한다. 당신도 그렇다면 식사를 미리 계획하지 않으면서도 행복한 부모들의 말에 귀 기울여보라. 그들은 언제든 쉽게 해먹을 수 있는 요리를 최소 세 가지 정하고, 그 재료를 늘 구비해놓으라고 말한다. 눈에 띄는 곳에 조리법 목록을 붙여놓는 것도 좋다. 그래야 긴 하루를 마치고 집에 돌아왔을 때 머리가 멍해지는 상황을 막을 수 있다. 뉴햄프셔 주 포츠머스에 사는 잉가 카터Inga Carter는 이렇게 말했다.

"저는 식단을 미리 짜두는 게 그렇게 싫었어요. 일주일 치 식단을 미리 짜놓으면 꼭 목요일쯤에는 무슨 일이 생기거나 먹기로 한 음식이 먹기 싫어지더라고요. 그럼 남은 한 주의 식단이 완전히 꼬여버려요. 그런데 문득, 그날그날의 음식을 정해놓을 필요가 없다는 생각이 들더라고요. 그냥 일주일 동안 어떤 음식을 먹을 건지만 대강 계획해놓고 그중에서 그날그날 먹고 싶은 걸 고르는 거예요. 지금까지 2년 정도 그렇게 했는데, 아무 문제없이 잘 돌아가요."

계획이 꼭 요리에 대한 것일 필요는 없다. 인스턴트 파스타와 포장된 샐러드를 먹기로 계획하거나 마트 음식 코너에서 구운 가지 요리를 사오기로 계획해도 된다. 아이가 어느 정도 컸다면 누가 식사를 책임질 건지(언제, 누가 식재료를 사고, 누가 요리를 할 것인지)만 정해놓아도 된다. 오하이오 주 신시내티에서 두 아이를 키우는 엄마이자 팟캐스트 〈365일 계획하기Organize 365〉를 진행하는 리사 우드러프Lisa Woodruff는 미리 식단 짜는 것을 싫어한다. 그래서 식단을 짜는 대신 요일을 정한다. 남편의 날에는 남편이 모든 걸 책임진다(그리고 무슨 음식이 나오든 불평하지 않는다). 만약 남편이 화요일에 장을 보고 10대 자녀가 수요일 저녁을 준비하기로 되어 있다면 월요일 저녁 식사를 준비하는 게 그다지 부담스럽지는 않을 것이다.

자기만의 길을 가라. 당신을 행복하게 하는 수준의 계획을 짜고 다른 사람이 뭘 하든 신경 쓰지 마라. 미래의 나를 생각하라. 미래의 나는 현재의 내가 어떤 일을 해놓기를 바랄까? 바로 그 일을 하라. 그러면 당신의 행복 저장고는 충분히 채워질 것이다.

장보기

평소 나는 장보기를 별로 좋아하지 않는다. 그런데 배가 고플 때는 오히려 너무 좋아해서 탈이다. 아이들이 어릴 때는 내가 적어준 목록을 들고 남편이 주말마다 장을 봤다. 하지만 아이들이 모두 학교에 들어가고 방과 후에만 돌봄이 필요한 상황이 되자 나는 베이비시터에게 장보기를 부탁하기로 했다. 어차피 그분도 더 많은 시간 동안 일하기를 원했고, 나는 충동구매에 드는 비용을 아낄 수 있었다. 그렇게 해서 나는 장보기 목록을 적는 순간에 필요하다고 여겨지는 재료들, 그러니까 계획한 식단대로 요리하기 위해 필요한 재료들과 합리적일 때의 내가 사기로 결정한 물건들만을 살 수 있게 됐다. 합리적일 때의 나는 포테이토칩이 가득한 진열장에 유혹 당하지 않을 수 있었고, 집에 간식거리가 사과와 땅콩버터밖에 없다면 가족들은 사과와 땅콩버터를 먹을 거라는 것도 잘 알았다. 늦은 밤 스트레스를 풀기 위해 짭짤한 간식을 찾아 온 집 안을 헤맬 때를 빼면 보통 나는 합리적인 때의 나를 더 좋아한다.

아이들이 진짜 음식보다 인스턴트식품을 더 많이 먹으면 내 기분 이 나빠지기 때문에 장보기 목록에는 과자만큼이나 간편하게 먹을 수 있는 다른 것들을 꼭 포함시킨다. 슬라이스 치즈, 슬라이스 햄, 베이글, 토르티야, 방울토마토, 오이, 과일, 쉽게 스무디로 만들어 먹을 수 있는 냉동 과일, 냉동 만두, 훈제 연어 등이 바로 그것이다. 아이들에게 먹고 싶은 음식 목록을 만들어달라고 부탁한 적도 있는데, 상자나 봉지에 포장되어 그대로 먹는 음식만 아니면 다 괜찮다고 말했다. 만약 집에 그런 음식이 가득하다면 우리는 그런 음식을 먹게 될 것이다.

내가 장을 볼 때는 목록에 있는 것만을 손에 들고 마트를 나서는 나만의 도전을 한다. 잘 진열된 물건들이 집에 캔 참치나 2리터짜리 간장이 있으면 정말 편리할 거라고 나를 유혹할 때는 스스로에게 이렇게 말한다.

"그렇지 않을 거야. 주방에 쌓아놓은 캔 음식은 거의 안 먹게 되고, 어떤 것이든 크기가 너무 큰 것은 내 주방에 맞지 않아. 나는 우리에게 무엇이 필요한지를 이미 결정했고, 선택은 포테이토칩 회사의 마케팅 부서가 아니라 내가 내리는 거야."

우리 집에 인스턴트식품이 전혀 없다고 말하려는 게 아니다. 우리 집에도 간식거리는 아주 많고, 그건 괜찮다. 하지만 나는 우리가 무엇을 필요로 하는지를 내가 결정하고 그것만 샀을 때 더 행복하다. 식료품 창고에 여유 공간이 생기고, 유통 기한이 지났다는 이유로 버려지는 음식도 줄어든다. 마트는 언제나 그 자리에 있을 것이다. 만약 눈보라나 허리케인이 몰아쳐서 문을 닫는다 해도 마트는 생각보다 훨씬 빨리 다시 문을 열 것이고, 거기에는 누구든 필요한 만큼 살 수 있는 다양한 먹을거리가 가득 쌓여 있을 것이다.

음식이 식탁에 오르기까지

나는 먹는 것을 좋아한다. 그래서 저녁 식사 시간을 기다린다. 하지만 그렇다고 해서 내가 늘 요리하고 싶어 한다는 뜻은 아니다. 이 장을 쓴 한 주 동안 나는 요리를 딱 한 가지밖에 하지 않았다. 그것 말고는 매일같이 냉장고에 있던 음식, 포장 음식, 레토르트 음식 등을 먹었다. 가끔 나는 요리하지 않을 때 더 행복하고, 그래도 괜찮다. 일주일 내내 간편한 저녁 식사를 계획하는 것이 수많은 요리를 계획하고도 결국에는 시간이 없어서, 또는 하기 싫어서 하지 못하는 것보다는 훨씬 행복하다.

삶의 어떤 단계에서는 주방 일을 단순하게 유지하는 것이 큰 도움이 된다. 본인 스스로 가족끼리의 저녁 식사에 병적으로 집착한다고 선언한(그녀는 19년이 넘는 시간 동안 저녁 식사로 먹은 모든 음식을 기록해왔다) 로젠 스트라치 조차도 가끔은 우리가 기준을 낮춰야 한다고 말한다.

"제가 직장에 다니고 있었고 아이들도 어렸을 때는, 저녁 식사 시간이 전쟁이 되기를 원하지 않았어요. 그래서 기본적인 것만 갖출 수 있다면 함께 식탁에 앉아 즐거운 시간을 보내는 걸로 만족했죠. 가족끼리의 저녁 식사를 규칙적인 의식으로 유지하고 싶다면 매일 저녁 9첩 반상을 기대해서는 안 돼요."

우리가 정말로 바라는 건 먹고 있는 음식에 대해 긍정적인 기분을 느끼고, 긴 하루 끝에 분노와 괴로움, 불안 없이 가족과 함께 그 시간을 즐기는 것이다. 나는 스스로 요리를 많이 한다고 느끼고, 우리 가족이 먹는 식사의 대부분이 내가 준비한 것들이지만 저녁 5시 30분부터 내가 실제로 가스레인지 앞에서 보내는 시간은 얼마 되지 않는다. 하루의 끝에서 냉장고에서 식탁으로(또는 다른 누군가의 냉장고에서 식탁으로) 가는 길을 좀 더 쉽게 만들기 위한 나만의 세 가지 전략이 있기 때문이다.

아웃소싱하라

옛날에는 사먹는 반찬이 저렴하긴 해도 건강에는 좋지 않은 경우가 많았다. 집에서 만든 것처럼 건강한 음식도 있었지만 그러면 보통 값이 두 배는 됐다. 그러나 지금은 상황이 많이 좋아졌다. 집으로 요리사가 직접 와 일주일 먹을 분량의 음식을 만들어놓고 요리법까지 가르쳐주는 업체도 있고, 냉장고에 넣어두고 먹을 수 있는 음식을 배달해주는 곳도 있다. 어쩌면 친구나 지인, 심지어는 청소년 중에도 자기만의 작은 사업을 시작한 사람이 있을지도 모른다. 샤론 반 앱스는 예전에 아이들을 봐주던 보모에게서 지금도 일주일에 한 번씩 저녁 식사로 먹을 파스타를 구입한다고 한다.

"소스만 데우면 되니 요리는 3분이면 돼요. 파스타를 만들어주시는 보모님이 매주 종류도 다양하게 바꿔주시고, 이탈리아 어느 지방에서 주로 먹는 요리인지 간단한 정보까지 알려주셔서 정말 좋아요."

매사추세츠 주 보스턴에서 젖먹이 아이를 키우는 엄마 켈리 아빌라Kelli Avila는 이런 수요가 있음을 파악하고 사업을 시작했다. 그녀의 슈플라이파이 제빵회사Shoofly Pie Baking Company는 보스턴 주변의 몇몇 지역에 일주일에 두 차례 맛있는 파이를 배달해준다. 아빌라의 고객인 두 아이의 엄마 릴리 마샬Lillie Marshall은 비슷한 몇몇 업체로부터 일주일에 네다섯 번씩 음식을 배달시키고 있다고 했다.

"완전히 구세주예요. 큰아이가 아직 세 살이고, 저희 부부는 둘 다 직장에 다니는 데다 요리하기도 정말 싫어하거든요."

앱스와 마샬은 둘 다 추가로 드는 비용보다는 그로 인해 아낄 수 있는 시간이 더 중요하다고 말했다. 그들은 지금 더 행복하다.

식재료 배달 서비스를 이용해 식단 짜기와 장보기를 아웃소싱할 수도 있다. 그중에는 필요할 때마다 한두 끼 분량의 식사 재료를 배달시킬 수 있는 업체도 있고, 정기 회원으로 가입해야 하는 경우도 있다(하지만 언제, 무엇을 배달할지는 본인이 결정할 수 있다). 어떤 업체는 재료를 통으로 보내주고, 어떤 업체는 다듬어서 보내준다. 이런 서비스를 이용하면 요리하는 시간은 들지만 준비하는 시간은 거의 들지 않는다.

하지만 그럼에도 어쨌든 저녁 식사 직전에 누군가가 30~45분 정도를 식사 준비에 써야 한다. 모든 준비를 아예 미리 마쳐놓고 식사 시간 직전까지 다른 곳에서 다른 일을 하고 싶어 하는 내게는 그다지 적합하지 않다. 하지만 내 주변에는 이런 서비스를 대단히 좋아하는 친구가 많다. 배달된 쉬운 요리법과 준비된 재료를 이용하면 배우자나 아이에게도 식사 준비를 시킬 수 있기 때문이다.

요리하지 말고 조합하라

시판 소스를 곁들인 파스타, 전기밥솥으로 데운 즉석 닭고기, 샐러드 전문점에서 사온 토핑을 얹어 각자 만들어 먹는 타코 요리까지… 미리 다듬어놓거나 아예 요리까지 된 재료는 조금 더 비싸긴 하지만 그만한 가치가 있다(아니면 당신이 직접 주말에 다듬어놓아도 된다). 세 아이의 엄마이자 스탠퍼드 대학에서 음식과 영양에 대한 강의를 하고 있는 마야 애덤Maya Adam의 이야기를 들어보자. 그녀는 '아동의 영양과 요리'라는 스탠퍼드 대학 온라인 강좌를 통해 많은 이들을 가르치고 있다.

"당신이 최소한으로 가공된 신선한 재료를 이용해 직접 만든 요리가 포장 음식보다는 건강할 겁니다. 본질적으로 건강하지 않은 음식이란 존재하지 않아요. 문제는 늘 상대적이죠. 그러니 우리는 '이 음식이 아니었다면 과연 무얼 먹었을까?'를 생각해야 합니다. 집에서 만든 구운 치즈 샌드위치는 구운 피스타치오와 샬롯 비네그레트를 곁들인 퀴노아 오이 샐러드보다는 건강하지 않을지도 몰라요. 하지만 그 대안이 패스트푸드 햄버거와 감자튀김이라면 구운 치즈 샌드위치를 먹는 게 훨씬 나을 겁니다."

소스나 샐러드 드레싱처럼 시판 식재료를 활용하면 저녁 식탁이 훨씬 빨리 차려진다. 애덤은 조금 더 비싼 경우가 많긴 하지만 되도록 잡다한 재료가 너무 많이 포함되지 않은 상품을 찾아보라고 말한다. 대량 생산된 가공 식재료가 집에서 식사 준비를 하는 데 도움이 된다면 그건 충분히 가치 있는 일이다.

시간이 없을 때는 요리하지 마라

뉴욕 주 웨스트체스터에 살고 있는 워킹맘 엘렌 스파이러 소콜 Ellen Spirer Socol은 자신의 토요일을 이렇게 묘사했다.

"나는 오늘 아침 7시 30분부터 10시 30분까지 토마토소스, 베샤멜소스, 라자냐, 맥앤치즈, 쿠키 반죽을 만들었다. 그냥 앉아서 책을 읽거나 사무실 정리를 하는 것도 좋았겠지만 주중에 먹을 저녁 식사 준비를 미리 해놓는 것이 더 중요하다."

소콜은 모든 요리를 주말에 미리 해놓는데, 전부 두 배씩 만들어 절반은 냉동실에 얼려놓는 것이 전략의 '핵심'이라고 했다. 그녀는 그렇게 세 시간 동안 요리를 해 반은 냉장실에, 반은 냉동실에 넣어두었으며, 이번 주에는 여유가 있어 쿠키까지 만들었다.

나도 1년에 한두 번은 친구와 함께 이런 식으로 요리를 한다. 얼릴 수 있는 요리를 각자 두세 배씩 만들고 서로 바꾸는 것이다. 우리는 두 가족 모두가 좋아할 만한 음식을 만들되 '미트로프'로만 몇 끼를 해결하는 일이 없도록 어떤 요리를 할지 미리 의견을 나눈다. 가끔은 둘 중 하나의 주방에 모여 하루 종일 즐겁게 요리를 한 다음 각자 4~6일 동안은 요리를 하지 않고 저녁 식사를 해결하기도 한다. 내 친구는 멕시코 요리를 좋아하고 나는 이탈리아 요리를 좋아하기 때문에 우리 두 가족은 다양한 요리를 먹을 수 있고, 친구와 내가 함께 즐거운 시간을 보낼 수 있는 좋은 기회이기도 하다.

식탁에서

이 장을 시작하면서 말했듯 음식은 내가 스스로에게 행복한 부모라는 칭찬 딱지를 붙여줄 수 있는 영역이다. 나는 음식과 요리를 사랑하며, 관심도 많다. 가족들에게 어떤 음식을 줘야 할지에 대해서는 물론이고, 개인의 선택과 국가 정책이 우리 식탁에 어떤 영향을 미치는지와 같은 광범위한 문제에 대해서도 궁금한 게 많다.

하지만 재료를 사서 요리를 하는 일은 물론, 식사 그 자체가 문제가 되기도 한다. 어떤 가족에게는 삶을 덜 행복하게 만드는 것이 식단을 짜고 장을 보고 요리를 하는 것이 아니라 식사하는 자리에서 일어나는 일 그 자체다. 나는 내 아이들이 음식과 식사에 대한 자신의 의견을 표현하기 시작했을 때쯤(그쯤에 한 손님이 우리가 준비한 음식을 보고 고개를 내저은 뒤 자신의 아이에게 먹일 시리얼이 있느냐고 물은 충격적인 사건도 있었다)에 우리 집 식탁이 어때야 하는가에 대한 가족 규칙을 세웠다. 그리고 아이들이 자라서 다른 집을 방문했을 때 어떻게 행동해야 하는지에 대해서도 가르치기 시작했다.

그때 아이들은 네 살, 다섯 살, 여섯 살, 아홉 살이었다. 그다지 새로울 것 없는 규칙이지만 그때까지는 분명하게 가르친 적이 별로 없었다.

1. **식사는 한 번만 한다.** 우리는 매일 저녁 온 가족이 한 번 먹을 만큼의 식사를 준비한다. 누구든 먹을 수 있는 음식이 최소한 한 가지씩은 있다. 하지만 골라서 먹을 수는 없고 저녁 식사 후 야식은 없다.
2. **먹을 필요는 없지만 보기는 해야 한다.** 그 무엇도 억지로 먹을 필요는 없다. 하지만 접시에는 모든 음식이 올라갈 것이고 그걸 거부해서는 안 된다.
3. **음식이나 요리사를 모욕해서는 안 된다.** "고맙지만 전 괜찮아요", "저는 그 음식을 싫어해요", "별로 먹고 싶지 않아요"라고 말하는 건 괜찮다. 하지만 음식에 대한 구체적인 질문을 받지 않는 한, 그 이상의 평가는 안 된다. 표정이든, 행동이든, 태도든 '윽, 이게 뭐야'라는 식의 표현은 절대로 안 된다.
4. **억지로 먹을 필요는 없다.** 아이들은 먹고 싶은 것을 먹는다. 거기에 대해 우리가 걱정할 필요도, 잔소리할 필요도 없다. 눈에 거슬린다고 해서 매번 말할 필요는 없다. 편식하는 아이에게 할 수 있는 말은 (보통 다른 형제자매가) "맛있다. 너도 먹어봐"가 전부다.
5. **음식은 먹는 것에 대한 보상이 아니다.** 네가 저녁 식사를 거의 하지 않았더라도 디저트가 있다면 먹을 수 있다. 자 여기, 네 몫의 아이스크림이 있다.

7년이 지났지만 우리의 '규칙'은 거의 바뀌지 않았다. 그때 이후로 나는 식사의 압박과 관련된 다양한 이야기를 찾을 수 있었다. 영양학자이자 《우리 아이 밥 먹이는 법How to Get Your Kid to Eat》의 저자 엘린 새터Ellyn Satter의 가르침부터 캐런 르 비용Karen Le Billon의 저서 《프랑스 아이는 편식하지 않는다》 등 여러 책을 살펴본 결과, 이것 이 우리 가족에게만 있는 독특한 일은 아니었다.

아이들이 어느 정도 큰 다음에는 저녁 후 야식 금지 원칙을 완화시켰다. 특히 운동 연습 전에 저녁 식사를 한 아이가 운동을 마치고 배가 고프다고 하는 경우에는 야식을 먹게 해줬다. 그때 나는 저녁 식사에 덜 좋아하는 음식이 나왔다고 해서 나중에 다른 음식으로 배를 채우려고 식사를 거르는 아이는 없다는 사실을 알고 있었다. 내가 저녁 식사로 아들이 별로 좋아하지 않는 미트로프를 내놓은 날, 아들에게 안쓰럽다는 기색을 표하자 아들은 이렇게 대답했다.

"괜찮아요. 좋아하진 않아도 먹을 수는 있어요."

이 방식은 우리 가족에게 효과가 있었다. 그리고 이에 부응하는 연구 결과도 있다.

'어른들과 같은 음식을 먹는 아이들이 더 건강한 식단을 섭취한다.'[4]

부모가 과일이나 채소처럼 영양가 있는 음식을 먹는 모습을 보고 자라면 아이도 그런 음식을 먹게 될 가능성이 높아진다.[5] 같은 음식을 먹으면서 식사의 시작과 끝을 함께하게 되므로 아이와 어른이 함께 식탁에 머무르는 시간도 길어진다.[6] 그러면 대화 기회도 더 많아지게 마련이다. 가족이 식사할 때 어른과 아이가 함께 자리에 앉아 같은 음식을 먹어야 하는 프랑스나 이탈리아 등의 문화권에서는 아

이들이 음식에 대해 보다 긍정적인 태도를 갖게 되고,[7] 양보다는 질을 중요시하게 된다.[8]

앞서 소개한 두 번째 규칙(먹을 필요는 없지만 보기는 해야 한다)은 아이들의 음식에 대한 취향이 변하고 자랄 수 있는 여유를 만들어준다. 큰 감정 싸움 없이 다양한 음식을 먹게 되기 때문이다. 아이들은 어떤 음식이 좋거나 싫다는 태도에 갇힐 필요가 없다. 먹기 싫은 음식을 남겨도 아무도 뭐라고 하지 않는다. 한 연구 결과에 따르면 아이들은 어떤 음식을 처음 먹어보거나 좋아하게 되기까지 여러 번 그 음식에 노출되어야 한다. 하지만 그때마다 부모가 디저트를 먹거나 식탁에서 일어나려면 이것부터 먹으라고 강요하거나 소리를 지르거나 얼굴을 찡그린다면 그런 변화가 일어나기는 힘들다. 사람은 누구나 변한다. 아이들은 더 그렇다. 우리가 방해하지만 않는다면.

세 번째 규칙(음식이나 요리사를 모욕해서는 안 된다)은 내가 제일 좋아하는 규칙이다. 우리 집 요리사는 아주 예민하다. 식단을 짜고, 긴 하루를 마친 뒤 매일 저녁 요리를 하는 건 아주 고생스러운 일이다. 솔직히 말해 가족들에게 말도 안 되는 음식을 만들어준 적도 있다. 하지만 "윽, 맛없어!"라는 말은 나만 할 수 있다. 그래야 나는 행복해진다. 아니, 최소한 나를 아주 불행하게 만드는 요소를 없앨 수 있다. 만약 과거로 돌아간다면 나는 모두가 요리사에게 감사 인사를 해야 한다는 규칙을 만들 것이다. 음식을 만들어주고, 먹는 방법을 가르 쳐준 것에 대해 아주 후한 감사 인사를 해야 한다는 규칙을.

내 방식이 가족들의 식사를 행복하게 만드는 유일한 방법은 아니다. 나는 세 번째 규칙을 죽을 때까지 옹호하겠지만(만약 당신이 이 장에서 딱 한 가지를 배워야 한다면 바로 이 규칙을 택하라고 말하겠다) 새로운 음식을 먹어보거나 온 가족이 먹는 음식에 대해 좋은 감정을 느끼기 위한 다른 접근법들 도 존재한다.

르 비용(그의 저서 《프랑스 아이는 편식하지 않는다》는 자녀, 가족, 음식 문화에 관한 책 중에서 내가 가장 좋아하는 책이다)은 '네가 그 음식을 좋아할 필요는 없지만 최소한 맛은 봐야 한다'라는 프랑스식 규칙을 대단히 신뢰한다. 또한 그녀는 '저녁 식사를 해야만 디저트를 먹을 수 있다'라는 규칙도 지킨다. 이때 디저트가 뇌물은 아니다. 르비용은 그것을 자연스러운 결과라고 생각한다. 식사는 정해진 순서에 따라 해야 하는데, 어떤 단계에서든 순서를 어기면 식사는 끝난다는 것이다. 이는 건강한 음식을 먹는 것에 대한 보상으로, 불량 식품을 주는 것과는 아주 다른 메시지를 준다.

로젠스트라치는 열정적인 요리사다. 하지만 그녀가 더욱 열정적으로 중요하게 여기는 것은 가족 모두가 저녁 식탁에 평화롭게 둘러앉아 시간을 보내는 것이다. 그녀는 가끔씩 '즉석 식품'을 먹어야 스스로가 더 행복하다는 사실을 알게 됐다고 한다. 로젠스트라치는 이렇게 말했다.

"당신이 준비한 음식을 아이들이 좋아하지 않는다면 땅콩버터 샌드위치라도 만들어주세요. 스스로 자책할 필요는 없어요."

식사와 관련해 당신을 더 행복하게 만드는 전략 당신의 동생이나 가장 친한 친구, 직장 상사에게는 통하지 않을지도 모른다. 그래도 괜찮다. 최근에는 잘 먹는 방법이 오로지 한 가지밖에 없다는 식의 이야기가 여기저기에서 많이 나오지만 그건 완전히 틀렸다. 요리와 식사를 즐기는 방법은 여러 가지이고, 우리는 모두에게 맞는 방법을 찾을 필요가 없다. 우리 자신에게 맞는 방법만 찾으면 된다.

잘 먹지 않는 아이를 위한 요리

가족과 함께하는 식사 시간을 망치는 이유는 다양하지만 당신이 요리한 음식을 맛있게 먹지 않는 아이들은 우리를 정말로 힘들게 한다. 편식하는 아이(일명 까탈스러운 아이)가 있으면 즐거운 식사가 힘들다. 여러 가지 이유로 고기나 밀가루 등의 재료를 먹지 않는 가족이 있는 경우에도 마찬가지다(이건 가족 중에 식품 알레르기가 있는 경우와는 다르다. 그에 대해서는 바로 뒷부분에서 다루겠다).

새로운 음식에 대한 아이의 첫 반응에 과도하게 신경 쓰다 보면, 새로운 음식에 대한 아이의 가벼운 저항감이 익숙한 맛 말고는 받아들이지 않겠다는 강력한 거부감으로 바꿔어버릴 수도 있다. 특히 아주 어린아이의 경우 그런 일이 많이 일어난다. 아이가 어릴 때는 편식 습관을 간단한 방법으로 고칠 수 있다. 아이를 좀 더 배고프게 만들고, 식사 시간에 다양한 건강식을 차려준 다음 스스로 선택해서 먹을 수 있게 하는 것이다. 하지만 어느 정도 자라 좋아하는 음식 취향이 확고하게 생겨버린, 아니 수많은 음식에 대해 확고하게 거부감을 느끼게 되어버린 아이가 있다면 어떨까? 매 끼니마다 '딱 한 입만' 먹어보라고 아무리 사정해도 무조건 싫다는 아이와 전투를 벌여야 하거나, 파마산 치즈와 올리브 오일이 들어간 스파게티 말고는 아무것도 먹지 않는 아이를 보며 죄책감의 지뢰밭을 걸어야 하는 식사 시간이 어떻게 즐거울 수 있겠는가?

우선 전투와 지뢰밭 문제부터 해결해보자. 두 가지 사실을 알아야 한다. 첫째, 한 시간 내내 '딱 한 입만' 먹으라고 옥신각신한다고 해서 싫어하는 음식을 좋아하기로 결심하는 아이는 절대 없다. 둘째, 먹을 것이 충분한 가정에서 자라는 아이들은 영양 부족 때문에 신체적으로 문제가 생기는 일이 드물다(비만과 체중 문제에 대해서는 다음 부분에서 다룰 예정이다. 만약 당신의 자녀가 빠르면 유치원 때부터 생길 수 있는 섭식 장애를 앓고 있다면 도움을 줄 수있는 의사를 찾아가라).

우리 모두에게 행복한 식탁을 만들기 위한 첫 단계는 편식하는 아이와 (식탁이 아닌 다른 곳에서) 대화를 나누는 것이다. 아이가 스스로 변하기를 바라는가? 나 역시 편식하는 아이였고, 그것 때문에 부끄러운 적이 많았다. 운동을 하는 10대 아이는 건강한 음식을 간절히 찾고 싶어 할지도 모른다. 자녀가 어리다면 '맛보기 놀이'나 주방에서 실험하기를 아주 좋아할지도 모른다. 만약 그렇다면 아이와 함께 전략을 짜볼 수 있다. 아이에게 새로운 식재료나 식단을 활용한 음식을 일주일에 하나씩 고르게 하거나 직접 요리해보게 하라. 어릴 때는 자신이 이미 싫어한다고 결론 내린 음식에 대한 생각을 바꾸기보다는 뭔가 새로운 음식을 좋아할지도 모른다는 사실을 이해하는 것이 훨씬 쉽다.

그러나 아이에게 지금 당장은 변하려는 의지가 전혀 없거나, 아이의 식습관에 대해 우리의 감정이 너무 좋지 않아 어떤 제안도 하기 힘든 상황이라면 어떻게 해야 할까? 비영리 어린이 요리 잡지

《찹찹ChopChop》의 창립자이자 《편식쟁이 길들이기The Picky Eater Project》의 저자 샐리 샘슨Sally Sampson은 "아이의 편식과 식습관에 대해 관심을 거두어라"라고 말한다. 아이에게 맞는, 아이가 좋아할 만한 음식을 요리해주는 것 말고 다른 일은 일체 하지 마라. 물론 편식하는 습관이 나쁘다고 말해주는 건 필요하지만, 음식 자체에 대해서나 아이가 무엇을 먹고, 먹지 않는지에 대해서는 눈곱만큼도 신경 쓰 지 마라. 그녀는 이렇게 말했다.

"대신 아이들에게 오늘 하루가 어땠는지 물어보고 여러분의 하루에 대해서도 말해주세요. 다른 성인을 대하듯 자녀도 존중해주세요. 무엇이든 억지로 먹게 하지 마시고, 아이들의 선택에 대해 과민반응하지 마세요. 먹을 때는 아이가 무엇을 먹는지가 대화의 주제가 되어서는 안 됩니다. 만약 그 문제에 대해 대화를 나눠야 한다면 주방이나 식탁이 아닌 다른 곳에서 하세요."

당신 주변의 부모들은 당신이 왜 아이들에게 더 많이, 또는 지금과는 다르게 먹도록 강제하지 않는지를 궁금해할 수도 있다. 뉴욕주 알바니에 사는 두 아이의 엄마 수잔 디안트레몬트는 소아과 의사에게서 아들의 식단에 대해 걱정하지 않아도 된다는 말을 들었다. 의사는 우리가 관심을 줄수록 문제가 더 심각해질 거라고말했다.

"하지만 우리가 관심을 기울이지 않더라도 다른 사람들이 오지랖을 부리더군요. 가장 많이 들은 말은 '우리 집에서는 그런 건 절대 허용되지 않아'였어요. 도무지 무슨 뜻인지 모르겠더라고요. 아이를 바닥에 묶어두고 목구멍에 음식물을 밀어 넣기라도 한다는 건가요?"

디안트레몬트의 느긋한 접근법은 천천히 효과를 보고 있다. 이제 그녀의 아들은 10대가 되었다.

"옛날이라면 안 그랬을 텐데 지금은 조금씩 맛이라도 봐요. 그러니 언젠가는 더 잘 먹을 수 있겠죠?"

대부분의 아이에게 그런 날은 결국 온다. 한 지인은 이렇게 말했다.

"우리 딸은 몇 년 동안 백색 음식만 먹었어. 이제 그 아이는 서른여섯 살인데, 지금은 못 먹는 게 없어. 결국은 좋아지게 되더라고."

아마 내 어머니도 비슷한 말을 하시리라. 정말 그렇다. 그리고 혹시 그렇지 않더라도 당신이 자녀의 식습관 및 자녀와의 식사에 대해 좋은 감정을 가지려면, 무엇을 먹을 수 있는지를 고르는 건 당신이지만 무엇을 먹고 싶은지를 고르는 건 아이라는 사실을 받아들여야 한다. 함께하는 식사에서는 아이의 입에 무엇이 들어가느냐만 중요한 게 아니다. 논란의 여지는 있겠지만 오히려 가장 덜 중요하다. 당신의 가족은 식탁에 함께 앉아 대화를 나누면서 음식과 가족에 대한 좋은 관계를 만들어나가고 있다. 필요하다면 철분은 보충제를 통해 섭취하고, 비타민D는 햇살로부터 섭취할 수 있다. 하지만 가족과 함께하는 행복한 식사는 다른 어디에서도 얻을 수 없다.

상황이 복잡할 때는 단순하게 먹어라

아이가 편식을 할 때 주방에서 행복하기란 사실상 힘들다. 건강과 관련된 문제가 있는 경우라면 더욱더 그렇다. 만약 자녀에게 식품 알레르기가 있거나, 소아과 의사가 걱정할 정도로 살이 찌고 있거나, 당신이나 배우자에게 식사와 관련된 문제가 있다면 같은 음식을 둘러싸고 온 가족이 모여 식사하는 것에 대해 좋은 감정을 갖기가 어려울 수 있다.

생명을 위협하는 식품 알레르기나 체중 문제가 있는 경우 아이의 건강을 위해 노력한다는 것은 온 가족의 식습관을 조정한다는 뜻이다. 식품 알레르기가 있는 많은 가정에서는 오염을 막기 위해 거의 모든 음식을 가정에서 조리한다. 그건 진정한 헌신을 필요로 하는 일이지만, 그런 가정의 부모들은 그 덕분에 온 가족이 덜 가공된 식품을 먹고, 군것질을 적게 하며, 포장 음식이나 냉동 음식을 먹고 싶은 유혹이 생기더라도 이겨낼 수 있게 된다고 말한다. 어둠 뒤에 숨은 작은 희망이다.

만약 당신의 자녀가 점점 살이 찌는 것 같아 걱정된다면(그리고 아이 스스로도 걱정하고 있다면) 당황하지 말고 잠깐 멈춰라. 그리고 소아과 의사와 상담하라. 10대 초반의 아이들은 통통한 단계를 거치는 경우가 많다는 사실을 기억하라. 애덤은 "아이들은 위로 자라기 전에 옆으로 먼저 자란다"라고 말했다. 하지만 어떤 아이들은 그 문제를 걱정스러워할 수도 있고, 정말로 어떤 문제가 있다는 신호일지도 모른다. 어떤 경우든 이번 기회에 가족들의 식습관을 점검해보고 바꿔야 할 건 없는지 살펴보라. 애덤 역시 자녀가 체중에 대해 약간 걱정하기 시작했을 때 그렇게 대처했다고 말했다.

"저는 식단을 바꾸겠다는 의식적인 결정을 내리지 않고 행동만 약간 다르게 했어요. 요리할 때 기름과 버터를 조금만 쓰려고 노력했고, 고기 요리는 조금 줄이고 채소 요리는 조금 늘렸죠. 평소보다 열심히 노력해 진짜 맛있는 채소 요리를 만들어 식탁에 냈어요. 다른 음식은 조리가 덜 된 척을 하면서요. 그러자 아이들은 채소 요리로 먼저 허기를 채웠어요. 그렇게 저는 목적을 달성할 수 있었죠."

그리고 과자류를 아예 못 먹게 하지는 않았지만 건강한 조리법으로 직접 만든 쿠키를 더 많이 줬다고 했다. 포장 음식이 유혹하는 날에는 마음을 다잡았다.

"이런 미묘한 변화를 만들어가면서 식사 준비에 대한 제 철학의 핵심 요소가 된 교훈을 얻을 수 있었어요. 음식을 준비하는 사람이 그 음식을 먹는 사람들의 장기적인 건강에 꾸준히 관심을 가지면 거의 항상 양질의 건강한 음식이 만들어지게 마련이고, 요리에 익숙해질수록 맛도 더 좋아진다는 사실이죠."

아이의 건강을 위해 미묘한 변화를 주려고 노력 중이라면 가족들의 식사 전반에 대한 변화가 필요하다. 하지만 어느 정도의 유연성이 허락되는 상황(가족 중에 채식주의자가 있을 때, 아이들의 식단은 바꾸지 않고 성인들만 밀가루나 고기를 줄이려고 할 때)에서는 많은 부모가 '해체 요리'를 적극 활용한다. 편식하는 아이가 있는 가정에서도 쓸 수 있는 방법이다.

로젠스트라치는 이것을 '벤다이어그램 식사법'이라고 부른다. 이 방법을 쓰면 모두가 같은 음식을 먹으면서도 버섯을 싫어하는 사람은 버섯 없는 파스타를 먹을 수 있다.

"일반적인 요리, 예를 들어 콥샐러드가 있다면 그걸 여러 부분으로 해체하는 거예요. 그렇게 하면 어떤 아이는 치킨, 아보카도, 토마토를 먹을 테고, 어떤 아이는 삶은 달걀, 베이컨, 양배추를 먹겠죠.

하지만 그건 여전히 같은 요리예요."

워싱턴 D.C.에 사는 멜리사 포드Melissa Ford의 열세 살 쌍둥이 중 한 아이는 음식 알레르기가 있다. 그녀는 이렇게 말했다.

"한 아이에게는 음식과 식사가 아주 큰 스트레스예요. 다른 아이는 완전히 반대죠. 새로운 음식을 먹어보는 걸 아주 좋아해요."

그래서 포드는 음식을 만들 때 소스를 한쪽에만 뿌린다. 한 아이에게는 식당에 가서 새로운 음식을 먹어볼 모험의 기회를 주지만, 다른 아이에게는 익숙한 식사를 하게 한다.

만약 부모인 당신에게 식사와 관련된 문제가 있다면(당신 자신이 편식을 할 수도 있고, 섭식 장애를 회복하는 도중이거나 신중하게 선택한 다이어트법을 따르는 중일 수도 있다) 아이들을 대할 때와 마찬가지로 스스로를 배려하고 존중해야 하며, 스스로도 똑같은 유연성을 갖춰야 한다. 당신이 좋아하지 않는 음식이라도 식탁에 올리고, 그 어떤 언급이나 변명 없이 마음 가는 대로 선택하라. 그리고 아이들이 당신을 지켜보고 있다는 사실을 기억하라.

캘리포니아 주에 사는 네 아이의 엄마 니키 길버트Nikki Gilbert는 당시 아홉 살이던 딸이 "엄마, 어른들은 언제부터 아침밥을 안 먹는 거야?"라고 물었을 때 뭔가 변화가 필요하다는 사실을 깨달았다. 거식증을 회복하고 있던 그녀는 식단을 아주 철저하게 통제하고 있었다. 그녀는 이렇게 말했다.

"저는 무조건 참는 것이 아니라 음식을 이용해 제 자신을 보살필 수 있다는 걸 배워야 했어요."

길버트는 먹지 않고 참아야 하는 음식은 집에 사놓지 않았고, 대신 건강한 식품을 구매하기 시작했다.

"가족 모두의 몸을 건강하고 좋은 음식으로 채우고자 하는 데 집중했어요. 아이들에게도 자기 자신에게 '정말 배가 고픈지'를 묻고 자신의 몸이 들려주는 이야기를 잘 들어보라고 말해주었죠. 전에는 그걸 몰랐어요."

지금도 길버트는 제한된 식단을 따르고 있지만 온 가족이 함께 앉아서 먹을 수 있는 음식을 만든다.

"전에는 주방에 있는 게 정말 싫었어요. 식사 시간이 지뢰밭처럼 느껴졌거든요. 하지만 이제는 다르게 생각해요. 제가 생각해도 저는 가족 모두가 맛있게 먹을 수 있는 음식을 잘 만드는 것 같아요. 그러니 식사 시간에 가족들은 물론이고 저에게도 즐길 수 있는 요소가 늘 있는 셈이죠. 우리 집 식사에서 가장 좋은 건 모두 함께 있다는 겁니다."

가족의 식습관을 아이들에게 물려주어라

먹는 것에 대한 우리의 선택은 매우 개인적이다. 우리는 식습관으로 정체성을 규정하기도 한다.

"나는 건강식만 먹어."

"나는 잡식성이야."

"나는 아이스크림 중독자야."

"나는 채식주의자야."

보통 식습관에는 어떤 음식을 수용하는 태도와 어떤 음식을 거부하거나 최소한 피하는 태도가 수반된다. 모든 음식을 먹을 수는 없기 때문이다. 사람마다 식습관에 대한 입장은 다양하다. 그것이 민족적 전통을 반영하는 방식이든, 특정한 스타일(로컬 푸드, 유기농 음식, 신선한 음식)의 음식만을 고집하는 방식이든, 유행을 거부하는 방식이든 당신이 어떻게 먹느냐는 다른 사람들의 눈에는 판단으로 보일 수 있다. 당신이 의도하든 아니든 말이다.

그건 판단이 맞다. 당신은 당신 자신과 가족들에게 가장 좋다고 생각되는 선택을 했다. 만약 그것이 옳은 선택이 아니라고 생각했다면 다른 방식을 선택했을 것이다. 여기서 어려운 지점은 당신의 선택이 다른 사람의 선택을 만나 상호작용할 때, 예를 들어 유치원에 간식을 보내줄 차례가 돌아왔을 때, 아이의 친구가 점심 식사를 하러 왔을 때, 다른 가족과 함께 외식을 하기로 했을 때 어떻게 할 것이냐다.

그런 상황은 우리의 선택은 물론, 아이들의 선택도 풍부하게 해준다. 그런 기회를 통해 아주 어릴 때부터 자신들이 먹어온 음식에 대해 서로 이야기를 나눌 수 있기 때문이다.

"라나는 오레오 쿠키가 맛있다고 하는데 조나스는 왜 독이나 마찬가지라고 할까?"

당신이 일부러 돌아다니며 다른 사람이 먹는 음식을 비난하지는 않겠지만 아이들은 자연스럽게 각자의 점심 도시락을 비교하며 비슷한 점과 다른 점을 찾게 마련이고, 누가 뭐라고 하지도 않는데 지레 방어해야 할 것 같은 기분을 느낀다. 당신이 의도한 바는 아니겠지만, 아이들은 당신이 선택한 음식과 자기 자신을 생각보다 더 동일시하고 있는지도 모른다.

리사 손더스Lisa Saunders는 딸이 어렸을 때 맥도날드 음식에 대한 비판을 꽤 자주 했다고 한다. 그러던 어느 날, 한 엄마가 학교 행사를 마친 뒤 아이들을 데리고 맥도날드에 가자고 제안했다. 그때 손더스의 딸은 이렇게 반응했다.

"안 돼요! 우리 엄마가 맥도날드에서 뭐 사먹으면 안 된다고 했어요. 거기서 파는 음식은 다 쓰레기거든요!"

줄리 지머맨Julie Zimmerman은 초등학교 3학년 아이들과 함께 생일 파티를 마치고 집으로 걸어오면서 한 아이가 그날 나온 컵케이크가 가게에서 사온 것이라고 험담하는 말을 들었다고 한다. 아마 당신도 그 말을 들었다면 사실은 아이가 부모의 말을 듣고 그대로 따라 한 것임을 눈치챘을 것이다. 당신의 자녀 역시 초등학생 특유의 뭐든 다 안다는 듯한 말투로 당신의 말을 그대로 따라 할 가능성이 매우 크다.

아이들이 자기만의 방식대로(다시 말해 당신의 방식대로) 먹게 하면서도 다른 사람에게 상처를 주거나 상처받지 않게 하려면 말을 조심해야 하며, 다름에 대비할 수 있게 가르쳐야 한다. 우리 가족과 아주 가까운 가족 중에는 채식을 하는 가족도 있다. 그래서 나는 우리 아이들이 어렸을 때부터 우리는 왜 달걀과 유제품, 고기를 먹는지에 대한 이야기를 해주었다. 채식을 하는 가족들 역시 비슷한 일을 하고 있으리라 생각한다. 아이들에게 자신들의 선택에 대한 합리적인 이유를 설명해주면서 그런 선택을 다른 사람에게 강요해서는 안 된다고 가르칠 것이다.

행복해지기 위해서, 또는 건강하거나 도덕적이거나 책임감 있는 사람이 되기 위해서 우리 모두가 똑같은 음식을 먹어야 하는 것은 아니다. 심지어 우리 자신도 늘 같은 방식으로만 음식을 먹을 필요는 없다. 우리는 그저 지금 음식을 먹고 함께 나누는 방식에 만족하고, 음식에 관한 행복을 찾기 위한 다른 방법들을 위해 여유 공간을 남겨두기만 하면 된다.

당신을 행복하게 만드는 선택을 하라

가족만을 위해 요리하지 말고 당신 자신을 위해서도 요리하라. 다른 가족들이 좋아하든 말든 상관하지 말고 당신이 정말 좋아하는 요리를 하라. 내가 가족과의 식사를 즐기는 가장 큰 이유 중 하나는 메뉴를 대부분 내가 선택하기 때문이다. 나는 내 입맛을 가장 우선시하거나 최소한 다른 가족들과 동등하게 여긴다. 이건 내가 개인적으로 진행한 설문조사 결과 및 상담 결과와도 일맥상통한다. 자녀의 입맛에만 맞춰 요리하는 부모보다는 가족들의 선호를 감안하기는 하지만 결정은 본인 위주로 내리는 부모가 더 행복했다. 당신은 종종 아이들을 기쁘게 할 특별식을 만들 것이다. 당신을 위한 특별식도 만들어라.

만약 요리와 식사에 전반적으로 문제가 없는데도 별다른 기쁨을 느끼지 못하고 있다면 지금 당장 모든 것을 당신의 삶에 딱 맞게 바꿔줄 방법을 찾아라. 아이들과 함께 요리해본 적이 별로 없다면 함께하자고 말해보고, 가끔은 아이들에게 온전히 맡겨라. 반대로 주변에 항상 작은 방해꾼들이 있다면 본인에게 잠시 쉬는 시간을 주고 혼자 요리하라. 식재료 배달 서비스를 최대한 활용하고, 아침에 먹다 남은 음식을 저녁에도 먹고, 금요일은 '피자 시켜 먹는 날'로 정해버려라. 무엇이든 당신을 기쁘게 하는 방법을 찾아라.

식사는 당신의 가족이 함께하는 시간이다. 틀림없이 당신 삶의 전부를 반영할 것이다. 어떤 날은 좋고 어떤 날은 괴로울 것이다. 어떤 날은 깊고 사랑스러운 대화가 오가겠지만 어떤 날은 별 볼일 없는 대화가, 어떤 날은 날선 대화가, 또 어떤 날은 불평불만으로 가득한 대화가 오갈 것이다. 음식이 맛있는 날도, 먹을 만한 날도, 헛웃음이 나올 정도로 맛없는 날도 있을 것이다. 그 모든 시간을 거쳐 당신은 당신만의 자리와 방식을 찾을 것이고, 당신의 가족이 식탁에서 함께하는 방식은 세상에서 함께하는 방식을 반영할 것이다. 그러므로 그 시간이 당신의 바람과 다르다면, 행복하지 않다면, 변하기를 바라는 건 당연하다.

당신에게는 충분한 시간이 있다. 가족의 저녁 식사를 행복하게 만들기 위한 10점짜리 계획서를 다음 주 화요일까지 제출해야 하는 건 아니지 않은가. 이 문제를 바로잡을 수 있는 시간은 아직도 몇 년이나 있다.

가족이 함께하는 식사에서는 식사도 중요하지만 그 무엇보다도 가족이 중요하다. 그런 의미에서 행복한 식사를 위한 나의 마지막 조언은 다음과 같다. 앉아서 먹어라. 아이들의 식사 시중을 들지 말고 당신의 자리에 앉아 식사를 즐겨라. 필요하면 와인을 한 잔 마셔도 좋다. 당신이 그 자리에 없다면 그건 이미 가족이 함께하는 식사가 아니다.

9장

자유시간, 방학, 명절, 생일:
재미있어야만 하는 시간

가족 휴가를 가면 어느 순간 꼭 이런 말이 튀어나온다.

"내가 다시는 오나 봐라!"

'분노의 미니밴Rage Against the Minivan'이라는 블로그를 운영하는 크리스틴 하워튼Kristen Howerton은 모두 열한 살 미만이던 네 아이를 데리고 마추픽추로 휴가를 떠나면서 페이스북에 이런 말을 남겼다.

'세계 칠대 불가사의 앞에서 다 같이 징징거리러 드디어 출발!'

아이들과 함께하는 휴가, 자유 시간, 방학, 생일 등은 재미있어야 한다. 하지만 그 재미는 결코 당연하지 않으며, 오히려 확실한 건 따로 있다. 바로 우리가 엄청나게 힘들 거라는 사실이다. 휴가 기간 내내 우리는 계획 세우기, 가방 싸기, 낯선 곳에서 아이 돌보기에 시달릴 것이고, 아이들에게 휴대폰 좀 그만 보라고, 텔레비전 좀 그만 끄라고, 심지어는 책을 내려놓고 경치 좀 감상하라고 잔소리를 해야 한다.

또한 아이는 방학인데, 당신은 휴가를 받을 수 없는 시기도 있다. 그런 시기를 보내기란 복잡하면서도 돈이 많이 든다. 어디 그뿐인가. 생일과 휴일에는 뭔가를 해야 한다는 압박감, 엄청 흥분해 들뜬 나머지 밤늦게 잠자리에 드는 아이들, 평소보다 더 바르게 행동하기를 바라는 기대를 처참하게 무너뜨리는 아이의 행동이 당신을 괴롭힌다.

무엇이 문제인가

아이와의 특별한 날들을 나쁜 쪽으로 특별하게 만들어버리는 근원에는 '기대'라는 단어가 존재한다. 부모인 우리에게 '빨간 날'은 아주 중요한 날처럼 느껴진다. 우리의 어린 시절에 대한 기억 중 상당 부분이 어른들은 출근하지 않고, 사촌들이 놀러오고, 카메라를 꺼내는 날들로 채워져 있기 때문이다. 우리는 아이들 역시 이 시기를 기억하게 되리라는 걸 알고 있고, 그래서 그것이 좋은 기억이기를 바란다.

비슷한 압박은 휴가 때도 따라온다. 휴가는 어른들의 건강과 생산성을 증진하고, 아이들과 가족 전체에도 이롭다는 점에서 귀찮아도 갈 만한 가치가 있다. 여행을 많이 한 아이들은 낯선 상황에 더 잘 적응하고 호기심이 많으며 세상을 더 잘 이해한다. 한 조사 결과에 의하면, 많은 부모가 휴가지에서 자녀와 더 가깝고 연결된 느낌을 받았다고 한다(디즈니가 후원한 설문조사 결과이므로 곧이곧대로 받아들여서는 안 된다. 그 가족들에게 미키마우스 귀 모양으로 생긴 수많은 가격표를 볼 때마다 받은 스트레스에 대해 묻지는 않았을 테니까). 휴가는 우리에게 휴식과 활기, 가족과의 유대감을 선사해줄 것으로 여겨진다.

하지만 미국인들은 휴가의 편안함을 아주 짧은 기간 안에 간신히 욱여넣는다. 미국인 중 약 4분의 1은 유급 휴가를 전혀 받지 못하고, 나머지는 1년에 평균 13일의 휴가와 8일의 유급 휴가를 얻는다.[1] 가족과 함께해야 할 많은 일을 생각하면 이는 결코 충분한 시간이 아니다. 그나마도 받은 휴가를 미처 다 쓰지 못하거나[2] 워터파크의 물보라와 햇살로부터 노트북을 보호하며 시간을 보내는 경우가 많다.

일단 휴가가 시작되면 우리는 '휴가는 이래야 한다'라는 압박감에 짓눌린다. 지금이 바로 우리 가족만의 시간이라는 기분이 들고, 바쁜 시간을 쪼개 얻은 소중한 순간인 만큼 정말 제대로 보내야 한다는 생각이 든다. 평일 오후나 주말을 아이들과 함께 빈둥거리며 보내는 부모는 별로 없다. 특히 아이가 초등학교에 들어갈 나이가 되고부터는 더욱 그렇다. 오늘날 우리의 여가생활은 보통 나이에 따라 체계적으로 나뉘기 때문에 평소 주어지는 여유 시간은 그저 자녀를 학교 수업에, 다양한 활동에 데려다주면서 흘려보낼 뿐이다. 그런데 지금은 어떤가! 휴식과 재충전, 가족 간의 유대를 증진시켜줄 중대한 계획들을 실행하기 위해 우리는 돈과 휴가라는 귀중한 자원을 소진해 소중한 자녀들과 함께 시간을 보내고 있지 않은가. 우리의 이런 노력을 조금도 감사해하는 것 같지 않는 자녀들과 함께!

문제는 주로 자녀의 나이와 상황에 좌우되겠지만 벌어질 수 있는 일은 매우 많다. 한 아이가 비행기에서부터 아프기 시작해 곧 온 가족에게 병균을 옮길 수도 있고, 렌터카의 에어컨이 고장나거나 창문이 열린 채로 고정되어버릴 수도 있다. 호텔 로비에 도착하자마자 회사에서 급한 일이라며 연락이 올 수도 있고, 아이가 대놓고 지루한 표정을 지으며 불평을 늘어놓을 수도 있다. 그나마 기대한 캠핑장이나 워터파크가 내부 공사 중일 수도 있고, 심지어 휴가에서 아이들이 얻은 기억이 당신의 기대와는 거리가 멀 수도 있다.

유타 주에 사는 세 아이의 엄마 제시카 샌더스Jessica Sanders는 아이들을 디즈니랜드에 데려가기 위해 남편과 함께 1년 동안 저축을 했다.

"우리는 리조트에서 이틀을 보내고 해변에서도 며칠을 보냈어요. 로스앤젤레스 박물관과 다양한 명소도 구경했죠. 대부분의 아이가 절대로 할 수 없을 만한 대단한 경험이었어요."

그들이 집에 돌아오자 샌더스의 시아버지는 다섯 살 손녀에게 뭐가 제일 좋았느냐고 물었다.

"아이는 이렇게 대답했어요. '할아버지! 우리 맥도날드를 세 번이나 갔어요!'"

가족과의 시간을 어떻게 다시 재미있게 만들까

내가 휴가, 자유 시간, 생일, 방학 등을 모두 하나의 장에 담은 이유는 그것들 사이에 두 가지 큰 공통점이 있기 때문이다. 첫째, 우리는 그런 시간을 '제대로' 보내야 한다는 큰 압박감을 느낀다. 둘째, 의무적으로 즐거워야 하는 상황에서 우리가 정말로 행복할 수 있는 유일한 방법은 그 압박감을 없애기 위해 노력하는 것뿐이다. 물론

이 모든 것을 더 수월하게, 더 잘 해낼 수 있는 방법은 많다. 나는 이 장의 마지막 부분에서 최대한 많은 팁을 소개할 생각이다. 하지만 그 팁들이 효과를 보려면 우선은 압박감이라는 이름의 밸브부터 잠가야 한다. 그렇다. 휴가, 자유 시간, 생일, 방학 등은 우리에게 사랑스러운 기억을 남겨야 마땅하다. 하지만 상황이 어떤지와 상관없이 실제로 사랑스러운 기억은 남게 마련이다. 심지어 모든 것이 계획대로 돌아가지 않을 때조차도(아니, 그럴 때 특히 더) 좋은 기억은 남는다.

당신의 이야기를 바꿔라

휴가나 가족 행사 등 '가족과 보내는 소중한 시간'의 한 가지 비밀은 그 시간이 아주 드물다고 느껴지지만 실제로는 생각보다 꾸준히 찾아온다는 점이다. '우리 가족은 늘 이렇게 해'라는 가족 전통을 만들기에 충분한 시간이다. 아이가 태어나고 열여덟 번째 생일을 맞을 때까지 당신에게는 940번의 토요일이 주어진다. 소아과 의사 할리 로트바트Harley Rotbart가 저서 《후회 없는 육아No Regrets Parenting》에서 직접 계산해본 숫자다. 또한 아기였던 아이가 금세 당신을 따라잡을 때까지 열여덟 번의 크리스마스, 열여덟 번의 여름, 몇 번의 가족 휴가가 당신 앞에 펼쳐진다. 이렇게 말하면 오히려 당신의 시간이 한정되어 있다고 느껴질 수도 있지만, 앞서 말한 횟수들을 다 더한 숫자가 꽤 크다는 것만은 분명하다. 물론, 삶은 유한하고 우리 인간은 그 유한성을 별로 좋아하지 않지만 그 여정에는 실수를 위한 충분한 여유가 존재한다. 아이와 의사소통이 잘 되지 않아 힘들어할 시간도, 비 오는 해변에서 휴가를 보낼 시간도 충분하다. 더 중요한 사실은, 그냥 아무것도 하지 않으면서 보낼 시간 역시 충분하다는 사실이다.

휴가와 휴일에 대한 압박감을 조금이라도 줄이려면 아무런 계획 없이 시간을 보낼 수도 있다는 사실을 받아들여야 한다. 그야말로 아무것도 하지 않는 하루를 보내는 것이다. 우선 아침에는 늘어지게 늦잠을 잔다. 일어나면 뭐든 당신이 하고 싶은 일을 한다. 그리고 다른 가족이 하고 싶은 일을 한다. 중간중간 몇 차례 식사를 하고, 개인적으로 필요한 일들을 한다. 그렇게 여유를 부리다 보면 당신도 모르는 사이에 다시 밤이 찾아온다. 친구들과의 놀이 약속도, 강습도, 심지어 저녁 식사 예약도 없다. 하루 이틀이라도 그때그때 떠오르는 일들을 하며 시간을 보내보아라.

하지만 많은 부모가 아무것도 하지 않는 것을 두려워한다. 그건 자신들과는 맞지 않는 것처럼 느껴진다. 힐튼 인터내셔널이 진행한 설문조사 결과에 따르면 자녀를 데리고 여행하는 사람들의 절반 이상이 휴가가 너무 많은 일로 가득해 집으로 돌아오고 나면 '휴가로부터의 휴가'가 필요하다고 답했다고 한다. 리사 다무르는 이렇게 말했다.

"부모들 사이에는 자녀와 함께하는 시간이 생산적이어야 한다는 인식이 팽배해 있습니다. 그런 기준 아래서, 우리는 아이가 괜찮은 어른으로 성장한다는 머나먼 목표를 향해 달리고만 있습니다. 그 목표를 향해 가는 길이 어떤 모습인지는 정확히 모르지만, 아이와 함께 유튜브 영상을 보는 건 목표와 동떨어진 것처럼 느껴지고, 아이를 발레 수업에 데려다주는 건 목표에 부합하는 것처럼 느껴지죠."

하지만 우리는 자녀와 함께하는 시간들이 쌓이고 쌓여 뭔가 좋은 것이 만들어지리라는 직감을 믿어야 한다. 아이와 함께 텔레비전을 보거나 책을 읽는 시간, 아니면 그저 함께 소파에 앉아 있으면서 이따금씩 몸을 기울여 스마트폰 속 흥미로운 기사를 서로 공유하는 시간은 차곡차곡 쌓일 것이다. 다무르는 이렇게 말하기도 했다.

"특별한 일을 하지 않아도 부모와 함께 많은 시간을 보낸 아이들이 결국은 괜찮은 성인으로 자라났다는 연구 결과가 언젠가는 나오지 않을까요? 저는 그런 시간이 있어야 우리 모두가 훨씬 행복해진다고 믿습니다."

만약 휴가 계획이 있거나 방학 동안 아이와 함께 시간을 보내려고 한다면 '아무것도 하지 않으면서 시간 보내기'를 하나의 목표로 세워보라. 그러면 당신에게는 무조건 성공할 수밖에 없는 즐겁고 가벼운 목표가 하나 생긴 셈이다.

나오미 해터웨이는 학교생활과 수많은 특별활동으로 기나긴 한 해를 보낸 아이들과 함께 여름 내내 휴식을 취하기로 했다.

"아무것도 등록하지 않았어요. 단 하나도요. 대신에 우린 함께 여행을 했고, 집에 있을 때에도 해가 중천에 뜰 때까지 늦잠을 잤고, 매일 밤 12시가 넘어서까지 놀았어요. 아이스크림도 엄청 많이 먹었고, 전에 했던 걸 다 모아도 모자랄 만큼 강아지 산책도 많이 시켰죠. 동네 커피숍도 엄청나게 돌아다녔고요."

계획 없는 시간을 계획하는 건 우리가 아이와 상호작용하는 방식을 완전히 바꿔놓을 수 있다. 특히 아이들이 어릴 때, 우리가 아이들과 벌이는 실랑이 중 상당수는 '이동'에 대한 것이다. 친구와 함께 수영장에 가기로 약속한 지 벌써 한 시간째. 수영장과 친구를 엄청 나게 좋아하면서 도대체 수영 가방은 왜 그렇게 안 챙기는 건지를 부모들은 도저히 이해할 수가 없기 때문이다.

나도 아이들이 왜 그러는지를 정확히 알지 못하지만, 아마 '해야 한다'라는 말 때문이 아닐까 싶다. 우리는 가야 한다, 우리는 시간을 맞춰야 한다, 우리는 지금 차에 타야 한다 등. 즐거워야 할 일이 갑자기 '협상의 대상'이 되어버리는 것이다. 메인 주에서 어린이 책을 쓰는 줄리 팔랏코Julie Falatko는 남편과 세 아이와 함께 레저용 자동차를 타고 캠핑을 갔다가 문득 이런 생각이 들었다고 한다.

'여행은 새롭고 색다른 공간에서 하는 또 하나의 훈육이다.'

집에서든 밖에서든 정말로 자유로운 시간을 가지다 보면 늘 의무만을 강조하는 엄격한 부모라는 느낌을 줄일 수 있다. 아무데도 갈 곳이 없으니 아이들을 자동차로 질질 끌고 갈 일도 없다. 그러면 당신에게는 "자, 휴가 때 뭘 할지 각자 하나씩 골라!"가 아니라, 진정으로 아이와 함께 결정을 내릴 기회가 주어진다. 완전히 자유로운 스케줄 속에서는 모두가 가볍게 의견을 낼 수 있다. 해터웨이는 이렇게 말했다.

"우리는 식사 계획도 미리 세우지 않았어요. 식사 시간이 닥쳤을 때 어디서 뭘 먹을지를 결정했죠. 조조 영화도 자주 보러갔고요."

'해야 한다'가 줄어들면 모두가 느긋하게 즐길 수 있게 된다. 당신의 집에서, 휴가지에서, 또는 친척 집에서 정해진 계획 없이 함께 시간을 보내는 건 연습이 필요한 일이다. 특히 아이들의 미디어 시청이 제한되어 있어 '지루해진' 아이들이 쉽게 출구를 찾지 못하는 경우, 형제자매가 늘 경쟁 관계에 있는 경우에는 자유 시간이 더 힘들게 느껴질 수 있다. 만약 그렇다 해도 충분한 자유 시간은 꼭 필요하다. 특히 아이들이 스스로 재미있는 일을 찾고 스스로 배를 채우고 자기들끼리 밖에 나갈 수 있을 정도로 컸다면 그런 시간은 더욱 중요하다. 아마 당신도 그 시간을 간절히 기다리게 될 것이다. '아무것도 하지 않는 날'은 완벽한 휴가를 만들어줄 것이다. 우리를 포함한 많은 가족이 휴가 일정에 정해진 계획 없는 자유 시간을 꼭 포함시키며, 호텔이나 숙소도 갑작스런 계획 변경이 가능한 곳으로 고른다.

나의 웹 사이트 제작을 도와준 조지프 힌슨Joseph Hinson은 버지니아 주에서 세 아이를 키우는 아빠다. 그들 부부는 여름휴가 동안 스케줄 없는 자유로운 시간을 계획했다. 한 달 동안 미국 동부 해안을 따라 캠핑카를 타고 다녔는데, 캠핑 장소 말고는 별다른 계획을 세우지 않았다.

"우리는 곰도 보고, 폭포 아래를 걷고, 물놀이, 자전거 타기를 하며 세상과 상호작용했어요. 정말 놀라운 경험이었죠. 그런 경험을 한 이후에 정상적인 삶으로 돌아오기란 정말 어려웠어요."

지금도 그들은 주말과 오후를 빽빽한 스케줄로 채우지 않고, 여름휴가에서의 자유로운 기분과 유대감을 일상에서도 느끼기 위해 노력하고 있다. 친구들과 함께 시간을 보내기도 하지만 매주 '가족과의 시간'을 꼭 남겨둔다.

"주말이면 집에서 한 시간 거리에 있는 아름다운 장소에 가거나 마당에 프로젝터를 틀어놓고 아침에 먹다 남은 음식을 저녁 식사로 먹기도 해요. 그저 살아지는 대로 사는 게 아니라 우리의 의지대로 산다고 느끼고 싶어요."

계획을 짜더라도 기꺼이 수정할 수만 있다면 비정형화된 시간을 보낼 수 있다. 버지니아 주 윈체스터에 사는 루스 라우Ruth Rau는 두 아들과 몇 번의 휴가를 보내고 난 뒤 느긋해지는 법을 배웠다고 한다.

"너무 많은 곳을 가려 하지 않았고, 바꿀 수 없는 계획은 세우지 않았어요."

한번은 친구네 집에서 여름휴가를 보내다가 함께 동물원에 가는데 도중에 모형 기차 전시회가 열린다는 표지판을 보게 됐다고 한다.

"아이들 모두 기차를 보고 싶어 했어요. 그래서 동물원 가는 건 취소하고 모형 기차 전시장을 산책하며 한가롭고 사랑스러운 시간을 보냈어요. 지역 주민들과 이야기도 나누었고, 나중에는 예쁜 커피숍을 발견해 잔디밭에서 피크닉도 즐겼죠."

그는 아이들이 1년이 지난 지금도 그날에 대해 이야기한다고 하며 이렇게 말했다.

"저도 아이들과 함께 삶을 탐험하던 그 달콤한 순간을 아직도 기억해요."

'덜 하기'의 편안함에 어느 정도 익숙해졌다면 다음에는 휴가든 여름방학이든 휴일이든 그 시간의 진정한 목표에 대해 생각해보라. '그랜드 캐년 가보기'나 '추수감사절 축하하기'는 진정한 목표가 아니다. 팔랏코는 이렇게 말했다.

"일단 집을 벗어나는 것이 중요합니다. 그러면 모두 함께 뭔가 기억에 남을 만한 일을 하려고 노력하게 되니, 평소보다 훨씬 즐겁게 노는 법을 찾아낼 수 있어요."

주변 지인들을 통해 내가 매번 느끼는 것은 좋은 시간에 대한 기억을 공유하는 형제들일수록 일상적인 다툼을 쉽게 극복한다는 사실이다. 가족끼리의 휴일이나 휴가는 그런 좋은 기억이 만들어질 수 있는 절호의 기회다. 팔랏코는 말했다.

"저에게 휴가란 억지로라도 가족들과 함께 있는 것입니다. 그 시간을 통해 우리가 서로를 애초에 왜 좋아했는지를 기억할 수 있으니까요."

휴가 등의 가족 행사에 대한 기대를 충분히 낮추었는데도 여전히 압박감이 계속된다면 당신을 더 행복하게 해줄 실용적인 방법들이 있다. 이런 큰 행사들은 나중에 아이들이 갖게 될 기억이나 가족의 전통을 상징하기도 하지만, 단순하게 보면 우리의 지갑 사정과 해야 할 일들, 가족들의 성향에 맞게 이루어져야 하는 경험이기도 하다. 따라서 여러 가족들의 조언에 따라 적절히 연습하다 보면 더 좋은 휴가, 휴일, 생일을 보낼 수 있다.

비행기, 기차, 자동차: 떠나는 가족

휴가를 위해 짐을 싸 집을 떠나야 할 때 조금의 스트레스도 받지 않고 신나기만 하는 부모는 드물 것이다. 스트레스에 완전히 사로잡혀버리는 사람도 많다. 기억할 것, 계획할 것, 챙길 것이 너무 많기 때문이다. 과연 이 모든 걸 잘 챙겨서 네 번의 비행과 자동차 렌탈을 거쳐 서로 다른 주에 있는 두 개의 호텔에서 무사히 묵을 수 있을까?

아이들에게 더 많이 기대하라

내 아이들이 네 살, 다섯 살, 여덟 살일 때 남편과 친정어머니, 아이들과 함께 중국으로 여행을 떠났다. 막내 딸을 입양하기 위해서였다. 그런데 우리가 베이징에 도착하고 4일째 되던 날, 중국 정부는 우리를 격리시켰다. H1N1 독감 바이러스 확산을 막기 위한 조치였다. 그들은 남편을 병원에 입원시키고 친정어머니와 세 아이, 그리고 나를 격리 시설로 옮겼다. 호화 호텔이었던 그곳은 몇 년 동안 폐쇄된 상태로 방치되어서 벽에는 구멍이 숭숭 뚫려 있었고, 곰팡내가 풍겼다. 공무원들이 호텔 운영을 맡았는데, 영어를 할 줄 아는 사람은 한 명밖에 없었다. 낮 기온은 32도를 웃돌았다. 에어컨은 작동하지 않았고, 놀거리라고는 배드민턴 그물 하나와 오랫동안 쓰지 않은 분수대뿐이었다. 거기에는 비단잉어가 가득했는데, 몇 마리는 배를 드러낸 채 둥둥 떠 있었다. 하루 세 번 중국 음식이 뷔페식으로 제공되었지만 아이들이 먹을 만한 메뉴는 별로 없었다.

이런 상황은 누구나 꿈꾸는 이상적인 휴가 시나리오와는 거리가 멀다. 하지만 이제 와서 돌아보니 가장 분명한 것은, 내가 아이들과 여행을 떠나기 직전에 늘 걱정하며 불안해하던 그 모든 것이 사실은 그리 큰일이 아니었다는 사실이다. 간식이 없는 것도, 음식이 익숙하지 않은 것도 별 문제가 되지 않았다(먹을 것이 별로 없으니 아이들은 오히려 일주일 내내 뭐든지 주는 대로 잘 먹었다. 아이들의 식습관에 대한 시각이 바뀌는 순간이었다). 텔레비전이나 비디오 게임을 거의 접할 수 없는 것도 마찬가지였다(이 때는 태블릿이 나오기 한두 해 전이었다). 너무 덥고 지루하긴 했지만 덥고 지루해 본 적이 없는 사람이 어디 있겠는가? 너무나도 비현실적인 한 주였고, 여러 가지로 두려웠던 건 사실이지만 생각보다 그렇게까지 끔찍한 재앙은 아니었다. 중국 정부가 내 아이들을 없애버리지는 않을 것이고, 결국에는 우리를 풀어줄 것이므로 그렇게 나쁘지만은 않았다. 정부 격리 시설에서 완벽과는 거리가 먼 휴가를 보낼 사람은 별로 없겠지만, 설사 그 정도로 두려운 상황에서도 아이들은 우리가 생각하는 것보다 훨씬 더 잘 견딜 수 있다. 아이들이 매 순간 신나야만 하는 건 아니다. 매 끼니를 맛있게 먹어야 하는 것도 아니다. 얼마 동안은(몇 시간, 심지어 며칠은) 사랑하는 사람을 위해 즐겁지 않은 일을 하며 시간을 보낼 수도 있다. 두 살배기를 데리고 막히는 도로 위에서 여섯 시간을 보내야 하는 상황은 그 무엇으로도 쉽게 해결되지 않을 것이다. 하지만 아이가 어느 정도 컸다면 누가 봐도 끔찍한 상황을 평소보다 훨씬 더 잘 견뎌낼 것이다. 힘든 상황을 어떻게 해결하려고 하는지 당신의 계획을 미리 아이들에게 말하라. 어떻게 하면 상황을 해결할 수 있을지 생각해보고, 더 악화시키지 않도록 아이들에게도 당부하라.

아이들에게 도움을 받아라

휴가가 우리를 행복하게 하지 못하는 또 하나의 이유는 할 일이 너무 많아지기 때문이다. 휴가 준비를 할 때면 '누구든 딱 한 가지만 나 대신 해준다면 훨씬 쉬울 텐데'라는 생각이 든다. 계획을 짜고 짐을 싸고 휴가 전체를 통솔하는 건 기쁨이 아니라 하나의 일처럼 느껴질 수 있다. 만약 배우자와 함께 여행한다면 부담이 어느 정도는 줄어들겠지만 여전히 준비할 것은 많다. 아이들도 몇 가지는 맡을 수 있다. 심지어 아주 어린아이라도 다음과 같은 목록을 건네 줄 수는 있다.

'속옷 다섯 벌, 티셔츠와 바지 각각 세 벌.'

아이가 챙겨놓은 짐을 당신이 다시 고쳐 쌀 계획이라 해도 괜찮다. 아니면 아이들에게 가져갈 책을 고르게 하거나 크레파스를 챙기라고 부탁할 수도 있다. 아마 그리 큰 도움이 되지는 못하겠지만 그 자체가 아이들에게는 배움이다. 일곱 살 정도 된 아이는 챙길 물건 목록을 써주면 당신이 다시 봐준다는 전제하에 여행 동안 입을 자신의 옷가지를 챙길 수 있어야 한다. 열 살이 되면 아이 스스로 가방을 쌀 수 있어야 한다. 물론 아이가 가장 좋아하는 구멍 난 트레이닝 바지를 챙겨 넣지 않았는지는 확인해야 한다. 열세 살이 되면 아이는 거기서 며칠을 머물 건지, 무엇을 할 건지를 생각해 스스로 필요한 물건 목록을 짜고 짐을 챙길 수 있어야 한다.

가능하다면(예를 들어 친척 집에 놀러가는 경우라면) 아이가 챙긴 물건을 점검하지 마라. 수영복을 깜빡했다면 사촌에게 빌리게 하고, 속옷을 깜빡했다면 속옷 가게에 가서 속옷을 사게 하라. 아이를 너무 혼낼 필요는 없다. 짐 싸기는 유용한 생존 기술이다.

브루스 파일러는 여행 계획을 세우는 것도 아이들에게 맡기라고 말한다. 어디를 갈지, 무엇을 할지를 아이들이 직접 생각하게 하고, 세세한 계획을 짜게 하라. 아이들이 컸다면 직접 문의를 하거나 예약을 하게 해도 좋다. 어린아이라면 공항 게이트 찾기를 비롯해 아주 구체적인 일, 예컨대 미니 골프장 찾기 등을 맡길 수 있다. 아이들에게 무엇부터 시작해야 하는지를 알려주고 한 발 물러서서 기다려라.

아이들이 여행 준비에 참여하면 여행 내내 온 가족이 한 팀이 되어 움직일 수 있고, 아이는 여행에 대한 걱정 대신 자신이 어느 정도는 통제력을 가지고 있다는 느낌을 가질 수 있다. 또한 아이들의 '도움'이 진짜 도움이 될 때 아이의 적극적인 참여는 가족 여행에 큰 기쁨을 준다. 온 가족이 협력한다는 느낌 때문이기도 하지만, 무엇보다도 이제는 더 이상 여러 명의 짐을 당신 혼자 싸지 않아도 되기 때문이다.

뭐든지 돌아가면서 하라

여행을 계획할 때 최대한 모두의 관심사를 고려하는 것이 좋다. 가족 중 한 사람에게 특히 중요한 것들을 '차례차례' 하는 것이다. 나는 서점을 좋아한다. 막내딸은 사탕 가게를 좋아한다. 그러니 설탕 반죽을 늘려 사탕 만드는 모습을 넋 놓고 바라보는 딸에게 아직 끝나려면 멀었는지 물어보는 건 공정한 일이다.

행복한 휴가를 즐기기 위해 가족들이 서로 양보해야 하는 지점은 또 있다. 뉴욕 주에서 두 딸을 키우는 정신분석학자이자 저술가인 클라우디아 루이즈Claudia Luiz는 이렇게 말했다.

"우리 솔직해집시다. 모든 가족이 휴가 내내 행복하거나, 차분하고 어른스럽게 행동하기란 현실적으로 불가능합니다."

그건 부모도 마찬가지다. 루이즈가 제시하는 해법은 다음과 같다. “차례차례 불행하기. 여기서 불행이란 짜증스러움, 화남, 슬픔, 좌절감, 불만 등의 모든 부정적인 감정을 포함합니다.”

그걸 어떻게 하느냐고? 상상해보라. 머리를 땋아달라고 졸라대는 딸 때문에 엄마는 정신없이 빗을 찾아 돌아다니고 있다. 친정 부모님과 호텔 로비에서 만나기로 한 시간까지는 단 3분밖에 남지 않았다.

‘내가 왜 휴가 내내 온갖 물건을 찾아 헤매느라 시간을 다 보내야 해?’

엄마는 쿵쿵거리며 여기저기를 돌아다니고 있고, 다른 가족들에게는 선택권이 있다. 합류하거나(내가 잃어버렸어? 아, 진짜! 왜 별것도 아닌 일로 난리야!), 지금은 그녀의 ‘차례’이므로 아무 말도 하지 않고 빗 찾는 걸 돕거나. 내가 그 안에 들어갈 필요는 없다는 휴가 기간 동안 간헐적으로 우리를 사로잡을 수 있는 기분이나 성질에도 적용된다.

한 아이가 아이스크림을 바닥에 떨어뜨리는 바람에 감정적 파국을 경험하고 있을 때 다른 형제는 그 아이가 아무리 비난(네가 밀어서 떨어졌잖아!)해도 그냥 넘어가기로 선택할 수 있고, 부모는 아이스크림을 다시 사달라며 소리 지르는 아이와 누구 목소리가 더 큰지 시합을 벌이지 않기로 결정할 수 있다. 아무리 기대를 내려놓는다 해도 휴가 기간에는 스트레스를 받을 수 있다. 부모들은 휴가를 제대로 마칠 때까지 걱정거리가 많고, 아이들은(특히 짜인 스케줄에만 익숙한 아이는) 익숙한 환경에 있지 않기 때문이다. 루이즈는 이렇게 말했다.

“제일 힘든 건 그런 불만과 갈등이 전염성이 아주 높다는 겁니다.”

부모들은 즐거워야 할 휴가지에서 아이가 불행해하는 모습을 지켜보기가 힘들다.

"너무 피곤할 때는 모두 한꺼번에 기분이 나빠지는 경우도 아주 많습니다."

만약 그런 일이 벌어졌는데 당신은 차례를 지키기로 결심했다면 지금은 다른 가족들이 심술을 부릴 차례라고 인정하고 넘어갈 수 있다. 그렇게 당신이 차분하고 기분 좋은 상태를 유지할 수 있다면 같은 감정이 아이들에게도 전해질지 모른다.

여기서 한 가지 기억해야 할 것이 있다. 이렇게 차례를 지키는 것이 반드시 모두에게 공평하지만은 않으리라는 사실이다. 어떤 아이에게는 심술을 낼 '차례'가 불가피하게 더 많이 필요하다. 우리 아이들도 몇 년 동안이나 그랬다. 우리 집 막내딸은 여행을 좋아하지 않는다. 테마파크든 미술관이든 상관없이 매번 불만거리가 생겼다. 우리는 매우 오랫동안 막내딸과 싸웠다. 하지만 모두 함께 몇 년 동안 꾸준히 노력한 결과, 이제 열두 살이 된 막내딸은 스스로의 단점을 알게 됐고, 화가 날 법한 일이 있어도 종종 그냥 넘어갈 수 있게 됐다. 물론 온 가족이 '우리도 네가 힘들다는 걸 알아. 그러니 우리도 도울게'라는 메시지를 계속해서 줘야 했다. 언니, 오빠들은 막내의 감정에 휩쓸려봐야 좋을 게 없다는 사실을 배웠다. 물론 그 아이들도 막내의 감정이 즐거운 휴가를 망치고 있다며 화를 내기도 했지만 그 정도는 정당하다고 생각한다. 이제 우리는 새로운 상황이 닥쳐도 잘 해결할 수 있다.

인출을 하려면 저축부터 하라

이 훌륭한 조언은 위스콘신 주 매디슨에 사는 작가이자 예술가이자 연설가인 제이슨 코테키Jason Kotecki가 한 것이다.

"제 아내와 저는 그다지 좋아하지 않는 일들(예컨대 호텔 침대로 직행하고 싶은데 호텔 수영장에 가는 것)도 기꺼이 합니다. 그래야 우리도 아이들에게 그들이 별로 좋아하지 않는 일(예컨대 식당에서 얌전히 음식 기다리기)을 부탁할 수 있으니까요. 아이들에게 계속 요구하기만 하면서 모든 일이 수월하게 돌아가기를 바랄 수는 없습니다."

여기서 핵심은 아이가 어릴수록 '먼저' 하게 해주는 것이다. 어린 아이에게는 그 어떤 것이든 기다려야 한다는 것 자체가 매우 힘들다. 아이들은 여행을 하느라 익숙하지 않은 것들을 받아들이고, 가만히 앉아서 기다리고, 이상한 곳에서 낮잠을 자면서 인내심이 바닥났을지도 모른다. 그런 아이들의 욕구를 충족시키는 활동을 가장 먼저 하기로 계획해야 장기간 여행을 더욱 성공적으로 만들 수 있다. 코테키는 이렇게 말했다.

"같은 이치로 부모들도 모든 시간을 아이들의 비위만 맞추면서 보내서는 안 됩니다. 인출도 분명히 거래의 일부이니까요."

어른들도 즐거워야 한다

힐튼 인터내셔널이 진행한 설문조사 결과에 따르면 자녀와 함께 여행하는 부모들의 과반수가 아이들의 행복을 최우선순위로 둔다고 한다. 그래서는 안 된다. 어른들도 휴가지에서는 하고 싶은 걸 하고 보고 싶은 걸 봐야 한다. 그러니 '모나리자' 그림을 보기 위해 줄을 서서 기다려야 한다면, 아이들도 응당 그래야 한다. 휴가 계획을 짤 때 부모와 자녀의 관심사를 모두 감안하는 부모가 휴가지에서 가장 행복하다. 런던 여행이 온통 해리포터에 관한 것일 필요는 없다. 가족 휴가를 매번 디즈니랜드로 가야만 하는 것도 아니다.

가장 하고 싶은 다섯 가지를 생각하라

휴가 계획을 세울 때 가이드북에 나오는 '꼭 가봐야 할 곳 베스트 10'에 얼마나 많이 의존하는가? 아니면 '아이와 함께 가기 좋은 곳 베스트 10'은 어떤가? 참고하기에는 정말 좋은 정보이지만 그 '베스트 10'이 당신의 개인적인 우선순위와 딱 맞아떨어지지는 않을 것이다. 나는 자라면서 아버지와 여행을 많이 했다. 기차를 광적으로 좋아한 아버지로 인해 우리의 여행에는 늘 지역 철도와 운송 박물관, 아름다운 경치를 감상할 수 있는 풍경 열차가 포함되었다. 내 친구 중 한 명은 로마 유적지와 화석 채집 지역, 자연 온천만 찾아다니고, 내 남편은 어디를 가든 꼭 자전거를 탄다. 우리 아이들은 그 지역에서만 판매하는 특별한 사탕이 있으면 사탕 가게를 무조건 들른다. 또한 우리는 여행을 떠나기 전에 아이들에게 가이드북을 건네며 정말로 가고 싶은 곳이 있는지 골라보라고 한다. 아이들은 정말 특별한 곳을 고르기도 하지만 정말 어디에서나 볼 수 있는 곳을 고르기도 한다. 그래도 괜찮다.

당신이 휴가 때 정말로 하고 싶은 것이 무엇인지 신중하게 생각해보라. 내가 가장 하고 싶은 다섯 가지는 다음과 같다.

- 먹기
- 지역 마트나 로컬푸드 직매장 방문하기, 요리 수업 듣기
- '시간 여행'을 할 수 있는 전시회장 방문하기
- 길거리 산책, 오솔길 걷기
- 지역 서점에서 그 지역 인물의 자서전 구매하기

뭔가가 빠진 것 같다고? 미술관 관람하기나 높은 건물 꼭대기에서 경치 감상하기 등은 대부분의 사람이 좋아하지만 나는 아니다. 물론 내 아이들은 아주 좋아한다. 쇼핑, 공연 관람, 카지노, 술집도 마찬가지다. 그렇다고 싫어한다는 건 아니다. 함께하는 누군가가 정말로 좋아한다면 나도 즐겁다. 하지만 만약 내가 '나는 엠파이어 스테이트 빌딩 꼭대기에 올라가 뉴욕 시 전체를 감상해야만 해!'라는 잘못된 의무감에 사로잡혀 그것들을 목록에 올린다면 나는 '휴가'라는 단어의 의미를 잘못 이해한 것이다. 자기만의 길을 가라.

휴가 계획을 짤 때 당신이 정말 바라는 것들을 포함시켜야만 다른 가족들이 좋아하는 활동도 기꺼이 할 수 있다. 그 반대도 마찬가지다.

현명하게 지출하라

본전 찾기에 집착하지 마라. 많은 부모에게는 조금 짧더라도 편안한 휴가가 지출과 휴가 기간을 최대한으로 늘리는 것보다 행복할 지도 모른다. 플로리다 주 잭슨빌에 사는 웹디자이너이자 두 아이의 엄마인 애슐리 크로스먼 하크라마Ashley Crossman Hakrama는 이렇게 말했다.

"스위트룸은 비싸도 그만한 가치가 있어요. 아이들이 잘 수 있는 방이 하나 더 있어야 밤에도 즐길 수 있죠. 휴가가 그런 거 아닌가요? 한번은 남편과 함께 화장실에서 영화를 본 적도 있어요. 자고 있는 아이들을 깨우고 싶지 않았거든요. 저는 하루 더 일찍 집에 돌아오더라도 더 좋은 방에서 묵는 걸 택하겠어요."

캐나다에 사는 세 아이의 엄마 케이샤 블레어Keisha Blair는 하크라마와 정확히 똑같은 말을 하더니 이렇게 덧붙였다.

"휴가지에서 부부 관계가 빠질 수는 없잖아요?"

당신에게 무엇이 가치 있는지를 잘 생각하라. 아침에 타는 기차는 온 가족에게 즐겁고 신나는 일이다. 숙소로 가는 길에 택시비로 꽤 많은 돈을 쓰더라도 그만한 가치가 있다. 우리 가족은 시간이 많지 않은 한, 멀리 가는 여행은 잘 하지 않는다. 장거리 비행이 '그만한 가치가 있으려면' 최소한 그곳에서 일주일은 머물러야 한다고 생각하기 때문이다. 하지만 지난해 우리는 친구들과 영국에서 긴 주말을 보내기로 했다. 바보짓이라는 생각도 들었다. 겨우 3일 반을 위해 비행기 표를 사고 총 열두 시간을 비행기에서 보내는 사람이 어디 있단 말인가? 하지만 그 여행은 지금까지 한 가족 여행 중에서 손꼽히는 즐거운 여행이 되었다. 여행을 좋아하는 아이들은 우리가 그렇게 훌쩍 떠날 수 있다는 것 자체를 즐거워했고, 여행을 싫어하는 우리의 희생자는 며칠만 있으면 집으로 돌아올 수 있다는 사실에 안도했다. 짧은 여행이었기 때문에 과도한 계획을 세우지도 않았다. 쓴 돈에 비해 우리가 얻은 큰 기쁨을 생각하면 그건 완전 대박 할인 상품이나 마찬가지였다.

자연을 몸에 맡겨라

많은 부모가 자연과 야외 체험 활동을 휴가 계획에 포함시키지만 특별한 활동을 하거나(보트 타기, 낙타 타기 등) 무언가(바다, 협곡 등)를 보는 데에만 집중하는 경우가 많다. 그저 밖에 있으면서 저녁때까지 해변을 거닐거나, 두 시간도 채 안 걸리는 산책로를 네 시간 동안 여유롭게 걷거나, 아이들이 솔방울과 돌멩이를 잔뜩 모아 뭔가 해볼 수 있을 만큼 오랫동안 공원 벤치에 앉아서 기다려주는 시간을 계획하는 부모는 별로 없다.

하지만 자연과 가까이에 있으면 우리는 더 행복해진다. 이 주제에 대한 연구 결과도 상당히 많다. 사람들은 유칼립투스 나무를 10분 동안 바라보고 있으면 더욱 관대해지고, 바다와 가까이에 있으면 더 행복해진다. 자연에서 며칠 동안 머물면 창의력과 집중력이 증가하고, 과잉 행동과 공격성이 줄어든다. 숲에 잠깐 발을 들여놓는 것만으로도 많은 이득을 볼 수 있지만 오랫동안 머물면 훨씬 더 좋다. 옐로스톤 국립공원을 찾는 방문객들은 대부분 포장된 길을 벗어나지 않는다(심지어 차에서 내리지 않는 사람들도 있다). 그러나 짧은 산책만으로도 당신은 사람들에게서 벗어날 수 있고, 오랫동안 머물면 아이들이 자연을 탐험하는 동안 당신은 마음껏 초록을 흡수할 수 있다.

미디어 사용, 미리 정하고 그대로 하라

우리는 매년 똑같은 해변 호텔에서 휴가를 보낸다. 그곳에 있는 동안 우리는 늘 비슷한 장소에 가고 비슷한 일들을 한다. 첫째 아들이 네 살이었을 때부터 계속해온 일이다. 하지만 시간이 흐르면서 아이들은 점점 달라졌고, 기술 또한 빠르게 발달했다.

매년 나는 똑같은 실수를 한다. 끝없이 늘어나는 미디어 기기 노출에 어떻게 대처할 건지를 휴가를 떠나기 전에 미리 결정하지 않고 그저 흘러가는 대로 내버려두려고 하는 것이다. 하지만 우리 부부는 수영장 옆에서 책을 읽고, 아이들은 미디어 기기를 만지작거리는 일이 하루 종일 반복되다 보면 잔소리가 튀어나오고 만다.

이럴 때는 차라리 계획을 세워놓고 그대로 따르는 것이 훨씬 낫다. 어떻게 할지 정하고 그대로 하라. 코테키는 영상 시청과 비디오 게임을 자동차 장거리 여행이나 비행기 여행에서만 할 수 있는 특별한 일로 만들었다고 한다.

"휴가를 떠날 때면 미디어 기기에 아이들을 위한 최신 애플리케이션을 깔아둡니다. 어떤 건 교육적이고 어떤 건 그냥 재미를 위한 것이죠."

여행하는 동안 미디어 기기 사용을 허락하면서도 일부러 와이파이가 안 되는 지역을 찾아다니는 부모들도 있다. 또는 아이들이 집에서처럼 친구와 연락하고 게임을 하느라 가족과 함께하는 시간을 망칠까봐 여행지에 도착하자마자 스마트폰 사용을 금지하는 부모도 있다. 어떤 엄마는 이렇게 불평했다.

"아이들을 디즈니랜드에 데리고 갔었는데, 이럴 거면 아이패드와 함께 집에 있는 편이 나았겠다는 생각이 들더군요."

그럴 때는 가족과 함께하는 시간과 미디어 기기 사용 사이에 적절한 균형을 유지하기가 너무 힘들어 그냥 아예 금지해버리는 편이 쉽다고 느껴질 수도 있다.

《디지털 시대 사적 연결Personal Connections in the Digital Age》의 저자이자 마이크로소프트의 선임 연구원인 낸시 K. 베임Nancy K. Baym은 단지 '스마트폰에 붙어사는' 아이가 꼴 보기 싫다는 이유만으로 아무 사전 논의도 없이 스마트폰 사용을 제한하고 싶은 마음이 든다면 그 욕구를 억눌러야 한다고 말한다. 그렇다면 그녀가 제안하는 모두를 위한 타협점은 무엇일까? 자녀에게 휴가로부터 얻고 싶은 것이 무엇인지를 묻고, 그 목표를 달성하는 데 스마트폰이 도움이 될 것인지에 대한 대화를 나누어라. 소셜 미디어에 사진을 공유하는 건? 그거라면 아마 당신도 아이와 똑같이 행동하고 있을 것이다. 그러므로 이번 기회를 통해 친구가 휴가지의 사진을 소셜 미디어에 올렸을 때 어떤 기분이 들었는지, 어느 정도가 적절한 포스팅인지 등에 대해 아이와 대화를 나눠보자. 친구와의 문자 메시지는? 밤에는 할 수 있지만 하루 종일 하기는 힘들 거라고 친구들에게 미리 말해 두게 하는 것이 좋겠다.

베임은 10대 역시 우리만큼이나 인터넷 없이 보내는 시간에 관심이 많다고 말한다. 하지만 아이들이 우리와 똑같은 경험을 원한다고 마음대로 추측할 수는 없다. 그러므로 제한을 두기 전에 아이들에게 스마트폰 사용 제한에 동의하는지부터 물어봐야 한다. 하지만 당신이 휴가지에 데려가려는 아이는 집에 있는 바로 그 아이이다. 휴가 때가 아니더라도 미디어 기기 사용이 문제가 되거나 지속적인 다툼의 원인이 되고 있었다면 풍경이 변한다고 해서 그 문제가 사라질 가능성은 적다. 그러니 휴가지에서 갑자기 스마트폰을 빼앗아 전쟁을 시작하지 말고, 되도록 떠나기 전에 합리적인 타협점을 찾아라.

10대 자녀에게 휴가 때만큼은 매일같이 하는 이 싸움에서 자유롭고 싶다고 말하고, 새로운 방법을 찾아보라. 어른들을 포함해 모두가 미디어 기기로부터 자유로운 시간과 스마트폰 사용에 대해 아무 잔소리도 하지 않는 시간을 만들어보는 건 어떨까? 이쯤에서 어린아이를 둔 부모들은 겁이 날 것이다. 하지만 너무 걱정할 필요는 없다. 이 모든 것이 당신의 필연적인 미래는 아니다. 많은 10대가 휴가 기간이든 평소에든 합리적이고 책임감 있게 미디어 기기를 사용한다.

나이 장벽을 무시하지 마라

당신의 아이는 자랄 것이다. 그리고 언젠가는 당신이 아이에게 전해주려 했던 여행의 가치를 이해하게 될 것이다. 리조트에 있는 어린이 놀이터도, 등산도, 배 타기도 즐길 수 있게 될 것이다. 그건 당신도 마찬가지다. 아이가 클수록 아이들을 즐겁게 해주기 위해 노력할 필요가 없고, 아이가 그랜드 캐년 절벽 아래로 떨어지지 않도록 계속 신경 쓰지 않아도 되기 때문이다. 특정 활동에 나이 제한이 있는 데는 다 이유가 있다. 너무 어린 아이는 아무리 발달이 빨라도 그런 경험을 제대로 즐기기가 힘들다. 벌써 다 컸다고 생각하지 말고, 어린아이는 어리게 두자.

우리도 세 살이던 첫째를 데리고 디즈니월드에 간 적이 있다. 하지만 아이는 너무 어려서 놀이기구를 탈 수 없었고, 특이한 분장을 한 사람들이나 불꽃놀이를 보면 소리만 질러댔다. 아이가 가장 좋아했던 건 어디서나 볼 수 있는 평범한 놀이터였다.

당신의 소중한 시간과 돈을 이런 식으로 써서는 안 된다. 아이의 나이에 맞는 일들을 하거나 차라리 돈을 지불하고 아이를 베이비시터에게 맡겨라. 그러면 하다못해 호텔에 가서 편하게 잠이라도 잘 수 있을 것이다. 아이와 함께 가고 싶은 곳은 아이가 그 활동을 즐길 준비가 되었을 때를 위해 아껴두어라.

프로처럼 계획하라

당신의 가족에 대해 당신만큼 잘 아는 사람은 없다.

'아기 기저귀가 샐 수도 있다는 걸 안다면 기저귀 가방을 싸라.'

이는 코테키의 조언이다. 큼직한 가방에 휴지, 기저귀, 물티슈, 수건, 깨끗한 옷까지 꼼꼼하게 챙겨야 할 것이다. 나는 우리 아이가 앞뒤 가리지 않고 혼자 잘 돌아다닌다는 것을 알고 있다. 그래서 더 어렸을 때는 아이의 팔이나 옷에 늘 연락처를 써두었고, 지금까지도 아빠, 엄마가 안 보일 때 어떻게 행동해야 하는지를 아주 구체적으로 알려준다.

혈당이 떨어질 때를 대비해 간식을 챙기고, 시끄러운 군중 속에서 자기만의 공간이 필요한 아이를 위해서는 헤드폰을, 혼자 달려다니다 무릎이 까질 아이를 위해서는 반창고를 챙겨라. 놀러갔다가 급한 일이 생겼을 때 들를 수 있는 아이스크림 가게나 커피숍을 최소한 세 군데 이상 알아두고, 박물관의 고요함을 견디지 못할 아이를 데리고 갈 수 있는 가까운 공원도 찾아두어라. 즉흥적인 즐거움을 추구하는 것과 안이한 태도는 전혀 다르다. 집에 있을 때처럼 늘 준비된 상태를 유지하면 사소한 사건들 정도는 잘 이겨내며 여행을 할 수 있다.

명절의 괴로움

명절 가족 모임을 완벽하게 치르고 싶은가? 특별한 가족 행사에 깔끔하게 잘 차려입은 예의 바른 아이들을 데려가고 싶은가? 하지만 친척들까지 함께하는 휴일에는 유동적인 부분이 많고, 당신의 통제 범위 밖에 있는 일도 많다. 애초에 친척들부터가 우리의 통제 범위를 벗어난다.

앞서 휴가에 대한 당신의 이야기를 바꾸라고 말했는데, 그 조언은 상당 부분 여기에도 적용된다. 명절도 틀림없이 쌓인다. 앞으로도 명절은 충분히 반복될 것이고, 완전히 망했다 싶은 날도(물론 그 자체로도 좋은 기억이 될 수 있다) 결국은 만회할 수 있다. 하지만 여전히 명절에 대한 기대는 낮추고 즐거움은 더하고 싶다면 도움이 될 만한 한 가지 주문이 있다.

'당신은 혼자가 아니다.'

이 원칙은 실용적으로도, 감정적으로도 유용하다. 만약 물질적인 부분에서 어려움을 겪고 있다면, 예를 들어 많은 사람을 위해 요리를 하거나 할머니가 하셨던 것처럼 집을 꾸미거나 큰 야외 모임에서 여섯 살 미만의 아이 셋을 돌보기가 벅차다면 주변에 도움을 청할 수 있고, 또 그래야 한다. 여기서 도움이란 일을 대신 해준다는 뜻일 수도 있고, 식료품이나 와인값을 대신 지불해준다는 뜻일 수도 있다.

또한 만약 당신이 명절 때마다 "완전 망했어. 난 왜 이 모양이지?"라는 말만 반복하고 있다면, 바로 그 지점에서 '당신은 혼자가 아니다'가 효과를 발휘한다. 당신이(또는 아이가) 다른 누군가의 기대에 미치지 못하고 있어서 괴롭다면 그 다른 누군가(당신의 부모님이나 친척들, 심지어 당신의 아이일 수도 있다)의 기대가 너무 높은 걸 수도 있다.

내 남편은 유태인 집안에서 자랐고, 그의 고모와 삼촌은 여전히 율법을 지킨다. 그래서 한 끼 식사에 고기와 유제품을 함께 먹지 않는다. 추수감사절 모임이 우리 집에서 열릴 때면 나는 그 원칙을 정확히 지켜야 한다는 압박감에 시달리곤 했다. 그분들이 먹지 않는 음식을 대접할까봐, 요리가 서로 섞일까봐 너무 걱정스러웠다. 음식 재료 중에서 내가 모르는 또 다른 원칙에 어긋나는 것이 있지는 않은지 검색하고 또 검색했다.

몇 년을 그렇게 보내고 나서야 나는 내가 너무 애쓰고 있다는 걸 깨달았다. 남편의 고모와 삼촌은 가족 모임을 즐기고 싶어 했고, 모두가 즐겁기를 바랐다. 다시 말해 그분들은 내가 음식을 하느라 밤잠을 설치는 걸 바라지 않았다. 그렇다고 해서 내가 율법에 맞는 훌륭한 식사를 대접하고 싶지 않다는 뜻은 아니다. 하지만 이제는 안다. 그분들은 내가 실수를 하더라도 너무 괴로워하지 않기를 바랄 것이다. 모두가 즐거운 시간을 보내는 것이 성공적인 가족 모임이기 때문이다.

물론 모든 가족이 그렇게 생각하지 않을 수도 있다. 만약 그렇다면 남들은 어떻게 생각하든 당신이 즐거워질 수 있는 유일한 방법은 당신 스스로 기대를 낮추는 것뿐이다. 쉽지 않은 일이다. 평생 노력해야 할지도 모른다. 하지만 행복한 명절을 만든다는 부담이 전부 당신 몫이 아니라는 걸 알게 된다면 문제가 생기더라도 스스로 균형감을 지킬 수 있고, 나중에 자책하는 일도 줄어들 것이다.

생일은 더 잘 챙겨라

당신이 행복하지 않을 때 아이들이 행복하기는 어렵다. 휴가나 여행에서도 그렇지만, 나는 막내딸의 생일 파티를 준비하면서 그 사실을 더 절실히 느꼈다. 당시 열한 살이던 딸과 함께 반 친구들에게 나눠줄 컵케이크를 준비하다가 딸에게 학교에 가져갈 컵케이크가 어땠으면 좋겠는지 물었다. 아이는 이렇게 대답했다.

"그냥 내가 좋아하는 거였으면 좋겠어요. 그리고 다른 사람들도요. 딱딱한 건 싫어요. 그리고 너무 복잡하게 생기면 맛이 이상할 것 같고, 만드는 데 너무 오래 걸리면 스트레스를 받을 것 같아요. 엄마가 막 소리를 지를 수도 있으니까요. 그 날은 그냥 나를 위한 날이었으면 좋겠어요. 그러니까 나를 위한 날에 친구들과 함께 나눠 먹을 수 있는 거면 돼요. 아, 그리고 상자에 들어 있는 게 좋아요. 꺼내 먹기 편하니까요."

생일과 휴일이 당신에게도 즐겁고 재미있어야 다른 가족도 모두 행복해진다. 모든 것이 완벽해야만 훌륭한 생일 파티가 되는 건 아니다. 온 가족이 힘을 모으면 모두가 더 즐거워진다. 특히 아이들은 컵케이크가 조금 못생겼어도, 장식이 조금 어설퍼도 전혀 상관하지 않는다. 그 컵케이크를 본인이 직접 만들었다면 더더욱 그렇다.

생일 파티가 어설프게 준비됐을 때 부모가 아이처럼 마냥 즐겁기만 할 수는 없을지도 모른다. 자꾸만 남들의 생일 파티와 비교하게 되고, 사랑하는 아이가 우리에게 무엇을 기대하는지에 대해 상상의 나래를 펼치게 된다. 그게 정말인지 아닌지는 큰 상관이 없다. 여기에, 지난 생일에 대한 기억과 추억의 무게까지 더해지면 당신은 자기도 모르는 사이에 아이의 생일을 기대하기보다는 두려워하게 된다.

생일은 굉장히 사회적인 날이다. 반 친구들이 모두 자기 생일날 컵케이크를 나눠줬다는 건 사회적으로 큰 의미를 지닌다. 즉, 당신이 만약 아이 손에 컵케이크를 들려 보내지 않는다면 아이는 단순히 실망하는 것이 아니라 혼자만 눈에 띄게 된다는 뜻이다. 반 친구들이 하나같이 생일 파티를 열어 친구들을 전부 초대했다면 당신도 똑같이 해야 할 것만 같은 의무감을 느낄 것이다. 우리는 완벽함을 향해 달려가는 이 순환 고리에 갇혀버렸다.[3] 이에 대해서는 에마 케이시Emma Casey와 리디아 마르텐스Lydia Martens가 함께 출간한 대단히 학술적인 책《성과 소비Gender and Consumption》에도 자세히 묘사되어 있다.

> 생일 파티가 단지 부모와 자녀 관계의 표현으로써 이루어지는 경우는 드물다. 이제 생일 파티는 성별에 따라 이루어지는 사회적 행위로 일반화되었으며, 선물과 아이들이 뒤얽힌 복잡한 연결망이 상호 호혜적 관계 속에서 순환하고 있다. 물질문화, 사회적 관계, 상업주의와 결합된 생일 파티는 점점 더 정교해지고 무감각해졌으며, 이는 단순히 여성의 가사 노동이 확장된

것이라기보다는 아이를 돌보는 행위가 소비와 본질적으로 떼려야 뗄 수 없는 관계가 되어버린 현상을 적나라하게 보여 주는 증거다.

상호 호혜적 관계라니! 이 말을 듣고도 아이들에게 간단한 인스턴트 케이크나 만들어주고, 집 앞 잔디밭에서 눈싸움이나 하라고 말하고 싶은가? 이제는 '선물과 아이들의 복잡한 연결망이 순환하는' 모습을 기대하지 말고 다음 두 가지에 대해서만 생각하자. 그러면 당신은 더 행복해질 것이다.

첫째, 당신에게 주어진 한계는 무엇이고 중요한 가치는 무엇인가? 둘째, 당신의 자녀는 무엇을 원하는가? 물론 이 과정이 쉽지만은 않으리라는 것도 기억하기 바란다. 요즘에는 생일 축하가 딱 하루 동안만 이루어지지도 않는다. 반 친구들과, 가족들과, 특별히 친한 친구들과 함께 각각의 축하 파티가 열리기 때문이다. 미국에서 이건 새로운 일도 아니고 꼭 부유한 지역에서만 일어나는 일도 아니다. 나는 뉴욕 주의 노숙자 쉼터에 사는 한 엄마로부터 초등학교 3학년 자녀를 위해 생일 파티를 세 번이나 했다는 말을 들었다. 가족들과의 파티, 친구들과의 파티, 쉼터 공동체에서의 파티까지. 부모들은 우리 아이가 그 중요한 날에 특별하다는 기분을 느끼기를 바란다. 파티와 선물이 익숙한 규범이 되어버린 상황에서 그 추세를 거부하기란 쉽지 않을 것이다(하지만 그게 꼭 아이에게 안 좋은 영향을 주는 것도 아니다).

아이에게 네가 원하는 생일이란 어떤 것인지 물어보라. 세 살짜리 아이는 어쩌면 옆집 오빠, 언니와 함께 놀고 싶다고 말할지도 모른다. 누가 또 아는가? 그 영악해 보이는 열네 살짜리 여자아이와 우락부락하게 생긴 열일곱 살짜리 남자아이가 기꺼이 당신 집에 찾아와 한 시간 동안 숨바꼭질을 하며 아이와 재미있게 놀아줄지.

당신이 가진 강점과 가치, 예산을 염두에 두어라. 운이 좋다면 아이가 꿈꾸는 생일 파티는 아주 단순할지도 모른다. 하지만 만약 아이가 당신이 해줄 수 없는 것, 예를 들어 입장료가 너무 비싼 동물원에 가자고 하거나 집에서 두 시간 거리에 있어서 도저히 갈 엄두가 나지 않는 키즈 카페에 가고 싶다고 말한다면 거절해도 괜찮다. 아이는 당신이 해주지 않은 파티가 아니라 해준 파티를 기억할 것이다.

또한 '같은 반 친구들이 모두' 했다는 관행에 집착할 필요도 없다. 심지어 학교에서 그걸 추천한다 해도 상관없다. 만약 집에서 큰 파티를 여는 걸 좋아한다면 상관없지만 스무 명이 넘는 아이를 집에 초대한다는 상상만으로도 끔찍한 기분이 든다면, 하지 마라. 당신의 아이가 비슷한 파티에 여러 번 다녀왔다 해도 말이다. 어느 날 아이의 친구 엄마가 다가와 "우리 아레투사 생일에는 페넬라를 초대했는데 페넬라 엄마는 왜 생일 파티도 안 했대?"라고 말하고 엄마 모임 목록에서 당신의 이름을 지워버리면 어떻게 하냐고? 당신이 중요하게 여기는 사람은 아무도 그러지 않을 테고, 실제로도 그런 사람은 거의 없다. 대신 이렇게 생각하라.

'큰 파티를 여는 사람은 그저 큰 파티를 여는 것을 좋아하는 사람이다.'

대부분의 다른 엄마들은 당신이 나서서 기준을 낮춰준 것에 오히려 고마워할 것이다. 아이가 나중에 서운해할까봐 걱정된다면 작은 깜짝 파티 정도면 충분하다. 하지만 이것 역시 기억하라. 어느 순간 아이도 모든 아이가 모든 파티에 초대되는 건 아니라는 사실을 깨닫게 될 것이다.

결국 다 괜찮을 것이다. 상호 호혜적 시스템에 대한 아이의 믿음을 부추기지 말고, 당신의 아이 차례가 돌아왔을 때는 전에 누가 누구를 언제 초대했었는지에 대해 너무 고민하기보다는 아이가 초대하고 싶어 하는 친구를 초대하라. 만약 당신의 아이가 사회적으로 어려움을 겪고 있거나 특별한 도움을 필요로 하는 아이라서 친구들이 파티에 오지 않을까봐 걱정된다면 완전히 운에 맡기기보다는 초대할 아이들의 부모에게 미리 이야기를 해놓는 편이 좋다.

그 순간의 행복을 만끽하라

휴가, 명절, 생일까지 그 모든 순간은 좋은 것을 흡수하라를 실천할 수 있는 좋은 기회다. 혼란스러운 순간들도 있을 것이다. 당신의 어머니는 손녀를 전혀 이해하지 못하고, 당신의 아버지는 손자를 책임감이라고는 없는 멍청이라고 생각하는 곤란한 상황이 벌어질 수도 있다. 하지만 그게 바로 당신에게 주어진 것이다.

천둥 번개 속에서 하와이식 파티가 열리고, 채식주의자인 삼촌은 고기를 너무 좋아하는 시아주버니를 설득하고, 그 와중에 10대인 아이는 화장실 문을 걸어 잠근 채 친구와 문자 메시지를 주고받는다.

그렇게 모든 일이 완전히 망해버린 것처럼 보이는 순간들조차 실은 아무것도 잘못되지 않았다. 운이 좋다면 지나가다 들른 이름 모를 공원 벤치에서 나름대로 이런저런 일을 하는 가족들을 그저 기쁘게 바라보는 순간들이 찾아올 것이다. 그 모든 것이 당신의 기억이 될 것이며, 당신은 그 순간을 온전히 만끽할 수 있다.

이 책의 끝, 그리고 새로운 여정의 시작

내가 이 책을 쓰는 동안 '그리 놀랍지 않은 일'이 일어났다. 나는 더 행복해졌다. 약간 행복해진 정도가 아니라 많이 행복해졌다. 《세계에서 가장 행복한 덴마크 사람들》의 저자 헬렌 러셀Helen Russell은 덴마크를 여행하면서 만난 사람들에게 1~10점 사이에서 자신의 행복지수를 꼽아보라고 부탁했다. 그들의 답변은 놀라우리만큼 비슷했다. 모든 사람이 9점, 혹은 10점을 선택했다.

나는 여전히 두 발을 미국 땅에 단단히 딛고 있음에도 내 행복지수를 9~10점이라고 답하겠다. 전에는 6~7점 정도였던 것 같다. 나에게 어떤 일이 생긴다면 나는 더 행복해질 수도 있을 것이다. 하지만 더 이상 내가 할 수 있는 일은 없는 것 같다. 물론 내가 더 꾸준히, 더 잘할 수 있는 일들은 있다. 그러니 9점 정도가 적당하려나. 하지만 9점도 괜찮은 점수다. 아니, 아주 좋은 점수다. 이제는 짜증을 내고 실망하고 불만스러워하며 보내는 시간이 훨씬 줄어들었고, 대부분의 시간을 기분 좋은 평정 상태로 보낸다. 상황이 좋을 때면 그것을 인식하고, 사소한 일들은 그냥 흘려보낸다.

물론 애초에 그게 목표이긴 했지만 그래도 나의 이런 변화가 조금은 놀라웠다. 나는 내가 처음에는 꽤 행복하다고 생각했다. 몇 가지 문제점이 있다는 건 알았지만 내가 만들어낸 변화에 그렇게 큰 힘이 있으리라고는 생각하지 못했다.

내가 더 행복해진 데는 부수적인 이유들도 있을 것이다. 내 아이들은 많이 자랐다. 큰 아이들에게는 그만큼 큰 문제가 있게 마련이지만, 어쨌든 설거지거리는 줄어들었고 장거리 자동차 여행은 훨씬 수월해졌다. 또한 내가 이 책을 쓰기 위해 원래 하던 일을 잠시 접으면서 스케줄이 유연해지자, 살면서 자연스럽게 찾아오는 바쁜 시기도 더 잘 보낼 수 있게 되었다. 온 가족이 건강 검진을 받아야 할 때에도, 각종 병원에 가야 할 때에도, 아이들 모두 감기에 걸려 며칠, 혹은 몇 주 동안 학교에 가지 못할 때에도, 아이들의 학교나 학원에서 이런저런 행사에 참석해달라는 요구를 받을 때에도 이제는 여유가 있다. 그런 것들을 평가절하하려는 건 아니다. 하지만 내 생활이 달라지고, 지금 나에게 벌어지는 일에 대한 접근법이 달라지면서 내게는 정말 큰 변화가 생겨났다. 몇 가지는 가히 내 인생을 바꾸어놓았다고 할 만하다.

무엇이 달라졌냐고? 우선, 나는 좋은 시간의 가치를 이해한다. 나는 평범함을 기쁘게 누린다. 나는 이것이 삶이며, 이것이 우리가 선택한 가족임을 기억한다. 지금 우리는 그토록 바라던 것의 한가운데에 있음을 기억한다. 내가 서문에서 미셸 드 몽테뉴의 말을 소개한 것을 기억하는가?

"나의 삶은 불행으로 가득했으나 그 대부분은 실제로 일어나지 않았다."

나는 상상 속에만 존재하는 최악의 상황들을 더 이상 걱정하지 않는다. '내 아이들이 마흔이 넘어서도 누가 자동차 조수석에 앉을지를 두고 싸운다면 어떡하지?'라며 먼 미래를 걱정하지 않는다. 세상에 대한 걱정이 들면 나는 넓은 시각을 유지하려고 노력한다. 겨우 몇 세대 전만 해도 인간의 삶은 매일매일 훨씬 힘들었을 것이다. 우리에게 주어진 모든 것에 대해 생각해보라. 우리가 사는 세상과 사회에는 여전히 불평등과 어려움이 존재하지만 앞으로 이루어 나가야 할 것들을 소홀히 하지 않으면서도 우리는 주어진 모든 것에 감사할 수 있다. 나는 행복해지고 싶고, 행복을 바라는 것만으로도 큰 도움이 된다.

그런 큰 생각들과 함께 일상적으로 하는 작은 행동들도 바뀌었다. 눈에 거슬린다고 해서 매번 말할 필요는 없다는 우리 가족에게 완전히 배경 음악처럼 되어버린 형제자매간의 다툼이나 훈육 문제를 다루기 위한 특효약이 되어주었다. 숙제에 관한 부분에서 본인이 매일 숙제를 내야만 한다고 착각했던 젊은 교사처럼, 나는 아이들을 잘 키워내려면 아이들이 뭔가를 잘못할 때마다 매번 고쳐줘야 한다고 생각했다. 물론 완전히 긍정적이고 건설적인 방식으로 말이다. 만약 아이들이 크든 작든 뭔가를 망치면 나는 무엇이 옳은 지를 즉시 가르쳐줘야 했다.

하지만 그건 너무 피곤하고 비효율적이며 대체로 불가능하다. 아이들의 잘못을 하나도 빼놓지 않고 모두 잡아낸다 해도 그 모든 것에 반응하려고 하다가는 내 말의 가치가 완전히 땅 밑까지 떨어져 버리고 말 게 분명했다. 가끔은 아이의 행동을 정지시키고 "잠깐 기다려. 그렇게 하면 네 형 기분이 어떻겠니?"라고 말하는 것도 유용하다. 하지만 아이들이 싸울 때마다 그렇게 하면 "말로 해!"라든가 "진짜 네 기분을 말해봐"와 같은 당신의 말들이 진부한 잔소리에 불과하게 되며, 아이들은 당신이 뭐라고 말하든 전과 똑같이 행동할 것이다.

아이들의 소리가 배경 음악이 되게 할 것인지, 내 목소리가 배경 음악이 되게 할 것인지 선택해야 하는 상황에 놓이자 나는 더 많은 것을 내려놓아야 한다는 걸 깨달았다. 아이들의 다툼은 아이들이 서로에게 퍼붓는 일상적인 불만, 그 이상도 그 이하도 아니었고, 어떤 텔레비전 프로그램을 볼 것인가, 또는 자동차에서 누가 어느 자리에 앉을 것인가를 둘러싼 경쟁적 이해관계 속에서 결정을 내리기 위한 하나의 수단이기도 했다. 거기까지 가는 길이 시끄럽고 험악한 건 분명했지만 아이들은 견딜 수 있었고, 그들의 다툼 때문에 내가 불행해지는 경우에만 그만두라고 말하면 될 일이었다. 나는 누가 비합리적으로 굴고 누가 우두머리 행세를 하는지 집어낼 필요도 없었다. 아예 신경 쓸 필요조차 없었다. 이 나이대의 아이들에 대해 내가 할 수 있는 올바른 선택의 90퍼센트는 그저 신경을 끄는 것이었다.

최근에 내 딸들은 자주 그랬듯 학교에서 돌아오는 길에 말다툼을 했다. 언니가 동생에게 '쫄보'라고 말하자 동생은 그에 대한 복수로 걸어가는 언니 주변을 빙글빙글 돌고, 언니가 책을 읽으려고 하면 말도 안 되는 노래를 부르며 짜증나게 했다. 전 같았으면 개입해서 두 아이 모두 그 이상의 행동을 하지 못하도록 했을 것이다. 하지만 그러지 않았다. 나는 노트북을 들고 한마디 말도 없이 그 자리를 떠났고, 나중에 왈가왈부하지도 않았다. 진짜 심각한 다툼이 벌어진 것도 아니고, 그리 심한 말다툼도 아니었다. 그러자 놀리는 아이나 짜증나게 하는 아이나 금세 다툼에 질려 30분도 지나지 않아 같이 시시덕거리며 놀았다. 학교에서 집으로의 전환 과정에는 이런 비슷한 일들이 거의 매일 벌어진다. 그건 패턴이지 문제가 아니다. 내가 간섭하지 않으면 다툼은 자연스럽게 사그라진다. 반대로 내가 간섭하면 그 드라마는 저녁 시간까지 거뜬히 이어진다.

나는 훈육과 관련해서도 사소한 것들은 더 이상 보지 않으려고 노력했다. 사실 이 문제는 조금 더 어렵다. 아이들이 외출하고 돌아오면 외투를 옷장에 걸어놓고, 제시간에 잠자리에 들고, 공공장소에서 다른 사람들의 감정을 고려하도록 설득하려면 엄청난 반복이 필요하다.

"뛰지 마! 뛰지 마! 뛰지 마!"

만약 내가 아무 말도 하지 않으면 아이들 눈에는 아무것도 보이지 않는다. 하지만 그럼에도 불구하고 때로는 아이들이 그냥 뛰어다니게 내버려둔다. 엘리베이터에 사람이 있는데도 뛰어들어가는 아이를 꾸짖지 않는다. 마트에서 엄청나게 큰 소리로 싸워도 그냥 내버려둔다. 모든 일에 사사건건 간섭해야만 하는 건 아니다.

나는 아이들이 저마다 힘들게 하는 시기를 거친다는 것을 알게 됐다. 다시 말해 네 명 중 계속 경고를 받는 건 단 한 명이고, 그러는 동안 다른 아이들은 순진무구한 표정을 지으며 옆에 서 있는 일이 많다는 것이다. 아이들이 저마다 한 번씩만 잘못해도, 나는 이 아이 저 아이를 혼내며 하루 종일 씨름을 해야 했다. 또한 끝없는 훈육은 이미 힘든 시기에 부모와 자녀 관계를 완전히 나쁘게 만들 수도 있다. 바로 그때 나는 사소한 싸움을 그만두기로 결심했다. 만약 그것 때문에 내가 세상에서 제일 좋은 부모처럼 보이지 않는다 해도 괜찮다. 나는 더 행복한 부모이기 때문이다.

서문에서 더 행복한 부모일수록 아이가 어릴 때는 많이 개입하다가 클수록 독립심을 키워준다고 언급했다. 내 아이들은 이제 거의 다 컸거나 크고 있기 때문에 내가 할 일도 바뀌고 있다. 나는 이제 대부분의 일을 아이들에게 방법만을 가르쳐주고 직접 하게 맡겨야 한다. 그러다 숙제를 제대로 하지 못한다 할지라도, 세탁물이 전부 분홍색으로 물든다 할지라도, 연습을 충분히 하지 못해 원하는 목표를 달성하지 못한다 할지라도 어쩔 수 없다.

가끔은 엄격한 통제권을 손에서 놓기가 힘들기도 하다. 특히 주변 부모들이 모두 같은 마음이 아닐 때에는 더더욱 그렇다. 미국인들은 어떤 일이든 '우리가 너무 많이 하고 있는 건 아닐까'를 걱정하기보다는 '우리가 부족한 건 아닐까'를 걱정한다. 그게 자연스럽다. 그래서 나는 다른 사람들은 더 앞으로 나서는데 혼자 물러섰다는 걸 깨달으면 스스로를 의심한다(반대로 행복한 덴마크 사람들은 옷을 지나치게 차려입거나 과로를 하는 것은 물론이고, 과잉 육아에 대해서도 서로를 훨씬 더 책망한다고 한다. 덴마크 사회에는 모두가 '덜 해야 한다'라는 분명한 사회적 기대가 존재한다).

나는 미래의 성인을 키우고 있는 것이지 완벽한 아이를 키우는 건 아니다. 그 둘은 전혀 다르다. 그 사실을 이해함으로써 어떤 일이 실패한 것처럼 보이더라도 더 대범할 수 있게 됐다. 어른이 되는 법을 배우는 데는 시간이 걸리기 때문이다. 내 아이들은 앞으로 더 나아질 여지가 아주 많고, 내가 그들의 움직임을 전부 세세하게 통제하려고 하지 않을 때 우리 가족 모두가 더 행복하다. 나는 지금도 그 사실을 잊지 않기 위해 노력 중이다.

또한 내 행복을 엄청나게 끌어올려준 대단히 일상적인 변화도 있었다. 나는 이제 더 많이 잔다. 나는 몇 년 동안이나 어린이와 청소년들의 건강한 수면에 대한 글을 써왔지만, 이 책의 '아침'에 대한 장을 쓰면서 나 자신을 위한 건강한 수면 습관도 중요하다는 사실을 마침내 받아들이게 됐다. 나는 내가 유전적으로 올빼미형 인간이라는 그동안의 믿음을 버리고, 스스로의 조언에 따라 하루 여덟 시간을 자기 위해 일찍 잠자리에 들었다.

차이는 금세 느껴졌다. 비록 아직도 6시 20분에 일어나는 게 힘들고, 아침에 노래를 흥얼거리지도 못하지만 그 단순한 한 가지 변화로부터 더 많은 인내심과 에너지, 반응하기보다는 대응하는 능력을 얻었다. 심지어는 주말에도 본질적으로 똑같은 수면 습관을 고수하는 사람이 더 행복하다는 연구 결과를 억지로나마 받아들이고 있다. 주말 아침이면 살짝 늦잠을 자기는 하지만, 매일 밤 잠자리에 드는 시간은 거의 비슷하다. 가끔은 하루에 아홉 시간에서 열 시간을 자기도 한다.

더 많이 잤을 때 나는 주변 모든 사람에게, 심지어 나 자신에게 더

친절하고 더 생산적이다. 또한 그때의 나는 아이들끼리의 다툼이나 훈육 상황을 더 잘 견딜 수 있고, 그 순간 내가 원하는 방식으로 대응할 수 있다. 다른 사람들이 어떻게 생각하는지에 대해 덜 걱정하고, 더 긍정적이며, 머릿속에서 끊임없이 나의 실패와 아직 하지 못한 일들을 책망하는 수많은 목소리에 시달리지 않는다.

나는 이제 더 행복해지기 위해 노력하고, 더 많은 것을 내려놓고, 더 많이 잔다. 그 모든 것이 앞서 서술한 많은 다른 변화들과 더해져 내 전반적인 감정 상태에 큰 변화를 불러왔다. '엄마가 행복하지 않으면 아무도 행복하지 않다'라는 말은 우리 집에 딱 들어맞는다. 나는 엄청나게 전염성이 높은 우울함과 분노의 먹구름을 몰고 올 수 있다(똑같은 일을 할 수 있다는 한 친구는 그것을 '슈퍼 파워'라고 불렀다). 마치 먹구름이 퍼져나가듯 내가 느끼는 거의 모든 감정도 집 안에 퍼진다. 내 기분에 아주 작은 변화만 생겨도 아이들은 흔들린다. 내가 서두르면 아이들도 서두른다. 내가 걱정하면 아이들도 걱정한다. 그리고 내가 행복하면 모두가 더 행복하다.

내가 더 행복해지면 온 가족의 행복에 큰 변화가 생긴다. 부모로서 힘들었던 것 중 하나는 내 인내심의 우물이 그리 깊지 않다는 것이었다. 아이들은 우리의 감정을 포착하고 그걸 그대로 우리에게 되돌려주는 데는 매우 뛰어나지만, 우리가 감정의 롤러코스터 어디쯤에 있는지를 감안해 자신들의 행동을 바로잡는 일은 절대로 없다. 그러므로 종종 당신이 긴 하루를 보냈을 때, 한 가지 일이 해결되면 또 한 가지 일이 벌어질 때, 제3자가 보기에도 충분히 힘들었을 거라고 인정하는 그런 날에, 아이들은 당신에게 더 많은 것을 요구한다.

아프다고, 잠이 안 온다고, 가장 친한 친구가 짜증나는 문자 메시지를 보냈다고, 영어 숙제를 어떻게 마무리해야 할지 도무지 모르겠다고 말한다. 아이들은 지금 당신을 필요로 하고, 그건 선택 사항이 아니다. 육아에 퇴근이란 없다.

내가 더 불행할수록 내 인내심의 우물은 더 빨리 말라버린다. 그렇게 되면 위기가 벌어졌을 때 나의 반응은 나를 더 불행하게 만든다. 나는 짜증을 내고 화를 내고 심술을 부리면서 오로지 물리적으로 필요한 일들만 한다. 그저 내 침대로 들어갈 시간만을 기다리며 아이들을 안아주는 게 아니라 안아주는 시늉만 한다.

반대로 내가 더 행복할 때 나는 그 우물의 바닥을 훨씬 더 잘 훑을 수 있다. 깊은 숨을 내쉬고 주어진 문제에 대해, 그리고 그 뒤에 있는 아이에 대해 완전히 마음을 연다. 얼마나 늦은 시간이든, 얼마나 힘든 날이든 그럴 수 있다. 나는 오늘 하루 동안에만 카펫에 세 차례 포도 주스를 쏟은 아이에게 진심으로 괜찮다고 말해준다. 친구에게 분노에 찬 문자 메시지를 받은 아이에게 안전하고 따뜻한 쉴 곳이 되어준다. 그 과정에서 아이가 모든 화풀이를 내게 한다 해도 받아주면서.

나는 완벽하지 않다. 오히려 완벽과는 거리가 멀다. 하지만 이전과 달리, 양육 과정에서 나의 가장 좋은 모습을 유지할 수 있게 됐다. 그리고 나를 너그럽게 만들어주는 나만의 방법을 찾은 뒤 내 인내심의 우물을 바닥까지 훑다 보면 나도 더 행복해진다는 놀라운 사실을 발견했다. 아이에게 한 번 더 너그럽게 대할 때마다 나는 나 자신에게도 더 너그러워진다. 나를 벼랑 끝으로 몰아세워 날카롭게 말하고 소리를 지르고 울게 만들었던 순간은 이제 좋은 것을 흡수하는 순간이 되었다. 행복은 쌓인다. 지금 잘하고 있다고 느낄수록 정말로 그렇게 된다.

나는 화를 참아낼 때마다 더 행복해지고, 다음에는 더 잘할 수 있다는 걸 안다. 어제 저녁 식사 자리에서 한 아이가 식탁 가운데에 있는 상자에서 '대화 카드'를 뽑았다(저녁 식사 자리에서 가족 간의 대화를 늘리려고 만든 것이다). 아이는 그걸 내게 건네주며 말했다.

"엄마가 읽어봐."

"당신의 장점과 단점은 무엇인가?"

아이들은 자기만의 방식으로 저마다의 장단점을 이야기했다.

"가끔 나는 일부러 짜증나는 짓을 해."

막내아들이 얼굴에 보조개를 만들며 미소 지었다. 내 차례가 오자 나는 단점부터 말했다.

"나는 진짜 쉽게 성질을 부려. 인내심이 아주 부족해."

그러자 한 아이가 말했다.

"아닌데! 엄마 인내심 많아. 엄마는 뭐든지 천천히 하고 우리를 기다려주잖아."

다른 아이도 말했다.

"소리도 거의 지르지 않잖아. 그리고 엄마는 인내심이 많아서 라이스 크리스피 트리츠도 맛있게 만드는 거야. 다른 사람들은 버터나 마시멜로를 잘 태우거든."

인내심의 아주 훌륭한 사용법이 아닐 수 없다. 인내심의 우물을 자꾸만 훑다 보니 우물이 더 깊어진 것 같다. 좋은 것을 흡수하기 위해 한 템포 쉬어가다 보면 우리는 주변의 좋은 것들을 더 잘 발견하게 되고, 자기 안의 따뜻한 인내심을 더 자주 발견할수록 점점 더 찾기가 쉬워진다. 심지어 내가 어려워하던 많은 것을 이미 행복하게 다룬 부모들은 애초에 인내심의 우물을 그렇게 자주 퍼 올리지도 않았다. 그러니 우물이 더 깊어서 행복한 건지, 아니면 물이 더 많이 남아 있어서 행복한 건지는 잘 모르겠다. 작동 방식이야 어떻든 행복은 자가 순환한다. 부모로서 더 행복할수록 행복을 느끼기가 더 쉬워진다.

나는 여전히 너무나 예쁘고, 사랑스럽고, 소중하지만 고집이 세고, 무지무지 다루기 힘들고, 한집에 사는 다른 사람들과 끊임없이 싸워대는 네 명의 아이와 함께 살고 있다. 그리고 내 곁에는 아이들만큼이나 사랑스러운 남편도 있다. 하지만 어째서인지 이제는 우리에게 더 많은 공간이 있는 것처럼 느껴진다.

나는 숙제에 대한 부분에서 언급한 데니스 포프의 말과 식사에 대한 부분에서 언급한 샐리 샘슨의 말을 자주 떠올린다. 두 사람은 사실상 똑같은 말을 하고 있었다. 우리가 아이들을 먹이거나, 공부시키거나, 우리가 바라는 방향으로 정확히 이끄는 데 에너지를 전부 쏟아붓지 않아야 그 에너지를 훨씬 긍정적인 곳에 쓸 수 있다. 우리는 아이들과 다양한 것에 대해 이야기를 나눌 수 있다. 우리는 서로의 존재를 즐길 수 있다. 우리는 함께 행복할 수 있다. 그러면 아침 시간과 식사 시간은 물론이고, 피해 가기 힘든 모든 양육의 순간이 더 나아진다.

나는 서문에서 소중한 시간을 매일 기진맥진한 상태로, 체념한

듯 무의미하게, 지금 이곳이 아닌 다른 곳에서 다른 일을 하며 살고 싶다고 간절히 바라며 흘려보내고 싶지 않다고 이야기했다. 요즘 대부분의 시간에 나는 그렇지 않다. 물론 가끔은 기진맥진 지치기도 하고, 여전히 아이들을 데려오고 데려다주느라 정신이 없는 채로 미친 듯이 돌아다니기도 한다.

그래도 괜찮다. 나는 그런 날들을 선택했다. 마찬가지로 나는 모두가 온갖 일을 하느라 하루 종일 늑장을 부리는 느린 시간도 선택했고, 아이들이 지루함을 표현하는 새롭고도 독창적인 방법을 찾기 위해 서로 싸움을 걸어대는 또 다른 느린 시간도 선택했다. 이 모든 것은 내가 원하던 것이다. 나는 이것이 영원하기를 바란다. 물론 영원하지는 않을 것이다.

하지만 지금 이 순간 그대로도 좋다.

감사의 말

이 책을 쓰는 데 너무 많은 분들이 도움을 주셨습니다. 감사의 말을 쓰기가 망설여질 정도였습니다. 실수로 누군가를 빠뜨릴 수도 있을 테니까요. 이 책을 통해 감사 인사를 전하지 못한 분들께는 따로 마음을 전하겠습니다.

우선, 모든 일이 매끄럽게 처리되도록 도와준 리사 벨킨Lisa Belkin, 나를 믿고 일을 맡겨준 〈뉴욕타임스〉의 메건 리버먼Megan Liberman과 릭 버크Rick Berke, 그리고 누구보다 먼저 나를 인정해준 〈슬레이트〉의 해나 로진Hanna Rosin과 에밀리 베이즐런Emily Bazelon에게 감사의 마음을 전합니다. 메건, 당신이 내게 처음으로 전화를 준 그날은 잊을 수 없는 최고의 날로 기억될 겁니다. 당신이 떠난 뒤 그 따뜻한 조언이 매일 그리웠습니다.

이 책의 작업 과정에서도 많은 분들의 도움을 받았습니다. 가장 먼저, 내가 〈뉴욕타임스〉 칼럼니스트라는 타이틀을 얻기 오래전부터 나를 인정해준 로리 앱커미어Laurie Abkemeier에게 감사합니다. 또 한 이 책의 가능성을 보고 내게 기회를 준 루시아 왓슨Lucia Watson과 출판사 카탈로그를 통해 내가 가치 있고 귀중한 책을 쓰고 있다고 느끼게 해준 에이버리Avery 출판사에도 거듭 감사의 인사를 전합니다. 앤 코스모스키Anne Kosmoski, 앨리사 카소프Alyssa Kasoff, 패린 슈리셀Farin Schlussel, 여러분이 있었기에 이 모든 일이 가능했습니다. 내일을 늘 돌봐주고 모든 이메일을 관리해준 수지 슈워츠Suzy Swartz, 감사합니다. 앞으로도 잘 부탁합니다.

이 책을 쓰는 데 큰 도움을 준 돈 라이스Dawn Reiss, 당신이 아니었다면 연구 자료에 관한 부분은 '이에 대해서는 어딘가에서 본 적이 있는데…'와 같은 식으로밖에 쓰지 못했을 겁니다. 그 많은 질문을 의미 있는 데이터로 바꿔주고, 나의 과도한 열정을 적절히 통제해준 매슈 와인센커에게도 감사의 마음을 전합니다.

이 책을 쓰는 과정에서 인터뷰에 응해준 수백 명의 전문가와 동료 부모 여러분, 감사합니다. 여러분이 아니었다면, 다른 주제들도 그렇지만 특히 행복한 아침에 대해서는 그 어떤 아이디어도 떠올릴 수 없었을 겁니다. 이른 아침, 제대로 정신을 차리기도 전에 문을 나서야 하기에 늘 원하는 것보다 훨씬 더 일찍 일어나야 할 필요가 없다면 세상은 아마 더 좋은 곳이 되겠지요. 하지만 그럴 수는 없기에, 이 세상에 여러분이 존재한다는 사실이 참으로 감사합니다. 부모로서의 온갖 어려움을 해결하기 위해 여러분과 수년 동안 나누었던 그 모든 대화와 논의를 이 책의 어딘가에서 발견할 수 있기를 바랍니다.

마더로드 독자 여러분, 여러분의 조언 역시 이 책의 일부가 되었습니다. 여러분 모두가 그립습니다. 함께 글쓰기 모임을 하는 사라Sarah와 제스Jess, 당신들은 나의 보석입니다.

이 책의 서두에서도 언급했지만 내 곁에 사랑하는 부모님과 남편, 아이들이 없었다면 행복한 부모에 대한 책도 나올 수 없었을 겁니다. 감사합니다.

각주

서문:육아는즐거울수있다

1 We give up our own hobbies and pleasures: Jeanne E. Arnold, Anthony P. Graesch, Enzo Ragazzini, and Elinor Ochs, *Life at Home in the Twenty-First Cen- tury: 32 Families Open Their Doors*(Los Angeles: The Cotsen Institute of Archae- ology Press, 2012), 70.

2 headlines like "How Having Children Robs Parents": Georgia Grimmond, "How Having Children Robs Parents of Their Happiness," *Post Magazine*, September 16, 2015, http://www.scmp.com/magazines/post-magazine/article/1858685/how-having-children-robs-parents-their-happiness.

3 "cocktail of guilt and anxiety": Judith Warner, *Perfect Madness: Motherhood in the Age of Anxiety*(New York: Riverhead, 2006), 4.

4 one study linking happiness to nudism: Keon West, "Naked and Unashamed: Investigations and Applications of the Effects of Naturist Activities on Body Image, Self-Esteem, and Life Satisfaction," *Journal of Happiness Studies*, January 21, 2017.

5 we can build stronger partnerships: Kaisa Malinen, Ulla Kinnunen, Asko Tolvanen, Anna Rönkä, Hilde Wierda-Boer, and Jan Gerris, "Happy Spouses, Happy Parents? Family Relationships Among Finnish and Dutch Dual Earners," *Journal of Marriage and Family* 72, no. 2(April 2010): 293–306.

6 and friendships: Suniya S. Luthar and Lucia Ciciolla, “Who Mothers Mommy? Factors That Contribute to Mothers’ Well-Being,” *Developmental Psychology* 51, no. 12(December 2015): 1812–1823.

7 share leisure activities with our families: Ramon B. Zabriskie and Bryan P. McCormick, “Parent and Child Perspectives of Family Leisure Involvement and Satisfaction with Family Life,” *Journal of Leisure Research* 35, no. 2(2003): 163–189.

8 doing things that are pleasant for all parties: Kelly Musick, Ann Meier, and Sarah Flood, “How Parents Fare: Mothers’ and Fathers’ Subjective Well-Being in Time with Children,” *American Sociological Review* 81, no. 5(September 2016): 1069–1095.

9 things in our lives that correlate with happiness: Tomas Jungert, Renée Landry, Mireille Joussemet, Geneviéve Mageau, Isabelle Gingras, and Richard Koest- ner, “Autonomous and Controlled Motivation for Parenting: Associations with Parent and Child Outcomes,” *Journal of Child and Family Studies* 24, no. 7(July 2015): 1932–1942.

10 relationships with their parents are happier, too: Mark D. Holder and Ben Coleman, “The Contribution of Social Relationships to Children’s Happi- ness,” *Journal of Happiness Studies* 10, no. 3(June 2009): 329–349.

1장 아침은최악이다

1 Researchers have worked with preschoolers: Amy R. Wolfson, Elizabeth Harkins, Michaela Johnson, and Christine Marco, “Effects of the Young Adoles- cent Sleep Smart Program on Sleep Hygiene Practices, Sleep Health Eff icacy, and Behavioral Well-Being,” *Sleep Health: Journal of the National Sleep Foundation* 1, no. 3(September 2015): 197–204; Annie Murphy Paul, “We Tell Kids to ‘Go to Sleep!’ We Need to Teach Them Why,” *Motherlode, New York Times*, July 10, 2014, https://parenting.blogs.nytimes.com/2014/07/10/we-tell-kids-to-go-to- sleep-we-need-to-teach-them-why.

2 sur vey of one thousand new parents: Lisa Belkin, “Parents Losing Sleep,” *Motherlode, New York Times*, July 23, 2010, https://parenting.blogs.nytimes. com/2010/07/23/parents-losing-sleep.

2장 집안일:나말고아이들이하면더즐겁다

1 they require their own children to do them: Jennifer Breheny Wallace, "Why Children Need Chores," *Wall Street Journal*, March 13, 2015.

2 our children's sense of being part of a larger whole: Elinor Ochs and Carolina Izquierdo, "Responsibility in Childhood: Three Developmental Trajectories," *Ethos* 37, no. 4(December 2009): 391–413.

3 with a sense of being adrift: Andrew J. Fuligni and Sara Pedersen, "Family Obligation and the Transition to Young Adulthood," *Developmental Psychology* 38, no. 5(September 2002): 856–868; Gay C. Armsden and Mark T. Greenberg, "The Inventory of Parent and Peer Attachment: Individual Differences and Their Relationship to Psychological Well-Being in Adolescence," *Journal of Youth and Adolescence* 16, no. 5(October 1987): 427–454.

4 whether it's a f ive-year-old in Peru's Amazon: Shirley S. Wang, "A Field Guide to the Middle-Class U.S. Family," *Wall Street Journal*, March 13, 2012.

5 deeply invested in raising caring, ethical children: Carl Desportes Bowman, James Davison Hunter, Jeffrey S. Dill, and Megan Juelfs-Swanson, "Culture of American Families Executive Report," Institute for Advanced Studies in Cul- ture, 2012, http://iasc-culture.org/survey_archives/IASC_CAF_ExecReport. pdf; Making Caring Common Project, "The Children We Mean to Raise," Har- vard Graduate School of Education, 2014, http://mcc.gse.harvard.edu/f iles/ gse-mcc/f iles/mcc-research-report.pdf ?m=1448057487.

6 moral qualities as more important than achievement: Marie-Anne Suizzo, "Parents' Goals and Values for Children: Dimensions of Independence and Interdependence Across Four U.S. Ethnic Groups," *Journal of Cross-Cultural Psychology* 38, no. 4(July 2007): 506–530.

7 thirty-three schools in various regions: Making Caring Common Project, "The Children We Mean to Raise."

8 predictor for young adults' success: Marty Rossmann, "Involving Children in Household Tasks: Is It Worth the Effort?," University of Minnesota, 2002, https://ghk.h-cdn.co/assets/cm/15/12/55071e0298a05_-_Involving-chil- dren-in-household-tasks-U-of-M.pdf.

9 building skills in children: Julie Lythcott-Haims, *How to Raise an Adult: Break Free of the Overparenting Trap and Prepare Your Kid for Success*(New York: St. Mar- tin's Press, 2015), 166.

10 endorses paying for excellent work: Ron Lieber, "Don't Just Pay for Chores. Pay for Performance," *Motherlode, New York Times*, August 28, 2014, https://parenting.blogs.nytimes.com/2014/08/28/dont-just-pay-for-chores-pay-for- performance.

3장 형제:함께하면재미있을수도,끔찍할수도있는존재

1 Parent-reported and obser vational studies: Hildy Ross, Michael Ross, Nancy Stein, and Tom Trabasso, "How Siblings Resolve Their Conf licts: The Impor- tance of First Offers, Planning, and Limited Opposition," *Child Development* 77, no. 6(November/December 2006): 1730–1745.

2 the same researcher found: Laurie Kramer, Sonia Noorman, and Renee Brock- man, "Representations of Sibling Relationships in Young Children's Litera- ture," *Early Childhood Research Quarterly* 14, no. 4(December 1999): 555–574.

3 two-thirds of children still share a room: Danielle Braff, "Why Parents Are Choosing to Have Kids Share Rooms Even When There's Space," *Chicago Tri- bune*, May 20, 2016.

4 spend about 33 percent of their time: Ji-Yeon Kim, Susan M. McHale, D. Wayne Osgood, and Ann C. Crouter, "Longitudinal Course and Family Cor- relates of Sibling Relationships from Childhood Through Adolescence," *Child Development* 77, no. 6(November/December 2006): 1746–1761.

5 manage their own emotional response: University of Illinois College of Agri- cultural, Consumer and Environmental Sciences, "As Siblings Learn How to Resolve Conf lict, Parents Pick Up a Few Tips of Their Own," June 25, 2015, http://news.aces.illinois.edu/news/u-i-study-siblings-learn-how-resolve-conf lict-parents-pick-few-tips-their-own.

6 when parents don't inter vene: Laurie Kramer, Lisa A. Perozynski, and Tsai-Yen Chung, "Parental Responses to Sibling Conf lict: The Effects of Development and Parent Gender," *Child Development* 70, no. 6(November/December 1999): 1401–1414.

7 constantly wind up on the losing side: Richard B. Felson, "Aggression and Vio- lence Between Siblings," *Social Psychology Quarterly* 46, no. 4(December 1983): 271–285.

8 tacitly endorse that result: Michal Perlman and Hildy S. Ross, "The Benef its of Parent Intervention in Children's Disputes: An Examination of Concur- rent Changes in Children's Fighting Styles," *Child Development* 64, no. 4(August 1997): 690–700.

9 "outnumber negative ones by about f ive to one": Christine Carter, "Siblings: How to Help Them Be Friends Forever," *Greater Good Magazine*, January 20, 2010.

4장 특별활동:왜이렇게재미없을까

1 engage in organized sports: Committee on Sports Medicine and Fitness, "In- tensive Training and Sports Specialization in Young Athletes," Pediatrics 106, no. 1(July 2000): 154–157; C. Ryan Dunn, Travis E. Dorsch, Michael Q. King, and Kevin J. Rothlisberger, "The Impact of Family Financial Investment on Perceived Parent Pressure and Child Enjoyment and Commitment in Orga- nized Youth Sport," *Family Relations* 65, no. 2(April 2016): 287–299.

2 unsuper vised "free" playtime has decreased: Garey Ramey and Valerie A. Ra- mey, "The Rug Rat Race," National Bureau of Economic Research, Working Paper no. 15284, August 2009; Sandra L. Hofferth and John F. Sandberg, "How American Children Spend Their Time," *Journal of Marriage and Family* 63, no. 2(May 2001): 295–308.

3 time parents spend chauffeuring children: Garey Ramey and Valerie A. Ramey, "The Rug Rat Race."

4 compared to 12.4 in 1975: Laura Vanderkam, 168 Hours: You Have More *Time Than You Think*(New York: Portfolio, 2010).

5 fewer risky behaviors: Alia Wong, "The Activity Gap," The Atlantic, January 30, 2015.

6 traveling for the sake of sport: Karla Jo Helms, "The Sports Facilities Advisory Deems Youth Sports and Sports-Related Travel 'Recession Resistant'—Youth Sporting Events Create $7 Billion in Economic Impact," Cision PR Web, No- vember 20, 2017.

7 We get involved ourselves: Nicholas L. Holt, Katherine A. Tamminen, Danielle E. Black, James L. Mandigo, and Kenneth R. Fox, "Youth Sport Parenting Styles and Practices," *Journal of Sport and Exercise Psychology* 31, no. 1(2009): 37–59; Michael Jellineck and Stephen Durant, "Parents and Sports: Too Much of a Good Thing?," *Contemporary Pediatrics* 21, no. 9(September 2004): 17–20; Stephen S. Leff and Rick H. Hoyle, "Young Athletes' Perceptions of Parental Support and Pressure," *Journal of Youth and Adolescence* 24, no. 2(April 1995): 187–203; Gary L. Stein, Thomas D. Raedeke, and Susan D. Glenn, "Children's Perceptions of Parent Sport Involvement: It's Not How Much, But to What Degree That's Important," *Journal of Sports Behavior*

22, no. 4(December 1999): 591–601.

8 a small but signif icant association: E. Glenn Schellenberg, "Long-Term Posi- tive Associations Between Music Lessons and IQ ," *Journal of Educational Psyhology* 98, no. 2(May 2006): 457–468.

9 90 percent of kids tell sur veys: "Youth Sports Statistics," Statistic Brain, March 16, 2017, https://www.statisticbrain.com/youth-sports-statistics.

10 pleasure for their kids by behaving: Jens Omli and Diane M. Wiese-Bjornstal, "Kids Speak: Preferred Parental Behavior at Youth Sports Events," *Research Quarterly for Exercise and Sport* 82, no. 4(December 2011): 702–711.

11 If you're willing to give up: Madeline Levine, *Teach Your Children Well: Why Val- ues and Coping Skills Matter More Than Grades, Trophies, or "Fat Envelopes"*(New York: Harper Perennial, 2006), 20.

5장 숙제:내것이아니어야더재미있다

1 percentage had increased to just over 50 percent: Claudia Goldin, "America's Graduation from High School: The Evolution and Spread of Secondary Schooling in the Twentieth Century," *Journal of Economic History* 58, no. 2(une 1998): 345–374.

2 In high school, electives: Steven Katona, "High School Students Choos- ing High-Level Courses Over Electives," WUFT News, February 24, 2015, https://www.wuft.org/news/2015/02/24/high-school-students-choosing -high-level-courses-over-electives.

3 nationwide increase in homework load: Tom Loveless, "Homework in Ameri- ca," The Brookings Institution, March 18, 2014, https://www.brookings .edu/ research/homework-in-america.

4 One small study: KJ Dell'Antonia, "When Homework Stresses Parents as Well as Students," *Motherlode, New York Times*, September 10, 2015, https://parent- ing.blogs.nytimes.com/2015/09/10/when-homework-stresses-parents-as-well- as-students.

5 "Take an interest," said Julie Lythcott-Haims: KJ Dell'Antonia, "'Impossible' Homework Assignment? Let Your Child Do It," *Well Family*, New York Times, March 22, 2016, https://well.blogs.nytimes.com/2016/03/22/fourth-grade- book-report-let-your-fourth-grader-do-it.

6 I thought it was impossible: KJ Dell'Antonia, "'Impossible' Homework As- signment?

Let Your Child Do It," *Well Family, New York Times*, March 22, 2016, https://well.blogs. nytimes.com/2016/03/22/fourth-grade-book -report-let- your-fourth-grader-do-it.

6장 미디어:너무재미있어서문제

1 more than 7.5 hours a day: "The Common Sense Census: Plugged-In Parents of Tweens and Teens 2016," Common Sense Media, December 6, 2016, https://www. commonsensemedia.org/research/the-common-sense-census- plugged-in-parents-of-tweens-and-teens-2016.

2 about six hours a day: "Zero to Eight: Children's Media Use in America 2013," Common Sense Media, October 28, 2013, https://www.commonsensemedia. org/ research/zero-to-eight-childrens-media-use-in-america-2013.

3 about 2.5 hours a day: "Zero to Eight: Children's Media Use in America 2013," Common Sense Media, October 28, 2013, https://www.commonsensemedia. org/ research/zero-to-eight-childrens-media-use-in-america-2013.

4 asked one thousand kids: Catherine Steiner-Adair, *The Big Disconnect: Protecting Childhood and Family Relationships in the Digital Age*(New York: HarperCollins, 2013).

5 64 percent of teenagers: Charlotte Eyre, "Young People Prefer Print to e- Books," *The Bookseller*, September 30, 2015.

6 Somewhat dubious statistics: Martha de Lacey, "Baby's First Facebook Update! Photos of Newborns Now Appear on Social Media Sites Within ONE HOUR of Their Birth," *Daily Mail*, August 27, 2013.

7 249 parent-child pairs: KJ Dell'Antonia, "Don't Post About Me on Social Media, Children Say," *Well Family, New York Times*, March 8, 2016, https:// well.blogs. nytimes.com/2016/03/08/dont-post-about-me-on-social-media- children-say.

8 Even the American Academy of Pediatrics: American Academy of Pediatrics, "Media and Young Minds," *Pediatrics* 138, no. 5(November 2016).

9 teaching them something they did not know: "Study Finds Infants Can Learn to Communicate from Videos," Emory Health Sciences, January 22, 2015, http://news. emory.edu/stories/2015/01/upress_infants_learn_from_videos/ index.html.

10 certain amount of time can ease transitions: Alexis Hiniker, Hyewon Suh, Sabina Cao, and Julie A. Kientz, "Screen Time Tantrums: How Families Man- age Screen Media

Experiences for Toddlers and Preschoolers," Proceedings of the 2016 CHI Conference on Human Factors in Computing Systems(San Jose, California, May 7–12, 2016): 648–660.

11 relieve anxiety for many children: KJ Dell'Antonia, "Four Moments When Video Games Are Good for Kids(and How to Make Them Even Better)," *Motherlode, New York Times*, December 10, 2015, https://parenting.blogs. nytimes.com/2015/12/10/four-moments-when-video-games-are-good-for- kids-and-how-to-make-them-even-better; Robert George, "Video Games Prove Helpful as Pain Relievers in Children and Adults," *Medical News Today*, May 9, 2010; Melissa Osgood, "The Key to Reducing Pain in Surgery May Al- ready Be in Your Hand," Cornell University, Media Relations Off ice, Apri 29, 2015, http://mediarelations.cornell.edu/2015/04/29/they-key-to-reducing- pain-in-surgery-may-already-be-in-your-hand/.

12 Relatively few parents: "Zero to Eight: Children's Media Use in America 2013," Common Sense Media, October 28, 2013, https://www.commonsen- semedia.org/research/zero-to-eight-childrens-media-use-in-america-2013.

7장 훈육:아빠, 엄마가 너보다 더 속상해

1 punishing a child and reducing bad behavior: Jim Edwards, "Baseball & Discipline in the 1950s," *Everyday Christian Family*, November 28, 2013, http://everydaychristianfamily.com/baseball-discipline-in-the-1950s.

2 effective discipline includes three things: Committee on Psychosocial Aspects of Child and Family Health, "Guidance for Effective Discipline," *Pediatrics* 101, no. 4(April 1998).

3 82 percent of high school: Lene Arnett Jensen, Jeffrey Jensen Arnett, S. Shirley Feldman, and Elizabeth Cauffman, "The Right to Do Wrong: Lying to Parents Among Adolescents and Emerging Adults," *Journal of Youth and Adolescence* 33, no. 2(April 2004): 101–112; Lisa Heffernan, "What I've Learned: When Teens Lie," *On Parenting, Washington Post*, February 24, 2015, https://www.washington post.com/news/parenting/wp/2015/02/24/what-ive-learned-when-teens-lie.

8장 식사:가족과함께하는즐거운시간

1 interactions in middle-class families: Elinor Ochs and Tamar Kremer-Sadlik, editors, *Fast-Forward Family: Home, Work, and Relationships in Middle-Class America*(Berkeley: University of California Press, 2013), 32.

2 and can be disappointed: Sarah Bowen, Sinikka Elliott, and Joslyn Brenton, "The Joy of Cooking?," *SAGE Journals* 13, no. 3(August 2014): 20–25.

3 spend more at restaurants than we do on groceries: Michelle Jamrisko, "Americans' Spending on Dining Out Just Overtook Grocery Sales for the First Time Ever," *Bloomberg Markets*, April 14, 2015.

4 adult members of the family eat healthier: Valeria Skaf ida, "The Family Meal Panacea: Exploring How Different Aspects of Family Meal Occurrence, Meal Habits and Meal Enjoyment Relate to Young Children's Diets," *Sociology of Health and Illness* 35, no. 6(July 2013): 906–923.

5 increases the likelihood: Jennifer Orlet Fisher, Diane C. Mitchell, Helen Smiciklas-Wright, and Leann Lipps Birch, "Parental Inf luences on Young Girls' Fruit and Vegetable, Micronutrient, and Fat Intakes," *Journal of the American Dietetic Association* 102, no. 1(January 2002): 58–64.

6 children and adults stay at the table longer: Elinor Ochs and Margaret Beck, "Serving Convenience Foods for Dinner Doesn't Save Time," *The Atlantic*, March 11, 2013.

7 more positive attitude toward food: Paul Rozin, "Human Food Intake and Choice: Biological, Psychological and Cultural Perspectives," in Harvey An- derson, John Blundell, and Matty Chiva(eds.), *Food Selection: From Genes to Culture*(Paris: Danone Institute, 2002): 7–24, http://ernaehrungsdenkwerkstatt. de/fileadmin/user_upload/EDWText/TextElemente/Ernaehrungspsycholo- gie/Rozin_Ernaehrungsverhalten_Danone_Publikation.pdf.

8 quality over quantity: Paul Rozin, Abigail K. Remick, and Claude Fischler, "Broad Themes of Difference Between French and Americans in Attitudes to Food and Other Life Domains: Personal Versus Communal Values, Quantity Versus Quality, and Comforts Versus Joys," *Frontiers in Psychology* 2(July 2011): 177.

9장 자유시간,방학,명절,생일:재미있어야만하는시간

1 bonus eight paid holidays: Rebecca Ray, Milla Sanes, and John Schmitt, "No- Vacation

Nation Revisited," Center for Economic and Policy Research, May 2013, http://cepr.net/documents/publications/no-vacation-update-2013-05. pdf.

2 either don't take all we're offered: Harvard University T. H. Chan School of Public Health, "The Workplace and Health," edited by NPR /Robert Wood Johnson Foundation/Harvard School of Public Health, July 11, 2016, https://www.rwjf.org/en/library/research/2016/07/the-workplace-and-health.html.

3 cycle of striving for perfection: Emma Casey and Lydia Martens, Gender and *Consumption: Domestic Cultures and the Commercialisation of Everyday Life* (London and New York: Routledge, 2007).

참고문헌

Alcorn, Katrina. *Maxed Out: American Moms on the Brink.* Berkeley: Seal Press, 2013.

Anand, Paul. *Happiness Explained: What Human Flourishing Is and What We Can Do to Promote It.* Oxford: Oxford University Press, 2016.

Bronson, Po, and Ashley Merryman. *NurtureShock: New Thinking About Children.* New York: Twelve, 2009.

———. *Top Dog: The Science of Winning and Losing.* New York: Twelve, 2013.

Brown, Brené. *The Gifts of Imperfection: Let Go of Who You Think You're Supposed to Be and Embrace Who You Are.* Center City, MN: Hazelden, 2010.

———. *Daring Greatly: How the Courage to Be Vulnerable Transforms the Way We Live, Love, Parent, and Lead.* New York: Avery, 2015.

Bruni, Frank. *Where You Go Is Not Who You' ll Be: An Antidote to the College Admis- sions Mania.* New York: Grand Central Publishing, 2016.

Callahan, Alice. *The Science of Mom: A Research-Based Guide to Your Baby's First Year.* Baltimore: Johns Hopkins University Press, 2015.

Caroline, Rivka, with Amy Sweeting. *From Frazzled to Focused: The Ultimate Guide for Moms(and Dads) Who Want to Reclaim Their Time, Their Sanity and Their Lives.* Austin: River Grove Books, 2013.

Carter, Christine. *Raising Happiness: 10 Simple Steps for More Joyful Kids and Happier*

Parents. New York: Ballantine Books, 2011.

———. *The Sweet Spot: How to Accomplish More by Doing Less*. New York: Ballan- tine Books, 2017.

Caviness, Ylonda Gault. *Child, Please: How Mama's Old-School Lessons Helped Me Check Myself Before I Wrecked Myself*. New York: TarcherPerigee, 2015.

Coontz, Stephanie. *The Way We Never Were: American Families and the Nostalgia Trap*. New York: Basic Books, 2016.

Damour, Lisa. *Untangled: Guiding Teenage Girls Through the Seven Transitions into Adulthood*. New York: Ballantine Books, 2017.

David, Susan. *Emotional Agility: Get Unstuck, Embrace Change, and Thrive in Work and Life*. New York: Avery, 2017.

Douglas, Ann. *Parenting Through the Storm: Find Help, Hope, and Strength When Your Child Has Psychological Problems*. New York: Guilford Press, 2017.

Duckworth, Angela. *Grit: The Power of Passion and Perseverance*. New York: Scribner, 2016.

Duhigg, Charles. *Smarter Faster Better : The Secrets of Being Productive*. New York: Random House, 2017.

Dweck, Carol S. *Mindset: The New Psychology of Success*. New York: Ballantine Books, 2008.

Faber, Adele, and Elaine Mazlish. *Siblings Without Rivalry: How to Help Your Chil- dren Live Together So You Can Live Too*. New York: W. W. Norton, 2012.

———. *How to Talk So Teens Will Listen and Listen So Teens Will Talk*. New York: HarperCollins, 2006.

Faber, Joanna, and Julie King. *How to Talk So Little Kids Will Listen: A Survival Guide to Life with Children Ages 2–7*. New York: Scribner, 2017.

Fass, Paula S. *The End of American Childhood: A History of Parenting from Life on the Frontier to the Managed Child*. Princeton: Princeton University Press, 2016.

Feiler, Bruce. *The Secrets of Happy Families: Improve Your Mornings, Rethink Family Dinner, Fight Smarter*, Go Out and Play, and Much More. New York: William Morrow, 2013.

Ferguson, Andrew. *Crazy U: One Dad 's Crash Course in Getting His Kid into College*. New York: Simon & Schuster, 2012.

Gawdat, Mo. *Solve for Happy: Engineer Your Path to Joy*. New York: North Star Way, 2018.

Ginsburg, Kenneth R. *Raising Kids to Thrive: Balancing Love with Expectations and*

Protection with Trust. Elk Grove Village, IL: American Academy of Pediatrics, 2015.

Guernsey, Lisa. *Into the Minds of Babes: How Screen Time Affects Children from Birth to Age Five*. New York: Basic Books, 2007.

Haelle, Tara, and Emily Willingham. *The Informed Parent: A Science-Based Resource for Your Child 's First Four Years*. New York: TarcherPerigee, 2016.

Hanson, Rick. *Hardwiring Happiness: The New Brain Science of Contentment, Calm, and Confidence*. New York: Harmony Books, 2013.

Harris, Michael. *The End of Absence: Reclaiming What We've Lost in a World of Con- stant Connection*. New York: Current, 2015.

Heitner, Devorah. Screenwise: *Helping Kids Thrive(and Survive) in Their Digital World*. New York: Bibliomotion, 2016.

Homayoun, Ana. *Social Media Wellness: Helping Tweens and Teens Thrive in an Unbalanced Digital World*. Thousand Oaks, CA: Corwin, 2018.

Hyman, Mark. *The Most Expensive Game in Town: The Rising Cost of Youth Sports and the Toll on Today's Families*. Boston: Beacon Press, 2013.

Jensen, Frances E., with Amy Ellis Nutt. *The Teenage Brain: A Neuroscientist's Sur- vival Guide to Raising Adolescents and Young Adults*. New York: HarperCollins, 2016.

Kindlon, Dan. *Too Much of a Good Thing: Raising Children of Character in an Indulgent Age*. New York: Hyperion, 2001.

Koh, Christine, and Asha Dornfest. *Minimalist Parenting: Enjoy Modern Family Life More by Doing Less*. New York: Bibliomotion, 2013.

Lahey, Jessica. *The Gift of Failure: How the Best Parents Learn to Let Go So Their Chil- dren Can Succeed*. New York: HarperCollins, 2015.

Lamb, Sabrina. *Do I Look Like an ATM?: A Parent's Guide to Raising Financially Responsible African American Children*. Chicago: Chicago Review Press, 2013.

Lancy, David F. *The Anthropology of Childhood: Cherubs, Chattel, Changelings*. Cambridge: Cambridge University Press, 2016.

Le Billon, Karen. French Kids Eat Everything: *How Our Family Moved to France, Cured Picky Eating, Banned Snacking, and Discovered 10 Simple Rules for Raising Happy, Healthy Eaters*. New York: HarperCollins, 2012.

Levine, Madeline. *Teach Your Children Well: Parenting for Authentic Success*. New York: HarperCollins, 2013.

Levs, Josh. *All In: How Our Work-First Culture Fails Dads, Families, and Businesses—And How We Can Fix It Together*. New York: HarperCollins, 2015.

Lieber, Ron. *The Opposite of Spoiled: Raising Kids Who Are Grounded, Generous, and Smart About Money*. New York: HarperCollins, 2016.

Likins, Peter. *A New American Family: A Love Story*. Tucson: University of Arizona Press, 2012.

Louv, Richard. *Last Child in the Woods: Saving Our Children from Nature-Def icit Disorder*. Chapel Hill: Algonquin Books, 2008.

Lythcott-Haims, Julie. *How to Raise an Adult: Break Free of the Over parenting Trap and Prepare Your Kid for Success*. New York: Henry Holt, 2015.

Markham, Laura. *Peaceful Parent, Happy Siblings: How to Stop the Fighting and Raise Friends for Life*. New York: TarcherPerigee, 2015.

Mead, Margaret. *And Keep Your Powder Dry: An Anthropologist Looks at America*. New York: Berghahn Books, 2000.

Mullainathan, Sendhil, and Eldar Shaf ir. *Scarcity: Why Having Too Little Means So Much*. New York: Henry Holt, 2014.

Naumburg, Carla. *Parenting in the Present Moment: How to Stay Focused on What Really Matters*. Berkeley: Parallax Press, 2014.

Ocampo, Roxanne. *Flight of the Quetzal Mama: How to Raise Latino Superstars and Get Them into the Best Colleges*. United States: CreateSpace Independent Pub- lishing Platform, 2016.

Ochs, Elinor, and Tamar Kremer-Sadlik. *Fast-Forward Family: Home, Work, and Relationships in Middle-Class America*. Berkeley: University of California Press, 2013.

Orenstein, Peggy. *Cinderella Ate My Daughter : Dispatches from the Front Lines of the New Girlie-Girl Culture*. New York: HarperCollins, 2012.

Payne, Kim John. *The Soul of Discipline: The Simplicity Parenting Approach to Warm, Firm, and Calm Guidance—From Toddlers to Teens*. New York: Ballantine Books, 2015.

Pope, Denise, Maureen Brown, and Sarah Miles. *Overloaded and Under prepared: Strategies for Stronger Schools and Healthy, Successful Kids*. San Francisco: Jossey-Bass, 2015.

Pugh, Allison J. *Longing and Belonging: Parents, Children, and Consumer Culture*. Berkeley: University of California Press, 2012.

Race, Kristen. *Mindful Parenting: Simple and Powerful Solutions for Raising Creative, Engaged, Happy Kids in Today's Hectic World*. New York: St. Martin's Griff in, 2014.

Raghunathan, Raj. *If You're So Smart, Why Aren't You Happy?* New York: Portfolio, 2016.

Rubin, Gretchen. *Happier at Home: Kiss More, Jump More, Abandon Self-Control, and My Other Experiments in Everyday Life*. New York: Three Rivers Press, 2013.

———. *Better Than Before: What I Learned About Making and Breaking Habits— To Sleep More, Quit Sugar, Procrastinate Less, and Generally Build a Happier Life*. New York: Crown, 2016.

Sandler, Lauren. *One and Only: The Freedom of Having an Only Child, and the Joy of Being One*. New York: Simon & Schuster, 2014.

Schulte, Brigid. *Overwhelmed: How to Work, Love and Play When No One Has the Time*. London: Bloomsbury, 2015.

Selingo, Jeffrey J. *There Is Life After College: What Parents and Students Should Know About Navigating School to Prepare for the Jobs of Tomorrow*. New York: William Morrow, 2017.

Senior, Jennifer. *All Joy and No Fun: The Paradox of Modern Parenthood*. New York: Ecco, 2015.

Shumaker, Heather. *It's OK to Go Up the Slide: Renegade Rules for Raising Conf ident and Creative Kids*. New York: TarcherPerigee, 2016.

Siegel, Daniel J., and Mary Hartzell. *Parenting from the Inside Out: How a Deeper Self-Understanding Can Help You Raise Children Who Thrive*. New York: TarcherPerigee, 2014.

Smith, Emily Esfahani. *The Power of Meaning: Crafting a Life That Matters*. New York: Crown, 2017.

Vanderkam, Laura. *168 Hours: You Have More Time Than You Think*. New York: Portfolio, 2010.

———. *I Know How She Does It: How Successful Women Make the Most of Their Time*. New York: Portfolio, 2017.

Willingham, Daniel T. *Raising Kids Who Read: What Parents and Teachers Can Do*. San Francisco: Jossey-Bass, 2015.

Wolf, Anthony E. *"Mom, Jason's Breathing on Me!" The Solution to Sibling Bickering*. New York: Ballantine Books, 2003.